华北型煤田深部煤层开采
区域防治水理论与成套技术

赵庆彪 等 著

科学出版社

北京

内 容 简 介

本书对典型的华北型煤田大水矿区——邯邢矿区深部煤层安全开采方面的理论研究、现场试验和应用示范等进行系统阐述。全书重点以"区域超前治理"创新矿井防治水理念为引领，以大采深高承压水条件下煤层底板突水机理、裂隙含水层水平孔注浆"三时段"浆液扩散机理等理论为指导，以区域治理煤矿承压水害系列支撑技术为核心内容贯穿全书，辅有三大技术应用示范实例，系统性及应用性较强。

本书可供从事矿山开采、地下工程施工、水文地质勘探等工作的工程技术人员、管理人员、科研人员及其相关专业大学生、研究生、教师参考。

图书在版编目(CIP)数据

华北型煤田深部煤层开采区域防治水理论与成套技术/赵庆彪等著.
—北京：科学出版社，2016.10
ISBN 978-7-03-050285-8

Ⅰ. ①华⋯　Ⅱ. ①赵⋯　Ⅲ. ①煤矿-矿山防水-研究-华北地区
Ⅳ. ①TD745

中国版本图书馆 CIP 数据核字（2016）第 255163 号

责任编辑：牛宇锋　罗　娟 / 责任校对：桂伟利
责任印制：张　伟 / 封面设计：陈　敬

科 学 出 版 社 出版
北京东黄城根北街 16 号
邮政编码：100717
http://www.sciencep.com

北京教图印刷有限公司 印刷
科学出版社发行　　各地新华书店经销

*

2016 年 10 月第 一 版　　开本：B5（720×1000）
2016 年 10 月第一次印刷　　印张：21 3/4
字数：413 000

定价：120.00 元
（如有印装质量问题，我社负责调换）

作 者 简 介

赵庆彪，辽宁海城人，博士，教授级高级工程师，现任冀中能源集团有限责任公司总工程师，煤矿开采及安全工程学科带头人。主要研究方向为煤矿绿色开采、矿井水害防治和煤巷锚杆支护等。1996年享受国务院特殊津贴；2002年以来连续四届被评为河北省省管优秀专家。获国家科技进步奖2项，省部级科技进步特等奖2项，一等奖11项；在中文核心期刊及以上发表学术论文81篇，出版专著5部。获得"煤炭工业技术创新优秀人才"和"河北省优秀科技工作者"等多项荣誉称号，现兼任河北省煤炭学会理事长。

序

我国煤炭储量丰富。据统计，截至 2014 年年底，我国埋深 2000m 以浅的煤炭资源总量为 5.57 万亿 t，其中埋深在 1000m 以深的煤炭资源量约占资源总量的 53.0%。我国中、东部地区由于煤炭开发早且强度大，中等埋深以浅的煤炭资源已接近枯竭，而其深部丰富的煤炭资源是稳定中、东部地区煤炭产量规模的物质基础。华北型煤田基底普遍发育巨厚奥陶系石灰岩强含水层，受奥灰承压水突水威胁的煤炭储量约有 570 亿 t，承压水害已成为导致矿井突水事故的主要因素。

邯邢矿区是典型的华北型煤田大水矿区。近 10 年来，邯邢矿区煤矿承压突水事故发生了 8 起，突水量高达 $1500 \sim 70000 \mathrm{m}^3 \cdot \mathrm{h}^{-1}$，主要致灾因素为隐伏导（含）水陷落柱、断层及裂隙带或者是其不同形式组合构造等，具有典型的华北石炭二叠系岩溶裂隙水害特征。同时奥灰水又是当地工农业生产、生活主要供给水源。所以，保护地下水环境及水资源与矿井水害防治是统一的共同体。

30 多年来，邯邢矿区在矿井防治水方面，取得了丰富的实践经验。但随着矿井采深的不断增大，高承压水给深部煤层开采带来了很大的安全威胁，重点在以下几方面：

一是大采深高承压水矿井开采存在地压大、煤层底板隔水层承受水压高，在与采动耦合作用下，易发生底板突水。

二是目前煤矿井下采用多种物探方法进行超前探测，但对小微型断裂构造和隐伏陷落柱探明技术还没有较好地解决。

三是现井下常规钻探的钻孔轨迹可控性差，钻遇率低，有效钻孔段较短。

四是在大采深高承压水条件下，井下钻探作业安全受到高承压水威胁。

五是对探查出的异常含水体或疑似突水通道达不到根治的目的，缺乏有效实用的治理系列技术。

所以，这首先需要在矿井防治水理念、治理思路和技术路线上要有大的转变，因为矿井中等采深以浅开采的技术及实践经验已不能适应深部开采防治水需要。要积极地开展多学科、产学研横向合作，打破以往的思维惯性和经验框框。在这方面，冀中能源集团进行了 7 年多的应用研究及探索实践，他们首先创新了大采深高承压水矿井防治水思路，提出了"超前主动、区域治理、全面改造、带压开采"的"区域超前治理"指导原则，开展了矿井深部高承压岩溶-裂隙水突水机理、水平定向钻进技术及水害区域治理技术及效果评价方法等研究，取得了较大进展。特别是首次将地面多分支水平定向顺层钻探技术应用到煤矿底板加固及改造含水层，实现了"不掘突水头、不采突水面"区域超前治理目标，取得了很好的技术经济效果，创出了一条大采深高承压水矿井及下组煤安全开采技术新途径，为其他煤矿区大采深高承压水条件下煤层开采提供了有益的借鉴经验。该书系统地总结大采深高承压水条件下"区域超前治理"奥灰水害的研究成果和应用实践，创新和发展了矿井防治水理论、方法及技术。全书中"区域超前治理"理念突出，理论创新和技术创新，论述思路清晰，并且有应用研究举例。全书系统性、成套性、实践性较强，对深部煤层开采可供学习借鉴。

　　该书的出版对我国煤矿防治水理论与技术的进一步发展将起到积极的推进作用。在此，我愿为此书作序，并谨推荐于煤矿现场、高校和科研部门的广大工程技术、科研人员及师生参阅借鉴。

中国矿业大学（北京）教授
中 国 工 程 院 院 士　　彭苏萍

2016 年 4 月 24 日

前　　言

　　煤矿水害是仅次于瓦斯事故的重大灾害，易发生群死群伤重大事故。水灾造成淹没工作面或矿井，直接经济损失很大；并且抢险难度大、时间长、费用高。据初步统计，我国国有重点煤矿中，水文地质条件属于复杂和极复杂的矿井约占25.1%；受水害威胁的矿井占 40.5%以上，全国受水害威胁较严重的煤炭储量达570 亿 t 以上，主要分布在华北地区石炭二叠系煤田，占全国产量 60%以上，其煤系地层下伏巨厚奥陶系灰岩含水层，承压水高，矿井水文地质条件非常复杂，煤炭资源开采受水害威胁严重。随煤矿采深增大，在高承压水和采动耦合作用下，煤层底板奥灰突水概率增加。特别是 10 多年来，随矿井采深不断加大，突水频率增长近157%，承压水害已经成为华北型煤田深部开采的严重安全威胁。据统计，2012 年，较大水害事故占全国煤矿较大事故总数的 11.3%，重大水害事故占全国煤矿重大事故总数的 31.3%。

　　我国中、东部地区煤炭开发早，长期高强度开采，大部分矿井转入深部开采，而且以每年 12～25m 的速度延深。截至 2013 年年底，全国已有 47 个矿井采深超过 1000m，大多分布在华北地区，开采深度最深达到 1501m。其中，邢邯矿区采深超过 1000m 的矿井有 4 个，最深达 1340m；开采下组煤矿井 7 个，面临着煤层底板高承压突水威胁日趋凸显，矿井防治水形势非常严峻。另外，华北地区深部优质煤炭资源是 21 世纪煤炭主体能源的后备储量之一，其安全开采是稳定中、东部地区煤炭产量规模的物质基础。

　　河北省是全国主要煤炭消费大省，年煤炭消耗量 2.7 亿 t 以上。现省内煤炭产量 500 万 t/a 左右，缺口约 1.8 亿 t，煤炭产能和综合煤炭供给能力已成为河北工业发展不可忽视的掣肘因素。目前，以河北省南部的邢邯矿区为代表的华北型煤田各矿区，普遍面临着上组煤多年高强度开采，后备资源严重不足的严峻局面。但河北省南部矿区深部下组煤受承压水威胁的优质煤炭资源量近 100 亿 t。为此，研究安全开采受奥灰水威胁的深部煤炭资源和下组煤的系列难题，是稳定老矿井产能的有效途径之一。

　　邢邯矿区煤系基底奥陶系灰岩为巨厚含水层，是典型的华北型煤田大水矿区，水头压力高，陷落柱、断层及裂隙发育，已成为深部煤炭资源及下组煤安全开采亟须解决的难题。以往浅至中等采深矿井防治水经验随采深加大已不能保证矿井深部安全开采，10 多年来，发生了 8 次煤层底板承压突水，造成了很大的经济损失。冀中能源集团为解决上组煤可采储量严重不足，后备煤炭资源匮乏和如何保持现有煤炭生产规模问题，在大采深高承压水矿井及下组煤开采条件下，首次提出"区域超前治理"奥灰水害、保护地下奥灰水环境及水资源理念、思路及原则；首次将多分支顺层定向钻探技术研究应用于煤矿底板含水层改造和水害超前治理，为受奥灰水害威胁的煤炭资源安全、保水开采提供新途径，创新丰富了矿井防治水理论、方法和技术。大量的开采实践证明，削弱底板突水物质基础最直接的方法是注浆充填、阻隔底板直接充水含水层的裂隙、断层和岩溶等导水通道及储水空间，使其变性为相对隔水层。在"区域超前治理"奥灰水害、降低损害奥灰水环境程度和保护水资源理念及思路指导下，创新了多分支顺层定向钻探关键技术；并以此为核心，形成了大采深矿井及下组煤安全开采系列成套技术。该技术丰富了矿井防治水方法与技术，为华北型煤田深部及下组煤安全、保水开采创出了一条新途径。

总体以"区域超前治理"创新矿井防治水理念及思路，以大采深高承压水条件下煤层底板突水机理、裂隙含水层水平孔注浆"三时段"浆液扩散机理研究和区域治理系列支撑技术作为核心内容贯穿全书，辅有三大技术应用示范，即地面多分支顺层定向钻探、井下多分支顺层定向钻进和大型普通钻机定向钻进等系列技术。本书总体结构是：前半部分重点系统地分析邯邢矿区奥灰含水层顶部改造可行性；应用评估新方法开展矿井深部及下组煤开采预评价；从理论上深入分析采动对底板隔水层完整性的影响，并根据底板隐伏导（含）水组合构造类型的突水实例特点，提出"分时段分带突破"突水机理、裂隙含水层水平孔注浆"三时段"浆液扩散机理等理论；区域超前治理效果检验和评价方法，成功研发了"区域超前治理"奥灰水害系列支撑新技术等。后半部分重点系统地阐述两大支撑关键技术实践等范例，最后简单总结降低损害奥灰水环境程度和保护水资源应用的研究成果。

全书系统性、成套性较强，举例示范数据齐全，思路清晰，主题论述和观点鲜明突出。全书总体构思、策划、统稿由赵庆彪负责完成；全书初审由赵庆彪、刘长武、王希良、啜晓宇完成；终审赵庆彪。本书撰写分工如下：第1章，王希良、蒋勤明、赵昕楠；第2章，王希良、蒋勤明、关永强、高春芳；第3章，赵庆彪、王希良、蒋勤明；第4章，王希良、蒋勤明、高春芳；第5章，赵庆彪；第6章，武强、毕超、王希良；第7章，赵庆彪、王希良、毕超；第8章，赵庆彪、刘长武；第9章，武强、蒋勤明、王希良、赵昕楠；第10章，赵庆彪、毕超、王海桥；第11章，赵庆彪、董书宁、刘其声；第12章，赵庆彪、陈亚杰、赵兵文、王殿录、王铁记、关永强、智建水、岳卫振；第13章，祁泽民、赵庆彪、苏建国、蒋勤明、白兰勇；第14章，陈亚杰、赵兵文、赵昕楠、赵庆彪、蒋勤明。

由于作者学术水平和实践经验有限，书中难免存在不妥之处，敬请广大读者不吝指正。

作　者

2016 年 7 月

目　　录

第1章 绪　论

1.1　研　究　背　景

矿井突水一直是困扰和威胁我国煤矿安全生产的最突出问题之一。据不完全统计，自 20 世纪 90 年代以来的 20 多年里，我国已有 250 多个矿井发生了突水淹井事故，直接经济损失高达 400 亿元以上，给企业带来了严重的人身伤亡和巨大的经济损失，同时也造成了矿区水环境及水资源的较大损害。

30 多年来，尽管煤矿生产与建设的技术水平都有了很大程度提高，但是煤矿突水事故时有发生；特别是 2000 年以来，我国煤矿突水事故又呈上升趋势，大量突水案例表明，华北地区发生的重大突水及淹井事故多数是由煤系基底奥陶系灰岩岩溶承压水突入矿井造成的。这些矿井主要分布在我国的华北石炭二叠系煤田，包括峰峰、开滦、邯郸、邢台、渭北、肥城、新汶、平顶山、焦作和淮南等矿区。华北型煤田一般分上、下两组煤，上组煤一般包括 1 号、2 号、4 号、5 号、6 号煤层；下组煤 7 号、8 号、9 号煤因受煤系基底奥灰承压水突水威胁暂列呆滞煤量。河北邯邢煤矿区受底板岩溶承压水威胁的煤炭储量多达 30 多亿 t，占已探明煤炭资源储量的 60% 以上。

10 多年，随着我国经济高速发展，对煤炭需求急剧增长，导致煤炭企业进行了高强度大规模的开采，我国中东部地区的浅部煤炭资源逐步枯竭，许多大型煤矿区煤矿相继进入深部（800～1500m）开采。目前，我国在埋深 2000m 以浅已探明煤炭资源 5.7 万亿 t，其中埋深 1000m 以深占 53%。在深部开采环境下，岩体处于“三高一扰动”（即高地应力、高地温、高岩溶水压和强烈开采扰动）的复杂地质力学环境中，深部矿井所受底板突水威胁更为严峻。因此，如何安全、高效地开采这些受底板承压水严重威胁的煤炭资源，是目前我国煤炭行业亟待解决的重大难题之一。

峰峰矿区九龙矿等三个矿、邢台矿区东庞矿等六个矿、井陉矿区三矿等两个矿、邯郸矿区郭二庄矿等两个矿，随着多年的开采，其浅部的上组煤可采储量已严重不足，为了矿井的可持续发展，需要开采受奥陶系灰岩含水层承压水威胁、储量丰富的矿井深部资源和下组煤；而矿井深部煤层和下组煤带压开采面临着极复杂水文地质和工程地质条件，突出表现在以下三个方面。

（1）下组煤 9 号煤底板隔水层厚度仅有 28～45m，构造发育，面临下伏奥灰水的直接突水威胁。

（2）9 号煤层底板以下 15～20m 的本溪灰岩含水层与奥灰含水层之间水力联系密切，成为下组煤开采的直接充水含水层。

（3）下组煤 8 号煤层顶板为大青灰岩，该含水层往往通过断层直接接受奥灰水的补给，使煤层开采条件更加复杂。

随着开采强度和规模的扩大，需要向深部延伸，现已有 10 个矿井采深达到 800m 以深，其中 4 个超过 1000m，最大开采深度已达 1340m，受煤层底板奥灰承压水突水威胁程度越来越高。

煤水共采和保水采煤已成为现代采矿新理念，煤层下伏的奥陶系灰岩含水层水量丰富、补给充沛、水质较好。在矿井浅部及中深部开采条件下，采用煤层底板注浆加固和薄层灰岩含水层注浆改造以及注浆封堵导水通道技术，成功地解决了在自然条件下无法保障安全开采的底板突水难题。

矿井深部及下组煤开采，普遍面临着高地应力、高水压情况，中等采深以浅的一些矿井防治水经验已不能满足深部开采的技术要求。10 多年来，邯邢矿区发生多起煤层底板承压突水就证明这一点。所以，在大采深矿井高承压水及下组煤开采条件下，需要转变矿井防治水思路，改变和充实矿井防治水指导技术原则；从浅部局部封堵导水通道向全面煤层底板加固与含水层改造转变；从一般采掘超前探测向掘进前超前治理转变；从浅部局部治理向深部区域超前治理转变。即如何从煤层底板的"一面一治理"转变为区域治理；从回采工作面形成后再治理转变为掘前预先主动治理；从以井下治理为主转变为以地面治理为主；从以煤层底板薄层灰岩含水层作为主要治理改造对象转变延伸到以奥灰含水层顶部作为主要治理对象，是当前大采深矿井及下组煤开采所面临的重大安全难题。另外，如何在保证矿井安全开采的同时做到保护水环境及水资源，以实现开采、保水双赢效果，也是目前及今后华北地区煤炭开采亟须解决的现实重大课题。

1.2　煤层底板突水机理国内外研究现状

针对深部矿井煤层底板突水的复杂性，煤矿突水机理研究及水害防治已成为煤矿企业安全发展的优先主题，也是国家"十二五"科技发展规划重点支持对象。针对我国煤炭资源开采，特别是深部开采的特殊环境，国家先后以 973 计划、国家自然科学基金、国家科技支撑计划等资助形式进行了资助，进行了煤炭资源开采诱发重大工程灾害的发生条件、机理、预防以及控制等相关基础理论研究，取得了丰硕的成果。

煤层底板突水问题的本质就是渗流和各种应力耦合作用下底板岩体损伤与破裂演化问题。在考虑原岩应力、地质构造、地下水和煤层开采扰动影响等因素的基础上，从渗流场与各种应力场耦合作用切入，进行深入的煤层底板突水机理研究。

1.2.1 国外研究现状

国外煤矿对煤层底板突水机理研究较早，20 世纪 40 年代匈牙利学者韦格弗伦斯首次提出了底板"相对隔水层"的概念，他认为煤层底板突水取决于底板隔水层厚度与底板含水层水压力共同作用影响，并建立了底板突水与底板隔水层厚度及含水层水压之间的定量关系；该理论后来在许多国家煤矿生产中得到广泛应用。20 世纪 50 年代，苏联和南斯拉夫等国的学者也相继对煤层底板突水问题进行了研究，如斯列萨列夫等应用弹性力学理论，将底板岩层视为两端固支梁，承压水以均布载荷的形式作用于梁上，结合材料力学强度理论，推导出了底板破坏的最小安全水压值公式。到 20 世纪 80 年代末，更多学者在煤层底板突水机理方面进行了研究，其中代表性的有 Santos 和 Bieniawski，他们借助修正的 Hoek-Brown 岩体强度准则，结合临界能量释放率和岩体 RMR 分级指标对煤层底板岩体承载能力进行深入研究，认为采场支承压力集中区内的底板岩体会表现出渐渐破坏的特征，进而岩体裂隙逐渐扩展至含水层，从而造成煤层底板突水。

1.2.2 国内研究现状

我国主要从 20 世纪 60 年代开始了对煤层底板突水问题的研究。许多煤炭科研院所及高校在大量现场观测资料的基础上，归纳和总结出许多符合我国煤矿水文地质、工程地质条件特征的煤层底板突水机理及预测理论，主要包括如下几个方面。

（1）突水系数法。我国的底板突水规律研究始于 20 世纪 60 年代，以煤炭科学研究总院西安研究院为代表，提出了采用突水系数作为预测预报底板突水标准，它表示单位隔水层厚度所能够承受的极限含水层水压值，并写入《煤矿防治水规定》。底板受构造破坏块段突水系数一般不大于 0.06MPa·m^{-1}，正常块段不大于 0.1MPa·m^{-1}。根据突水系数划分出安全区、威胁区、危险区，对矿区底板突水危险程度进行评估。突水系数有深刻的水文地质意义，因为它反映了水文地质学中地下水渗流最基本的规律——Darcy 定律的核心思想，即煤层底板承压水渗透通过隔水层，最终突入采掘空间所消耗的能量，较准确地描述了煤层底板突水的整个动力学过程。

但在长期的科研及生产实践中，人们发现突水系数法存在一些缺陷，其中最主要的是其考虑煤层底板突水影响因素过少，而实际煤层底板突水发生与底板隔水层阻水性能、采动影响、地质构造等多种因素密切相关。突水系数法对于大采深矿井来说一般偏于保守。

（2）薄板模型理论。张金才等借助弹塑性力学理论和物理相似模拟试验对煤层底板突水机理进行了研究。通过建立空间半无限体受均布载荷作用的理论解，结合岩石 Mohr-Coulomb 强度准则和 Griffith 强度准则，系统研究了采动支承压力作用下煤层底板破坏深度与破坏范围。将底板分为采动破坏带和底板隔水带，将隔水带处理为四周固支、受均匀荷载的薄板，然后用弹塑理论计算出底板承受的极限水压荷载。对于长壁采煤工作面，煤层底板有效隔水层上部受底板导水断裂带重力为 γh_2，下部受均布水压力的作用，隔水层的受力看成以 $\gamma(h-h_2-h_d)$ 作用的力。由于有效隔水层未受到采动破坏，所以它仍可看成连续介质，并假设隔水带是均质各向同性的，依此推导出底板所能承受的极限水压力公式，具有一定的理论指导意义。

（3）"下三带"理论。该理论观点最早是在 20 世纪 80 年代初李白英等在长期煤矿井下工程实践中提出的。该理论认为开采煤层底板也像采动上覆岩层一样存在着"三带"。

第 I 带：采动"底板破坏带"是指由于采动矿压作用，底板岩层连续性遭到破坏，导水性发生明显改变的层带；该带的厚度即为"底板破坏深度"，底板破坏带包含层向裂隙带和竖向裂隙带，它们互相穿插，无明显界限。层向裂隙主要是底板受矿压作用，底板经压缩—膨胀—压缩，产生反向位移所致；竖向裂隙主要是剪切及层向拉力破坏所致。

第 II 带："完整岩层带（或保护层带）"是指底板保持采前的完整状态及阻水性能部分岩层带。它包括以前所谓"采动底板破坏影响带"中下部影响带以及未变形部分，其共同特点是保持采前岩层的连续性，其阻水性能未发生变化。

第 III 带："承压水导升带（或隐伏水头带）"是指含水层中的承压水沿隔水底板中裂隙或断裂带上升的高度（即由含水层顶面到承压水导升上限之间的部分）。由于受采动影响，采前原始导高有可能再导升，但上升值较小。由于裂隙发育的不均匀性，导升带的上界是参差不齐的。不同的矿区，其底部岩层性质及地质构造差异，致使承压水原始导高不一。

该理论存在以下三点主要不足：①基于弹性力学推导出的底板破坏深度计算公式是建立在假定岩体是连续、弹性、均匀、各向同性的等基础上，实用性差一些，实践中存在以点带面的问题；②"三带"理论没有考虑承压水对底板岩层的破坏作用，而底板承压水水压是底板突水的重要影响因素；③该理论模型是在开采浅部煤层基础上提出的，而深部地质特征和浅部地质特征相差很大。20 世纪七八十年代，西安研究院在"下三带"理论基础上，提出了有效隔水层概念，即隔水层厚度减去底板采动破坏带和底板导升带厚度。近 10 年来，王经明提出了"裂隙导升递进"观点；施龙青从岩石断裂力学角度，根据采动破坏影响提出了"下四带"分带观点；使理论研究得到进一步深化。

（4）原位张裂与零位破坏理论，由煤炭科学研究总院北京开采研究所王作宇等于 20 世纪 90 年代提出。该理论认为，矿压和承压联合作用于回采工作面，对煤层的影响范围可分为三段：超前支承压力压缩段（Ⅰ段）、卸压膨胀段（Ⅱ段）和采后恢复压缩稳定段（Ⅲ段）。

超前支承压力压缩段在其上部岩体自重力和下部水压力的联合作用下整个结构呈现出上半部受水平挤压、下半部受水平引张的状态，因而在其中部附近的底面上原岩节理、裂缝等不连续而产生岩体原位竖向张裂。煤层底板结构岩体由Ⅰ段向Ⅱ段过渡引起其应力急剧卸压，底板便以脆性破坏形式释放残余弹性应变能以达到岩体能量重新平衡，从而引起采场底板岩体零位破坏；并进一步用塑性滑移线理论分析采动底板最大破坏深度。该理论综合考虑了采动效应及承压水作用，阐明了底板岩体移动发生、发展、形成和变化过程，揭示了矿井突水的内在原因，对承压水上采煤实践具有重大的指导意义。但对原位张裂发生发展过程缺乏深入研究，其发育高度难以确定，限制了其在实际中的应用。

（5）强渗通道学说。该理论认为底板是否发生突水的关键在于是否具备突水通道。突水通道分为两种通道：其一，底板水文地质结构存在与水源沟通的固有突水通道，当其被采掘工程揭穿时即可产生突破性的大量涌水；其二，底板中不存在这种固有的突水通道，但在工程应力、地应力及地下水压共同作用下，沿底板岩体结构和水文地质结构中原有的薄弱环节发生变形、蜕变与破坏，形成新的贯穿性强渗通道而诱发突水。一般孔、裂隙岩体渗流多为定常渗流，煤矿突水多为渗流突变（灾变）所致，由于受采动影响，一般处于峰后的采场围岩应力状态，本质区别就在于采动岩体会发生渗流突变，其渗透率要远比孔、裂隙岩体高得多，加上附近承压水作用，就会由于渗流突变引起重大突水事故，所以采动破裂岩体中的渗流突变是煤矿突水的主要根源。但对采动和水压对其产生的作用原理缺乏应有的研究。近 10 年来，高延法教授提出了煤层底板"突水优势面"学说，在突水机理深化研究方面推进了一步。

（6）岩水应力关系学说。该学说由煤炭科学研究总院西安分院于 20 世纪 90 年代提出。该学说认为底板突水是岩（底板砂页岩）、水（底板承压水）、应力（采动应力和地应力）共同作用的结果。采动矿压使底板隔水层出现一定深度的导水裂隙，当承压水沿导水裂隙进一步浸入时，岩体则因受水软化而导致裂缝继续扩展，直至两者相互作用的结果增强到底板岩体的最小主应力小于承压水水压时，便产生压裂扩容，发生突水。该学说综合考虑了岩石、水压及地应力的影响，揭示了突水发生的动态机理。

（7）底板隔水"关键层"理论。钱鸣高院士等（钱鸣高等，1996）将采场顶板覆岩"关键层"理论推广至煤层底板突水问题研究中。底板隔水关键层是控制煤层底板突水的关键因素，通过将煤层底板隔水"关键层"简化为受均布水压和采动荷载共同作用的弹性薄板，推导了底板隔水"关键层"破断极限跨距公式。该理论较好地抓住了煤层底板层状地质结构特点，较深入地揭示了在采动和水压联合作用下底板突水机理。该理论成功地应用于煤矿保水开采。对于顶板的破坏计算和水情分析，该理论是合理的；而对于底板，实用性较差。事实上底板承载能力强的坚硬岩层往往隔水性能弱；而承载能力弱的软弱岩层往往隔水性能好。因此应用条件受到较大限制。

（8）非线性动力学方法。煤层底板突水是一个呈现出非平衡耗散的结构系统，因此采用了非线性力学理论和方法对煤层底板突水机理进行了有益的研究。缪协兴等基于破碎岩体渗流试验结果，将非线性动力学理论与渗流理论、岩石力学理论等相结合，系统研究了采动岩体渗流失稳突变机理，并应用于矿井突水问题的研究；王连国等（王连国等，2003）基于突变理论，建立了煤层底板隔水"关键层"的尖点突变模型，构建了底板尖点突变模型，研究了底板隔水关键层破坏失稳机制。

近10年来，随着各种先进的岩石力学试验新设备和新方法的不断研制开发，借助电液伺服控制刚性试验机，进行了完整岩石应力-应变全过程中渗流特性试验。在一定围压和孔隙压力条件下，通过逐渐施加轴向压力，来研究岩石变形破坏整个过程的渗透性变化。试验结果表明：在岩石弹性变形阶段（原生微裂隙闭合阶段），渗透系数随着轴向应力的增大略有降低，当岩石进入非线性应变硬化阶段以后，由于微裂纹的扩展和贯通以及宏观裂纹的形成，岩石渗透系数逐渐增大，并在岩石峰值强度之后达到最大值，此后随着轴向应变的增加，岩石渗透系数表现出继续增大或平缓减小，或急剧降低等现象。此外，一些学者还通过改进与完善传统试验设备，建立了完整的岩石渗流与蠕变耦合试验系统与方法，对渗流-应力长期耦合作用下的岩石蠕变和渗透特性进行了试验研究，获得了岩石蠕变破坏特性以及渗透率演化规律，为地下岩石工程长期稳定性研究提供了一定科学依据。尽管基于损伤力学理论，即岩石渗流-应力耦合模型已经取得了一些进展，但仍存在许多复杂的问题没有解决。所以，将损伤力学理论与经典的渗流-应力耦合模型相结合来研究渗流-应力耦合作用下岩石损伤破裂行为仍是一种很有发展前景的方法。

一般来讲，前述的各种突水机理学说或理论，在某种地质和水文地质条件下是能够解释底板突水机理的，但是每一种突水机理并不是单独存在的，是有机相互依存的，时空上侧重以那一种突水机理为主，随着井下地质环境或突水发展过程变化，还会转化成以另一种突水机理为主。所以说，对某一矿区、某一井田、某一水文地质单元都要进行综合分析，做出符合现场实际的客观判断。

1.3　深部开采岩体力学研究现状

1.3.1　"深部矿井"的概念

我国埋深在1000m以深的煤炭资源为2.95万亿t，占煤炭资源总量的53%。根据目前资源开采状况，我国煤矿开采深度以每年8～12m的速度增加，东部矿井正以每年 10～25m 的速度发展。截至 2013 年年底，全国达到 1000m 以深的矿井有 47 个，如新汶孙村矿开采深度达到了 1501m。邯邢地区近年来已有一批矿井进入深部开采，其中，邢东矿最深开采深度已达 1260m。可以预计在未来 20 年我国中、东部地区将有很多煤矿达到 1000～1500m 深度区间。

在对深部工程引起的岩石力学问题研究的过程中，国内外采矿、岩土工程界学者相继提出了"深部"的概念。

世界上有着深井开采历史的国家大都以某一深度指标对深部进行定义，南非、加拿大等采矿业发达国家，井深达到 800～1000m 称为深井开采；德国将埋深超过 800～1000m 的矿井称为深井，将埋深超过 1200m 的矿井称为超深开采；日本把井深的"临界深度"界定为 600m；英国和波兰将其界定为 750m。

《中国煤矿开拓系统》按深度将矿井划分为：<400m 为浅矿井，400～800m 为中深矿井，800～1200m 为深矿井，>1200m 为超深矿井。我国将国际岩石力学学会定义的硬岩发生软化深度作为进入深部开采界限。

何满潮院士针对深部工程岩体所处的特殊地质力学环境及其出现的科学现象，对深部的概念、分类体系及其评价指标进行了科学定义。深部是指随着开采深度增加，工程岩体出现非线性物理力学现象的深度及其以下深度区间。位于该深度以下的工程称为深部工程。其中，非线性物理力学现象是指水压增大、地温升高、煤与瓦斯突出，以及巷道工程围岩冒顶、底鼓和分区破裂化、冲击地压、岩爆等非线性变化的现象。根据煤系地层特性，建立了临界深度确定方法，即针对某一类岩层或某一矿井煤系地层来讲，其临界深度是一客观量，该深度即工程岩体出现非线性物理力学现象深度。其中，非线性物理和力学现象开始出现的深度称为上临界深度；非线性物理和力学现象频繁出现的深度称为下临界深度。在此基础上，提出了以上临界、下临界进行矿井开采工程分区划分方法，即开采深度小于上临界深度为浅部区，开采深度介于上临界深度与下临界深度之间为过渡区，开采深度大于下临界深度为深部区。

（1）处于浅部区工程，其工程岩体处于弹性或近似弹性工作状态，采用现有传统经验刚体理论或线弹性理论即可解决其相关力学问题。

（2）处于过渡区工程，其岩体结构中的软岩工程岩体处于塑性工作状态，硬岩工程岩体处于线弹性工作状态，此时，软岩工程岩体易产生大变形破坏，整体处于中等变形状态。因此，在这一区间产生的工程问题，传统理论、方法与技术已经部分失效。

（3）处于深部区的工程，其工程岩体均处于大变形工作状态，产生的力学问题已无法采用现有传统理论去解决，而必须寻求符合大变形破坏特点的稳定性控制理论去解。

谢和平院士从力学角度出发，结合应力状态、应力水平和原岩性质三方面因素确定，提出了深部开采的亚临界深度 H_{scr}、临界深度 H_{cr1} 和超深部临界深度 H_{cr2}

三个概念及定义，并给出了量化指标，阐述了其机理。当采深达到 H_{scr} 时煤矿进入亚深部开采，当采深达到 H_{cr1} 时煤矿进入深部开采，当采深达到 H_{cr2} 时，煤矿进入超深部开采，对深部开采与灾害防控理论及技术研究有指导意义。

本书所述矿井深部概念结合邯邢矿区煤层底板多次突水数据及深部开采经验，认为以突水系数与采深结合，突水系数 $T_s < 0.06 \text{MPa·m}^{-1}$ 属于浅部，T_s 在 $0.06 \sim 0.08 \text{MPa·m}^{-1}$ 属中等深度，大于 0.08MPa·m^{-1} 或采深 $> 800 \sim 1200 \text{m}$ 为深部开采；采深 $> 1200 \text{m}$ 且承压超过 8.0MPa，可定义为超深部开采。

1.3.2　深部开采岩体力学及工程灾害控制研究

矿井进入深部开采阶段后，受强烈开采扰动、高地温、高地应力及高岩溶水压影响，引起矿井冲击矿压、巷道片帮、冒顶、底鼓剧烈、矿井突水等许多工程地质灾害，给深部煤炭资源安全开采带来了巨大威胁，国内外学者为此进行了大量研究和探索。

早在 20 世纪 80 年代初，国外已经开始注意对深井开采问题进行研究。1983 年，苏联的权威学者就提出对超过 1600m 深（煤）矿井开采进行专题研究。当时的联邦德国还建立了特大型模拟试验台，专门对 1600m 深矿井三维矿压问题进行了模拟试验研究。1989 年岩石力学学会曾在法国召开了深部岩石力学问题国际会议。近二十年来，国内外学者在岩爆预测、软岩大变形机制、隧道涌水量预测、软岩防治措施等方面取得了很大成果。一些有深井开采矿山的国家，如美国、加拿大、澳大利亚、南非、波兰等政府、工业部门和研究机构密切配合，集中人力和财力紧密结合深部开采相关理论和技术开展基础问题的研究。深部工程岩体产生冲击地压、岩爆、瓦斯突出、流变、底板突水等非线性力学现象，归根结底由深部岩体因其所处的地球物理环境特殊性和应力场复杂性所致。受其影响，深部岩体受力及其作用过程所属力学系统不再是浅部工程围岩所属线性力学系统（虽然由于地质条件复杂性也含有非线性力学问题），其稳定性控制难点和复杂性在于不再含有线性问题。进入深部以后，受"三高一扰动"作用，深部工程围岩的地质力学环境较浅部发生了很大变化，从而使深部工程围岩表现出特有的力学特征现象，主要包括以下五个力学特性转化特点。

（1）围岩应力场复杂性。进入深部开采以后，仅重力引起的垂直原岩应力通常已超过工程岩体的抗压强度（$> 20 \text{MPa}$），而由工程开挖所引起的应力集中水平（$> 40 \text{MPa}$）则远大于工程岩体抗压强度，其中存有构造应力场或残余构造应力场。二者叠合累积为高应力，在深部岩体中形成了异常高的应力场。浅部巷道围岩状态通常可分为松动区、塑性区和弹性区三个区域，其本构关系可采用弹塑性力学理论进行推导求解。然而，研究表明，深部巷道围岩产生膨胀带和压缩带，或称为破裂区和未破坏区交替出现不连续的情形，且其宽度按等比数列递增，这一现象被称为区域破裂现象（据 E1 I1 Shemyakin）。现场实测研究也证明了深部巷道围岩变形力学的拉压域复合特征。因此，深部巷道围岩应力场更为复杂。

（2）围岩的大变形和强流变性特征。研究表明，进入深部后岩体变形具有两种完全不同的趋势：一是岩体表现为持续强流变特性，不仅变形量大，而且具有明显的时间效应。南非金矿深部围岩的流变性进行系统研究，发现其围岩流变性十分明显，巷道围岩最大移近速度达 500 mm/月。二是岩体并没有发生明显变形，但十分破碎，处于破裂状态，按传统的岩体破坏、失稳的概念，这种岩体已不再具有承载特性，但事实上，它仍然具有承载和再次稳定的能力，借助这一特性，有些巷道还特地将其布置在破碎岩（煤）体中，如沿空掘巷。

（3）动力响应突变性。浅部岩体破坏通常表现为一个渐进过程，具有明显的破坏前兆（变形加剧）。而深部岩体的动力响应过程往往是无前兆的突变过程，具有强烈的冲击破坏特性，宏观表现为巷道顶板或周边围岩大范围的突然失稳、坍塌。

（4）深部岩体脆性延性转化。试验研究表明，岩石在不同围压条件下表现出不同的峰后特性，由此，最终破坏时应变值也不相同。在浅部（低围压）开采中，岩石破坏以脆性为主，通常没有或仅有少量永久变形或塑性变形，而进入深部开采以后，因在"三高一扰动"作用下，岩石表现出的实际就是它的峰后强度特性，在高围压作用下岩石可能转化为延性，破坏时其永久变形量通常较大。因此，随着开采深度增加，岩石已由浅部脆性力学响应转化为深部潜在延性力学响应行为。

岩体温度升高产生的地应力变化对工程岩体力学特性会产生显著的影响。岩体在超出常规温度环境下，表现出的力学、变形性质与普通环境条件下具有很大差别。地温可使岩体热胀冷缩破碎，而且岩体内温度变化 1℃可产生 0.4～0.5MPa 的地应力变化。

（5）深部岩体开挖岩溶突水的瞬时性。浅部资源开采中，矿井水主要来源是第四系含水层或地表水通过采动裂隙网络进入采场和巷道，水压小、渗水通道范围大，基本服从岩体等效连续介质渗流模型，涌水量可根据岩体的渗透率张量进行定量估算，因此，突水预测预报尚具可行性。而深部的状况十分特殊，首先，随着采深加大，承压高、水头压力大；其次，由于采掘扰动造成断层或裂隙活化，而形成渗流通道相对集中，矿井涌水通道范围窄，使奥陶系岩溶水对巷道围岩和顶底板形成严重的突水灾害。另外，突水具有明显的滞后性、瞬发性和不可预测性。

1.4 矿井突水主要预防与治理技术

（1）煤层底板注浆加固和含水层注浆改造以及注浆封堵导水通道技术。这项技术是我国在 20 世纪 80 年代中后期自主研发并逐渐应用于预防煤层底板突水的一项注浆治理方法。当煤层底板充水含水层富水性强、水头压力高、煤层隔水底板厚度薄、遇构造破碎带和导水断裂带，无法采用疏水降压方法保障安全开采时；或疏排水费用太高，经济上不合理；或破坏地下水环境及水资源时，采用煤层底板隔水层加固和含水层改造及局部封堵导水通道的注浆防治水方法，防止煤层底板突水是有保障的。

该项技术主要针对煤层底板水害的预先防治问题，利用回采工作面已掘出的上通风巷道和下运输巷道，应用地球物理勘探和钻探等手段，探查工作面范围煤层底板隔水岩层裂隙发育规律和含水层富水性状况，确定裂隙发育和富水段，采用注浆措施加固底板隔水层并同时改造含水层富水性，进一步提高其隔水强度并使其富水性大幅降低。该项技术采用人为注浆工程手段，解决了在自然条件下无法保障安全开采，或采用人为疏降水措施无法实施安全开采等我国普遍面临的煤层底板突水难题。目前这项技术主要应用在井下单个工作面回采前的煤系薄层灰岩含水层注浆改造或底板加固方面。

（2）注浆技术新进展。随着采深加大和下组煤开采，矿井水害事故频发，潜在水患加剧，地面和井下整体或局部注浆技术在快速封堵治理突水灾害、消除潜在水害隐患方面，显示出了明显的优势。例如，帷幕截流注浆技术在矿井地下水集中补给带和地下水排泄区强径流带等水害隐患处封堵截流；局部预注浆改造充水含水层富水性和封堵导水通道；地面定向注浆在导水陷落柱底部建造"堵水塞"切断深部奥灰补给水源通道；地面综合注浆技术在充水巷道建立"阻水墙"等，这些成套的配合注浆技术实施的快速定向钻进及分支造孔技术、不同工艺和方法的地面与井下注浆技术、各种注浆堵水效果评判方法和准则等，为矿井水害预防与治理提供了强有力的技术保障。

（3）综合机械化充填采煤技术。该技术利用煤壁、支架和充填体对直接顶的不间断接力支护，阻止直接顶下沉离层，使直接顶转变为"镶嵌式"岩层结构，进而限制基本顶弯曲下沉，改变了基本顶岩层矿山压力岩梁传递作用形态，最终达到控制地表下沉目的。充填开采相应也控制了矿压显现程度，稳定了煤层顶、底板含水层结构不受大的损伤，从而达到了控制及预防煤层顶和底板突水的目的。

1.5　水资源保护开采研究进展

我国淡水资源人均占有量只相当于世界人均的 1/4，居世界 100 位，是 13 个贫水国家之一，全国已有 300 多座城市缺水，占 50% 以上，全国 91 个国有重点煤矿中有 75%缺水，45%严重缺水。

而采煤造成了对含水层的影响和破坏，至 2012 年年底统计，全国矿井年均排水量约为 $60 \times 10^8 m^3$，利用率却只有 60% 左右；且对水环境及水资源造成了损害。

煤矿开采虽然已经从单纯防治水向排、供结合阶段过渡，但都是在治理水害的前提下有限度地利用水资源，还没有在开采煤炭的全过程中对水资源进行有意识全面保护和利用。在许多矿区常常呈现一边是生产生活用水量不足和水环境污染，一边又是突水、大量的矿井水外排的相互矛盾局面。

在采煤过程中，特别是承压含水层上开采，应充分利用天然的、改造的、再造的隔水"关键层"，对含水层进行保护，以达到减少或不扰动水环境的目的，使水资源得到有效保护、合理开发和高效利用，把煤炭开采过程中防治水与水资源有效保护结合起来，把水资源合理高效利用与生态、人文等环境保护结合起来，避免先污染后恢复、后治理老路，实现两种资源协调、合理地开发利用，生态环境得到有效保护。

1.5.1 国外水资源保护性采煤研究进展

德国和法国等采用大流量深井潜水泵预先疏降含水层水位的办法代替矿井被动排水，致使水位大幅度下降，对矿区的城镇和居民供水造成很大影响。波兰开采石炭系煤层，上覆白垩系岩溶水和第四系沙层水威胁矿井安全，主要采取留设防水煤柱，划分危险性分区的办法进行水灾害防治。捷克等国预抽含水层水用于供水，同时也利于保证矿井开采安全。

在美国、澳大利亚、印度等一些产煤大国的煤田地质条件和水文地质条件相对简单，在煤矿水害防治理论和技术研究中缺乏系统的研究，如印度和澳大利亚主采二叠系煤层，主要预防的是其煤系中的砂岩裂隙水，这些含水层多为富水性弱或很弱，即使在隔水层很厚的水体下采煤的情况都不多。这些国家特别注重水资源的保护，标准和要求更高。

1.5.2 国内水资源保护性采煤研究进展

1970 年及以前是单纯防治水阶段，其特点是高排放、低利用，很少考虑水资源保护和矿井水污染环境问题，仅从安全采煤角度考虑，只要技术上可靠、经济上合理，对威胁矿井安全的地表水和地下水体主要是以疏降为主，大疏干是其特征，含水层水位急剧下降，造成矿区及周围工农业及生活供水地下水源不足，同时生态环境也遭受一定程度破坏。

20 世纪 80 年代初开始进入矿井水排、供结合阶段，其特点是理念上仍把水当成灾害源，仍以防治水害为目的，在治理水害的前提下有限度地利用部分矿井水。水资源和环境保护意识逐步增强。1984 年版《矿井水文地质规程》及随后的法规也强调开展矿区环境水文地质工作，但还没有在开采煤炭全过程中（从设计到生产）对水资源进行有意识的全面保护和利用规划的要求。

近年来，提出了保水采煤理念及应用，其特点是把水同煤炭看成同等重要，甚至比煤炭更重要的资源，是保护环境非常重要的要素，力求在煤炭高效安全开采全过程中，不仅在观念上要认识保护水资源的重要性，而且从设计、工程技术和煤矿开采工艺上实现对水资源的保护。把采煤防治水害与水资源保护及利用相结合，将采煤与采水相结合，使地面采水有限度降低含水层水位与煤层带压安全开采相统一，井下利用井巷和钻孔对矿井堵截后的矿井涌水进行利用，或有计划地对直接充水含水层超前采水与改善采煤生产环境相统一，既保障安全又充分利用水资源，避免对水环境破坏。

近十多年来，充填采煤技术的快速发展，为保水开采提供了很有效的技术保障手段，是一种有着广泛应用前景的实用新技术。

1.6 邯邢矿区大采深矿井及带压开采下组煤防治水技术发展及现状

华北石炭二叠系煤田岩溶类煤矿床水文地质条件非常复杂，邯邢矿区在华北地区具有典型的代表性。20 世纪 70 年代以来，邯邢矿区在奥灰承压水上带压开采防治水方面进行了大量的试验研究，目前形成了较为系统清晰的矿井防治水技术路线。其下组煤带压开采大致经历了四个阶段。

1.6.1 试验研究起步阶段（1972～1982 年）

1972 年国家批准成立了邯邢煤矿水文地质勘探指挥部，集中科研部门、勘探单位和峰峰矿务局及邯郸矿务局协同开展邯邢矿区岩溶水治理及下组煤试采工作。这阶段主要按"煤、铁、水并举，综合开发，综合利用"指导方针，制定了"上游拦洪蓄水，中游防渗堵漏，矿区深降强排，下游蓄水备用"的总体方案。该阶段主要成果有以下几个：

（1）进行了邯邢地区区域水文地质勘探，基本查明了邯邢地区奥灰含水层各水文地质单元的补给、径流、排泄等条件。划分了黑龙洞、百泉、十股泉，即南、中、北 3 个泉域的水文地质单元。

（2）建立了区域奥灰地下水的动态观测网。

（3）在峰峰二、四矿和邯郸王凤矿井下，建立了总排水能力 $3m^3 \cdot s^{-1}$ 的排水工程和疏排水、隔离系统工程及防水安全设施，进行了下组煤试采工作。

（4）在带压开采方面，首次提出了"突水系数"的概念。

该阶段为邯邢矿区防治奥灰水及试采下组煤积累了较为丰富的技术基础资料。

1.6.2 浅、中深部小规模试采下组煤研究阶段（1982～2000 年）

1981 年峰峰矿务局编制了"1982～1990 年治理岩溶水，开采受水威胁煤层的总体规划",邢台矿务局相应编制了矿区下组煤开采防治水规划。经煤炭工业部批复规划制定了"查清条件,以防为主,疏堵结合,带压开采"的综合治理方针。南单元峰峰局所属的一、二、三、四矿和邯郸局的王凤矿、中单元邢台矿区章村矿、北单元井陉一、三矿、临城矿为带压开采试验矿井。对安全开采下组煤进行了大量有益的探索和试验,积累了较丰富的下组煤带压开采实践经验。

在 1985~1996 年的 11 年期间,邯邢矿区先后参加了国家计划委员会下达的"华北型煤田奥灰岩溶水综合防治工业性试验"一期试验工程、二期试验工程项目,联合国计划开发署的"中国煤矿水害防治"项目。这些项目在西安煤炭科学研究院主持下取得了成功,体现了当时我国煤矿水害防治理论与技术水平。主要成果有以下几个:

(1)总结了矿井岩溶承压水突水规律,在研究突水机理方面有新的突破。先后提出了"突水系数""等效隔水层""底板隔水层阻水系数""原始导高""煤层底板破坏深度"等概念。在进行大量观测分析和试验基础上,提出了底板突水的新理论,如"原位张裂""强渗透通道""岩水应力关系"和"下三带"等学说,从不同侧面揭示了突水发生机理。

(2)解决了下组煤开采中的几个主要技术难题。如大流量排水能力设施设计与施工;开采下组煤分层、分区、分水平防水隔离工程布置方式;新型水闸门设计、制作及硐室施工。

(3)采场地质及水文地质综合探测方法研究与试验;探测技术方法及配套取得了长足进步。

(4)在"突水预测预报"方面,研究成功了"多参数监测系统"和"岩体应力原位测试系统",填补了运用仪器系统进行突水预测预报的空白。

(5)在"带压开采"方面,提出了用于区域评价的经验公式及"五图双系数法",为推动带压开采理论发展起到了积极促进作用。

1.6.3 浅部大规模试采阶段(2000~2008 年)

经过 40 多年研究,我国煤矿防治水理论、方法和技术体系日趋完善。2000年以后,邢台矿区东庞矿、葛泉矿等 5 个矿,邯郸矿区郭二庄、康成矿相继进入下组煤规模化开采阶段,开采水平逐步延伸至突水系数 0.08MPa·m^{-1}。相继完成了国家技术创新"邢台矿区深部资源开采水害防治技术"项目、国家科学技术部"矿井重大灾害综合防治技术集成与示范试点企业"项目、国家科学技术部"十一五"国家科技支撑计划"矿区水害防治技术方法研究"项目等。另外,相继完成了"东庞矿试采下组煤(9 号煤)带压开采防治水技术研究""葛泉矿双层复合高承压岩溶含水层上带压开采下组煤综合防治水技术研究""大距离水害探查及复合含水层上带压开采下组煤综合防治水技术研究""章村矿三维可视化地质平台构建和底板突水脆弱性评价与防治对策研究""承压水体上带压开采煤层突水灾害形成的动力学过程与预测预报方法""瞬变电磁技术在煤矿井下防探水中应用研究"等一大批科研项目。

经过多年研究和实践，综合下组煤试采矿井地质及水文地质、带压开采条件和受水害威胁程度，确定矿井防治水技术路线为"综合勘探，查清条件；预测预报，先探后掘；注浆改造，先治后采；全程监控，全面设防"。建立矿井防治水技术保障体系，形成了一套下组煤开采水害防治、超前探测和综合治理成套技术，例如，带压开采安全评价体系、工作面底板突水监测及预报技术、注浆加固与底板改造技术和减少底板破坏深度等配套技术。在此阶段所得的系列科技成果简介如下。

（1）水文地质补充勘探。在研究和分析现有矿井水文地质资料的基础上，有针对性地对大青灰岩、本溪灰岩及奥灰含水层进行专门水文地质勘探试验，取得对大青灰岩、本溪灰岩和奥灰水文地质条件更为全面的认识。多年来，在做好水文地质补充勘探的基础上，建立和完善了水文地质自动观测系统，形成了两级三层立体观测网络。两级观测网络是指各矿观测网络与矿区水文观测网络，三层观测网络是指观测层位包括奥灰、本溪灰岩及大青灰岩等含水层。

（2）井上、下综合探查技术。下组煤开采防探水工作贯穿于整个开采过程，是确保开采安全的根本措施。采取的方式必须地面与井下相结合、钻探与物探相结合及探查与治理相结合的方式。一般采用井上、下立体综合勘探手段。探查实施要分阶段有重点地进行，防探水工作分三个阶段进行，即回采工作面掘进前、巷道掘进阶段、工作面回采前阶段。各个阶段的具体任务各有侧重。

（3）底板注浆改造技术。隔水层的完整性和足够的阻水性能是煤层实现安全带压开采的必要条件，但在隔水层中一般存在薄弱带或潜在导水通道，对带压开采的安全性构成威胁。例如，葛泉矿东井 9 号煤隔水层中的薄层本溪灰岩，易于奥灰水沟通，对 9 号煤开采直接造成威胁。因此，必须通过对底板注浆加固隔水层，补强其阻水性能；改造本溪灰岩含水层为隔水层，有效阻隔奥灰水导升裂隙向上发展。东庞矿北井 9 号煤底板隔水层特点是以黏土岩柔性岩层为主，灰岩高强度脆性岩层为辅；整个岩层可注性差。所以，试验实施了 9 号煤弱渗透性柔性底板网络全面注浆加固；对于井田深部隔水层厚度相对不够的工作面，为保证隔水层厚度和强度，注浆层段适当下移至奥灰顶部风化壳，进行了奥灰含水层顶部注浆改造，取得了较好进展。

1.6.4　大采深高承压水条件带压开采阶段（2008 年至今）

近 10 多年来邯邢矿区所发生的煤层底板承压突水大部分由隐伏导水构造所致，突水具有突水量大、隐蔽性强、不易查查的特点，而且目前超前探查技术还不能较好地解决导（含）水构造探查问题。针对上述难题，开创性地提出新的超前防治奥灰岩溶水害的指导原则，即"超前主动、区域治理、全面改造、带压开采"。基本思路是奥灰注浆改造，突出区域超前治理与安全理念，以采区及以上大区域为单元框定区域治理范围，应用研究国际一流的定向钻探技术，集成优化的注浆工艺，在地面开展奥灰顶面进行区域超前注浆治理。对煤层底板突水机理、多分支顺层定向钻进、浆液扩散控制工艺、工程质量检验、带压开采安全评价体系、底板突水监测和预警等关键技术进行攻关，形成了一套适合邯邢地区地质与水文地质条件的奥灰顶部含水层改造的区域超前治理技术体系。

新时期的矿井防治水指导原则要主动扩大防御范围，适应大采深矿井防止底板承压突水安全要求，实现三个转变，即从"一面一治理"的局部治理到井上、下"区域治理"转变；从超前探查向超前治理转变；从底板隔水层局部封堵到含水层全面改造的转变。

第2章 邯邢矿区地质及水文地质条件

邯邢矿区石炭二叠系煤田煤系地层基底为巨厚的奥陶系灰岩，煤系地层本身又有多层厚度不一的薄层灰岩，属典型的华北岩溶型煤田。邯邢矿区位于太行山中段东麓山前丘陵地带，为河北省中南部煤田，与河南省安阳煤田毗邻。区内分布一系列岩溶水上升泉，自南而北有黑龙洞泉群、白龙洞泉、紫泉、百泉泉群、达活泉等，属地下水最为丰富的河北省中南部水文地质单元，奥灰富含水性极强，为当地工农业及生活主要供水水源。邯邢煤田大多位于地下水的强径流区和排泄区，水文地质条件复杂，受奥灰岩溶水突水威胁严重。

2.1 邢台矿区地质及水文地质条件

2.1.1 矿区自然地理概况

邢台矿区地处太行山东麓，贯穿邢台地区南北。行政区划包括邢台市区及内丘县、邢台县、沙河市等县市。京广铁路、107 国道、邢都公路等交通线路形成的交通网，使矿区各生产矿井交通十分便利。如图 2.1 所示。

邢台矿区地处太行山与华北平原的过渡带，地势西高东低，具有中低山、丘陵盆地及山前倾斜平原地貌景观。下古生界紫红色页岩露头区组成的中低山集中分布于矿区西部，一般高度 300~500m，西南部山区最高标高+770.6m，东部为倾斜平原，地面标高+30~+100m，自西向东倾斜，坡度 1‰~3‰，介于中低山及平原间，为古生界露头组成的丘陵区，一般标高+100~+200m。

据邢台气象站资料，邢台矿区历年最高气温为 42℃，一般出现在 7 月；最低气温为-22℃，出现在 12 月末至翌年 1 月，年平均气温 13℃左右。近年降水量在 234.1~800mm，平均 500.8mm。每年 7~9 月为雨季，占全年降水量的 60%左右。2000 年降水量最大，达 800mm。年蒸发量在 946.1（2003 年）~2268.3mm（1992 年），年均蒸发量为 1794.9mm。冻结期为 11 月至翌年 2 月，最大冻结深度为 0.44m(1971 年 1 月)，风向多为西北风，历年最大风速为 18m/s。

矿区地表水系不甚发育，由北往南为泜河、小马河、白马河、七里河、沙河、马会河、北洺河，均由西往东流经矿区，为季节性河流。矿区由北往南分别有十股泉、达活泉、百泉出露。河系上游修有水库，七里河与沙河上游建有东川口水库、朱庄水库、东石岑水库、野沟门水库等，其中朱庄水库容量最大，蓄容 4.16 亿 m^3。十股泉天然流量 1.0$m^3 \cdot s^{-1}$，百泉天然资源流量 6.25$m^3 \cdot s^{-1}$。

图 2.1　邢台矿区交通位置示意图

2.1.2　矿区地质特征

1. 地层

邢台矿区地层由老到新有中元古界、寒武系、奥陶系、石炭系、二叠系、三叠系、第三系和第四系，缺失上元古界、上奥陶统、志留系、泥盆系和下石炭统。生产过程中勘探揭露地层主要为奥陶系中统、石炭系、二叠系、三叠系和第四系。显德汪矿、章村矿、葛泉矿及邢台矿地层缺失三叠系。第三系仅在邢东东南边缘的 D_{29}、D_{40} 两钻孔见到。区域地层层序见表 2-1。

表 2-1　地层层序表

界	系	统	组	厚度/m
新生界	第四系			110～195
中生界	三叠系	中统	流泉组（T_2^L）	0～480
		下统	和尚沟组（T_1^h）	0～810
			刘家沟组（T_1^L）	
古生界	二叠系	上统	石千峰组（P_2s^h）	200
			上石盒子组（P_2^s）	128～388
		下统	下石盒子组（P_1^x）	75～208
			山西组（P_1^s）	62
	石炭系	上统	太原组（C_3^t）	140
		中统	本溪组（C_2^b）	20～25
	奥陶系	中统	峰峰组（O_2^f）	145～167
			上马家沟组（O_2^s）	221～250
			下马家沟组（O_2^x）	145～160

注：奥陶系下统、寒武系、太古界、元古界地层埋藏较深，表内未列出。

2. 构造

邢台矿区位于新华夏系第二沉降带（华北平原沉降带）西部，西与新华夏系第三隆起带（即太行山隆起带）毗邻，位于前述沉降带和隆起带之间的太行山山前断裂带的东侧，属于华北平原沉降带范畴。煤田形成后，受到我国东部中新生代多次构造运动的影响，尤其受到新华夏系的强烈改造。煤田西部为太行山隆起中南段，整体呈北东向展布，由赞皇隆起和武安断陷组成。前者由太古代和少量元古代变质岩系组成，后者主要由古生代地层组成。

区域内发育大量北北东至北东向正断层及少量北西向正断层，组成一系列地堑、地垒和阶梯状断块。自北向南有北北东向的晋县栾城断陷（地堑）、宁晋隆尧断隆（地垒）、巨鹿邯郸断陷（地堑）及南部的邢台断陷（与太行山隆起带中的武安断陷共同构成邢台—武安断陷）。断隆、断陷呈雁行状斜列展布，如图2.2所示。

区内褶皱构造表现为雁行斜列式断背斜和断向斜，主要分布在近东西向的隆尧南正断层以南至洺河一线。自南而北由东向西依次为：沙河北掌断向斜、高店断背斜、三王村章村断向斜、百泉断背斜、葛泉李村断向斜、西董村断背斜、西先贤断向斜、李家庄断背斜、南小汪断向斜、南大汪断背斜、营头断向斜、会宁断背斜、北良舍断向斜、邢北断向斜、大孟村断背斜、东庞断向斜。地层倾角比较平缓，一般为10°～20°，局部地段可达30°左右。

区域构造具有如下特征。

（1）构造线的走向：地层走向、褶曲轴及断层线走向基本沿10°N～25°E的新华夏系方向，与太行拱断束大体平行或成锐角斜交。

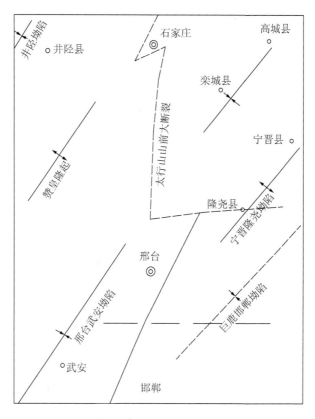

图 2.2 邢台矿区区域构造

（2）区域地层产状为向南东倾斜的单斜构造，倾角为 5°～25°，北东向高角度正断层切割和断拗的作用，使矿区内形成了一系列的地堑-地垒、小型褶曲、小型盆地等复杂构造，破坏了煤系地层的连续性，派生了许多以斜列式为主的小型正断层，一般落差在 10m 左右，严重影响了采区设计的布局。

（3）高角度正断层的特征：延伸方向各部位落差明显错距不一，一般从山麓伸向平原，断距趋向变大，上下盘对应垂直错动，平移现象不明显，倾向也不一。

（4）构造成因：本区构造的成因在时间上都与燕山期运动太行隆起带为同一时期的产物，其构造的加剧程度又为喜马拉雅运动所造成。

3. 陷落柱

邢台矿区共发现 91 例陷落柱，各矿均有发现，主要集中在葛泉矿、东庞矿、邢东矿等矿，说明本区具备陷落柱发育的条件。若陷落柱导水且导通奥灰与开采煤层将会形成奥灰突水通道。

2003 年 4 月 12 日，东庞矿发生特大陷落柱突水灾害，矿区内导水陷落柱的探查及防治成为矿区防治水工作的重点。

4. 岩浆岩

邢台煤田岩浆岩主要分布在矿区南部显德汪井田、章村井田、葛泉井田的南翼，邢台井田南部洛阳村也有岩浆岩侵入，岩性主要为闪长玢岩和闪长岩，其空间展布和形态特征受燕山期构造运动控制。岩浆岩活动区从石千峰往下到奥灰的所有地层均有侵入，对矿区内煤系地层、煤层和煤质均有影响，对各井田的水文地质条件也有影响。

5. 煤层

矿区内主要含煤地层为石炭系上统太原组、二叠系下统山西组，其次为石炭系中统本溪组。煤层与含煤地层对应关系见表 2-2。2 号煤和 9 号煤为矿区主采煤层。

表 2-2　煤层与含煤地层对应关系表

煤层编号	地层	稳定性、可采性
1 号	山西组下部	主要可采煤层
2 号		
3 号	太原组上部	层位稳定不可采
4 号	太原组中部	不稳定局部可采
5 号		不稳定局部可采
6 号		不稳定局部可采
7 号		不稳定局部可采
8 号	太原组下部	极不稳定局部可采
9 号		主要可采煤层
10 号	本溪组	不稳定局部可采

邢台矿区为石炭二叠系煤田，煤系地层含煤 10 层，如图 2.3 所示。

二叠系（P）山西组（P_1^s）层厚 46～85m（平均 62m），赋存 1 号煤和 2 号煤，其中 2 号煤稳定可采，平均厚约 4.0m。

石炭系太原组（C_3^t）层厚 122～175m，平均 144m。赋存煤层 3 号、4 号、5 号、6 号、7 号、8 号、9 号，其中 9 号稳定可采，煤厚最大可达 14.71m，平均厚 5.0m 左右，5 号、6 号、7 号、8 号均为局部可采煤层。

石炭系本溪组厚 13～51m，平均 26m，其中 10 号煤夹于石灰岩之中，不可采。

上述煤层中 1 号、2 号、3 号、4 号、5 号、6 号为上组煤，7 号、8 号、9 号为下组煤，受大青灰岩、奥灰岩溶水威胁。

界	系	统	组	段	地层代号	标志层或煤层号	地层厚度 平均/最小-最大	累计深度(米)	岩性描述	水化学特征	含水性	单位涌水量(升/秒·米)
新生界	第四系				Q		127.2 / 111.12-148.54	244.91	上部和中部为砂、黏土互层地层，上部和底部为砾石层	顶砾: $HCO_3 \cdot SO_4$-Ca·Mg阳离子中$Ca^{2+}>Mg^{2+}>K^++Na^+$; 底砾: 游离CO_2较顶砾大，$Ca^{2+}>K^++Na^+>Mg^{2+}$ $HCO_3 \cdot SO_4$-Ca·Na	顶砾: 强含水层; 底砾: 弱含水层	顶砾: 7.278~11.319; 底砾: 0.083~0.126
古生界	二叠系	下统	下石盒子组		P_1^{2sh}	石盒子砂岩	16.17	261.08	砂、页岩互层，灰紫花色，含铝土质，具鲕状结构，上、下部含砂稍多			
			山西组		P_1^s	石盒子砂岩	20.92 / 8.89-29.41	282.00	细砂岩：灰色中细砂岩，具带黑色线状相间的水平层理和斜层理	总硬度在5~6，pH在8左右，$Cl^->SO_4^{2-}$，Cl-Na·Ca	弱含水层	0.0599
						1	15.70	297.70	砂质页岩：深灰色，夹矽质小结核	阴离子Cl较大，且阳离子$K^++Na^+>Ca^{2+}$ HCO_3-Cl-Na·Ca	弱含水层	0.00223~0.0479
							0.61 / 0-1.18	298.31	1煤：层位较稳定，厚度变化大，为局部可采煤层			
						大煤顶板砂岩	6.40	304.71	砂岩：灰色，中细砂岩，黑色炭质特别发育			
							1.53	306.24	砂质页岩：灰黑色			
						2	6.20 / 1.19-9.17	312.44	2煤：为稳定可采煤层，中下部有0.6m的页岩			
							6.54	318.98	砂质页岩：灰黑色含炭质，矽质结核及动物化石			
							10.00	328.98	中、细粒：层位较稳定，在其顶部有一薄层较稳定的煤			
生界		上统	太原组				15.46	344.44	砂质页岩：灰至深灰色，含钙及矽质透镜体	pH较大，在8左右，总硬度大，$Cl^->SO_4^{2-}$，Ca^{2+}偏小，属HCO_3·Cl-Na·Ca	弱含水层	0.0153~0.0198
						3	0.58 / 0.37-1.27	345.02	一座煤：煤层稳定，为局部可采煤层			
							9.43	354.45	砂质页岩：灰黑色			
						野青灰岩	2.25 / 0.50-5.18	356.70	灰岩：灰至深灰色，质纯，含大量海百合茎、珊瑚等化石			
							3.92	360.62	中粒砂岩：灰色，层位不稳定多尖灭			
						4	4.70	365.32	砂质页岩：灰黑色，含炭质，黄铁矿结核			
						野青顶板	0.22 / 1.82	365.99	野青下煤：为极不稳定的局部可采煤层			
						5	7.24	373.23	砂质页岩：灰黑色，含炭质，岩层较稳定			
							1.47 / 0.87-2.67	374.70	山西小煤：煤层较稳定，为可采煤层			
							14.67	389.37	砂质页岩：灰黑色，含钙质和较多的植物化石，中部含砂量高			
						6	0.60 / 0.10-1.65	389.97	山青煤：为极不稳定局部可采煤层			
	石炭系		原组				13.10	403.07	砂质页岩：灰黑色，含矽质透镜体，中部夹有砂岩，底部有海生动物化石碎屑			
界						伏青灰岩	1.61 / 0.20-2.91	404.68	伏青灰岩：青灰色，质较纯，多含海百合茎纺锤虫腕足类化石，有时含缝石结核		弱含水层	
							13.94	418.62	砂质页岩：灰黑色，含矽质及动物化石碎屑			
						7	0.97 / 0.50-1.57	419.59	小青煤：稳定，局部可采煤层			
							8.39	427.98	砂质页岩：深灰色，层位稳定，厚度变化不大			
							11.75	439.73	砂岩：浅灰色，细到中粗粒，厚度变化较大			
							5.58	445.31	砂质页岩：致密均一，含矽质较多，有大量的动物化石，层位稳定			
		系统	原组		C_3^1	大青灰岩	5.60 / 1.18-11.64	450.91	灰岩：深灰色，化石多为纺锤虫、珊瑚类，含薄层褐铁、裂隙发育，岩层稳定，富水性，层理标志向东北不明显，南部、北部较清晰，中部较薄	阴离子中$Cl^->SO_4^{2-}$，阳离子中$Ca^{2+}>Mg^{2+}$、$K^++Na^+>Ca^{2+}$，属于HCO_3·Cl-Ca·Mg	中等含水层	0.00186~1.626
						8	0.24 / 2.14	452.01	大青煤：为不稳定的局部可采煤层			
						9	5.39	457.40	砂质页岩：局部有闪长岩侵入			
							5.54 / 4.30-10.16	462.94	下架煤：较稳定可采煤层，煤层有一至三层夹矸，厚度小于0.50m			
							6.70	469.64	砂质页岩：深灰色，富含植物根部化石			
			中统				5.00	474.64	砂岩：岩层稳定			
			中溪组			10	6.30	480.94	页岩：含铝土质，具不明显的鲕状结构			
							0.36 / 0.19-0.66	481.30	10煤：不稳定			
		中统			C_2^b	本溪灰岩	0.90	482.20	灰岩：灰色含铝土质，具鲕状结构	水化学特性与奥灰近似，为HCO_3·SO_4-Ca·Mg	中等含水层	0.191~3.438
							3.05 / 0.32-7.18	485.25	灰岩：灰色，致密均一，夹3层矽质结核，海百合茎、腕足类、珊瑚类化石			
							3.00	488.25	铝土质：灰色，疏腻，具鲕状结构			
							4.50	492.75	铁质岩：褐红色，含铁质较多，厚度极不稳定			
	奥陶系	中统	奥陶系灰岩		O_2		563 / 484-600		灰岩：青灰色，岩性及厚度大体与区域情况一致，岩纯致密，中下部夹豹皮状灰岩，含头足类珠角石化石，岩层中裂隙溶洞极其发育，特别是中上部喀斯特化，富水性极强	离子浓度：$SO_4^{2-}>Cl^-$，$Ca^{2+}>Mg^{2+}$，$Ca^{2+}>K^++Na^+$ HCO_3·SO_4-Ca·Na或Ca·Na型	强含水层	0.0637~4.272

图 2.3　邢台矿区综合水文地质柱状图

2.1.3　矿区水文地质条件

1. 含水层

邢台矿区区内含水层主要包括第四系砂砾石层孔隙潜水含水层、二叠系砂岩裂隙承压含水层、寒武、奥陶系灰岩裂隙岩溶承压含水层及变质岩、侵入岩裂隙含水层等。对矿区内煤层开采防治水工作影响较大的是大青灰岩含水层及奥陶系灰岩含水层。

1）第四系孔隙含水层

分布于太行山以东的广大平原地区，属冲洪积扇及冲积平原，厚 0～570m，含水层由砂卵砾、黏土、亚黏土、泥岩组成。根据含、隔水层的岩性发育特征，自上而下可以划分为上下两个含水层段。

（1）上含水层段。含水层为砂砾石层（俗称顶砾），以紫红色及灰白色石英砂岩为主，富水性强，钻孔单位涌水量为 $28L \cdot s^{-1} \cdot m^{-1}$，水质类型一般为 HCO_3-Ca 型。

（2）下含水层段。含水层为底部砾石层（俗称底砾），砾石成分以石英砂岩为主，砾径 10～1000mm，无分选，充填不等粒砂等。富水性弱至极弱，钻孔单位涌水量 0.00227～$0.126L \cdot s^{-1} \cdot m^{-1}$，水质类型为 HCO_3-Na、HCO_3-Na·Ca、$HCO_3 \cdot SO_4$-Ca·Na 型。

2）二叠系碎屑岩类含水层

二叠系分布于矿区东部，呈条带块状零星分布。总厚 41～320m，多为第四系覆盖。主要岩性为砂岩、砾岩，地下水赋存于裂隙及孔隙中，具有承压性质。富水性中等至极弱，钻孔单位涌水量为 0.00144～$0.0603L \cdot s^{-1} \cdot m^{-1}$，水质类型为 HCO_3-Ca、HCO_3-Na·Ca、HCO_3-Na、$HCO_3 \cdot Cl$-Na·Ca、$HCO_3 \cdot SO_4$-Na 型。

3）石炭系碎屑岩夹碳酸盐岩含水层

分布于矿区的中东部。均为二叠、三叠及第四系覆盖，总厚 128～176m。发育（4～9 层）薄层灰岩，以大青灰岩、伏青灰岩、野青灰岩为主，较稳定；地下水赋存于薄层灰岩中，属层间岩溶裂隙水。单位涌水量一般小于 $0.1L \cdot s^{-1} \cdot m^{-1}$，为弱富水区。水化学类型为 SO_4-Ca 型，矿化度 0.5～$2.5g \cdot L^{-1}$。

4）寒武、奥陶系碳酸盐岩含水层

（1）中、上寒武统（ϵ_{2+3}）灰岩岩溶裂隙含水层：主要分布于活水、柴关、皇寺一带，呈条带状展布。以厚层、巨厚层鲕状灰岩、灰岩为主夹竹叶状灰岩、白云质灰岩、泥质条带灰岩，厚 228～486m。岩溶裂隙较发育，以溶隙、溶洞为主，赋水空间属网络型，裂隙率为 7.82%～21.99%，单位涌水量 0.30～$7.55L \cdot s^{-1} \cdot m^{-1}$。

（2）下奥陶统（O_1）白云岩岩溶裂隙含水层：主要分布于矿区西北部低山区，丘陵区多出露在沟谷。以中厚层白云岩、白云质灰岩为主夹薄层含燧石结核或燧石条带白云岩、白云质灰岩。厚 68～219m。岩溶裂隙较发育，裂隙率为 1.27%～8.4%，单位涌水量 0.05～15.29L·s^{-1}·m^{-1}。

（3）中奥陶统（O_2）灰岩岩溶裂隙含水层：厚度 447.80～639.20m，为一套海相碳酸盐岩地层，根据其岩性组合、沉积旋迴及水文地质特征，划分为三组八段，即有三个含水层（段）和三个相对隔水层（段），其特征如图 2.4 所示。

地层时代					厚度/m	柱状	岩性描述
界	系	统	组	段			
古生界	奥陶系	中统	峰峰组	O_2^{f2}	13～50		缟纹状，角砾状灰岩
				O_2^{f1}	70～110		厚层灰岩，岩溶发育
			上马家沟组	O_2^{s3}	50		中厚层状灰岩，夹花斑灰岩和角砾状灰岩，含烧石
				O_2^{s2}	68～109		灰色致密灰岩和花斑灰岩，夹白云灰岩和角砾状灰岩
				O_2^{s1}	116～127		黄色或浅黄色泥质或白云质角砾状灰岩，夹泥质灰岩和薄层白云质灰岩
			下马家沟组	O_2^{x3}	17～80		杂色角砾状白云质灰岩夹泥岩
				O_2^{x2}	100		厚层灰岩，白云质灰岩夹角砾状灰岩
				O_2^{x1}	17～78		角砾状灰岩及泥岩

图 2.4　区域奥灰水文地质特征柱状图

5）变质岩、侵入岩类含水岩组

包括太古界赞皇群变质岩及燕山期闪长岩侵入体。出露于綦村、郭二庄、洪山一带。地下水赋存于风化裂隙中，为潜水，水位埋深一般小于 5m，富水性极弱，水质良好，一般为 HCO_3-Ca 型。

2. 地下水补径排条件

邯邢矿区以黑龙洞泉群、邢台百泉泉群、临城坻河泉群集中排泄点及其各自的径流区分别划分为三个水文地质单元，按其相对位置称为南单元、中单元和北单元。邢台矿区处在中单元百泉水文地质单元。

邢台矿区百泉泉域为一基本独立并且封闭的水文地质单元，南起北洺河以岩浆岩体拱托组成的分水岭；北至东庞井田西部 F$_{39}$ 断层阻水边界，该断层落差在

1000m 以上，东南盘下降，奥陶系、石炭系、二叠系地层与下盘太古生界片麻岩对接；矿区西界为寒武系中统毛庄组相对隔水层；东到邢台 2 号正断层，断层倾向东，落差 1000m 以上，断层东盘奥灰埋藏深。泉域汇水面积 3843km²，灰岩包括寒武奥陶系裸露面积 339km²。从宏观上，泉域内奥陶系中统石灰岩含水层赋存的地下水是一个有机的整体，相邻各块段之间有一定的水力联系。但是对不同的井田而言，其外围又具有相对隔水边界，并受闪长岩的阻隔和构造的切割形成各自封闭或半封闭的各具特色块段单元区。如图 2.5 所示。

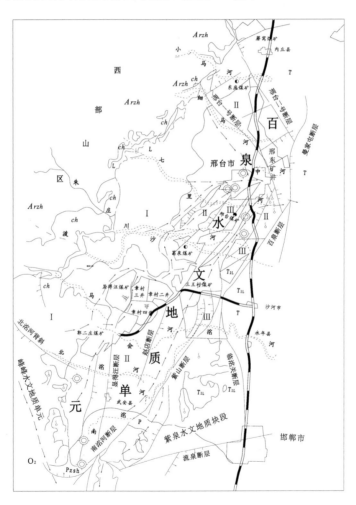

图 2.5　区域水文地质图

西部山区的灰岩裸露区是区域地下水的补给区，大气降水沿灰岩露头直接下渗，形成面状补给，白马河、七里河、沙河、马会河、北洺河等地表径流的渗漏，形成线状集中补给。

　　区内地下水径流受地形、地质构造控制，自南西、西、西北主要沿强径流带向排泄区运动，在达活泉、百泉排出地表成泉群。

　　岩溶水主要强径流带有以下几种。

　　白马河径流带：该带的岩溶水赋存于东青山至谭村间的渗漏段内，分东西两股，西股经西南庄、张东、在达活泉附近局部受阻，水位抬高而溢出，形成著名的达活泉泉群；东股（大部分）经尹支江、兰羊沿邢北、邢东井田边界断层西侧流至百泉泉群狗头泉排泄或顶托补给第四系孔隙水。

　　七里河径流带：源于皇台底以西，南汇至姚平之间为七里河的渗漏段，其径流经南石门、孔村、至紫金泉部分为人工排泄、部分继续东流至市区印染厂与马河径流带汇合向南至百泉泉群狗头泉。

　　沙河径流带：源于西佐村附近，沿綦村岩体北侧经西坚固、先贤煤田东西两侧与七里河径流带汇集流向百泉。

　　北洺河径流带：主要汇集西南部山区地下水在北洺河形成地下径流向北东方向运移，到郭二庄以北分为两股，一股沿显德汪向斜西翼经王窑抵达中关；另一股自郭二庄、李石门经得义、白涧沿显德汪向斜东翼直达中关，两股在中关汇合后向东至西郝庄一带，因断陷盆地所阻，一部分向北与沙河径流带汇合，另一部分潜过断陷盆地向东进而向北东，经电厂一带抵达百泉。

　　紫山百泉强径流带：南起西冯村沿构造夹持的灰岩含水体径流，向百泉排泄，长 18km，水力坡度 2‰～4‰，流量约为 $0.4m^3 \cdot s^{-1}$。

　　在天然条件下，岩溶水主要通过百泉泉群和达活泉泉群溢出地表排泄，部分顶托与侧向补给第四系孔隙水。

　　自 20 世纪 80 年代以来，由于大量开采岩溶水，人工开采逐渐取代了泉群的天然溢出。在当前开采条件下，岩溶水流场有较大的改变，呈现出四周向市区和水源地汇集的径流特征。

　　达活泉、百泉断流以来至今尚未恢复，故近期岩溶水排泄方式主要是人工开采。

3. 地下水动态特征

　　天然状态下，泉域内岩溶水水位具有年周期变化规律，多年水位基本保持平衡。邢台市市区水位标高一般为 +67～+73m，年变幅较小（1.41～3.31m，最大 4.76m）、泉流量也较稳定，1979 年以后水位变化较大，呈现出多年下降趋势，同时泉流量也逐年减少乃至断流。说明补给量已小于排泄量，反映了开采型动态特征。泉域内岩溶水动态严格受大气降水和人工开采所制约，并以雨季集中补给、常年消耗为特征。同时呈现出既有丰水年和枯水年（7～10a）动态变化规律，又有丰水期和枯水期年内季节性和周期性变化规律。年内变化呈不对称波状，多年变化呈阶梯状递减，总的趋势是逐年下降，年内变化大体可分为三个阶段。

第一阶段为回升期：岩溶水水位于每年 7~11 月份，在补给区短时、快速、直线回升；在径流区、排泄区逐渐过渡为缓慢曲线式回升。回升速度在补给区为 7~50cm·d^{-1}，径流区为 2~7.0cm·d^{-1}，排泄区为 2~2.5cm·d^{-1}。

第二阶段为相对稳定期：在丰水年，径流区与排泄区于 11 月中旬以后有 1~3 个月水位稳定期，补给区一般无稳定期；枯水年份，各区均不具有水位稳定期。

第三阶段为下降期：在补给区一般在每年的 10 月至次年 6 月，径流区于 11 月至次年 6 月，排泄区于 1 月至 6 月，呈直线下降，下降速度补给区为 3~5cm·d^{-1}，径流区为 2~3cm·d^{-1}，排泄区为 0.5~2.0cm·d^{-1}。地下水变幅，补给区一般为 20~50cm·d^{-1}，径流区为 10~20cm·d^{-1}，排泄区 0.5~10cm·d^{-1}。在持续 3 年以上干旱的情况下，岩溶水的水位呈连续下降状态，无明显的升降期之分。

除了上述水文年周期变化规律，本区岩溶水还存在 7~10a 的多年周期变化规律。20 世纪六七十年代为 10 年周期，80 年代以来为 7 年周期。多年周期的水位变化与大气降水周期相吻合。周期开始时，地下水位上升至最高峰，经过 4 年左右的相对稳定期，然后逐年下降，到本周期结束时达到最低水位。

2.2　邯郸峰峰矿区地质及水文地质条件

2.2.1　矿区位置与自然地理概况

峰峰矿区地处太行山东坡边缘，位于太行山东麓煤田南部。行政区划属河北省邯郸市峰峰矿区及武安市、磁县管辖。矿区西邻太行山，东为华北平原，北起南洺河、鼓山北部拐头山，南至水冶。南北长约 40km，东西宽约 25km，面积约 1000km^2。公路分别以邯郸、矿区两地为中心，可通往全省各个县市，并与河南、山西、山东、北京等省市有定期到达的汽车、交通十分便利，如图 2.6 所示。

整个矿区为半掩盖区，基岩多出露在鼓山、九山山区和边缘地区以及丘陵地区的冲沟内，其余大部分地区则被第四系所覆盖。矿区以东属华北平原，西邻太行山。

矿区中部有鼓山纵贯南北，北部山势陡峻，峰谷高差悬殊，南部为宽缓的低山，总体呈 NNE—NE 方向延展，标高在+298m（石庙岭）~+886m（老石台）。

鼓山以东的低山及洼地标高在+105~+280m，平原区标高+70~+120m；鼓山以西至九山间，为长达 20km 左右的和村—孙庄盆地，由北至南其标高为+330m~+190m。

矿区南、北和中部发育有漳河、南洺河和滏阳河的 Ⅰ、Ⅱ 级侵蚀阶地。区内冲沟发育，一般切割较深，沟形随地形而异，其源头均达九山腹部和鼓山复背斜轴部或附近，尾部都与上述河流相通，构成了矿区地表泄洪通道。

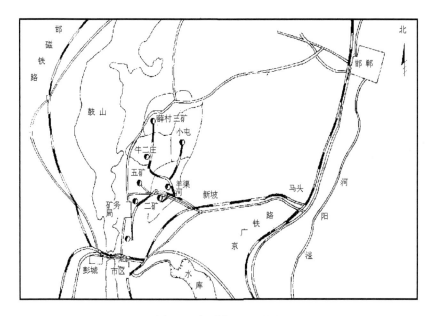

图 2.6　交通位置平面图

峰峰矿区属温带大陆性气候，以少雨、干旱、多风为主要特征。降雨主要集中在 7~9 月，多年平均降水量 616.1mm，年最大降雨量 1273.4mm，最少降雨量 374.9mm。多年平均气温 13℃，年最高气温 43℃，最低-15.7℃，最大风速 21.7m/s。

区内地表水系众多，现将主要河流、水体简述如下。

（1）滏阳河：发源于矿区鼓山中段的元宝山，由奥陶系石灰岩黑龙洞泉群汇流而成。自西向东横穿矿区，向东经磁县北转至献县与滹沱河一并汇入子牙河，经天津塘沽入渤海。河床坡度为 4‰~5‰，最大流量 (1963 年)1417m³·s⁻¹，正常为 6~9m³·s⁻¹，年平均流速 1.162m·s⁻¹，最高洪水位+126.7m。

（2）漳河：发源于山西境内太行山西麓，上游由清漳河（清漳东源及清漳西源组成）和浊漳河（浊漳西源及浊漳南源组成）汇合而成，经矿区南侧向东入卫河，后汇入南运河至塘沽入渤海，是峰峰矿区与漳南矿区天然分界线。河床弯曲，坡度较陡，在矿区内坡度为 3‰~5‰。最大流量为 9200m³·s⁻¹，最少流量为 0.1m³·s⁻¹，最大流速为 3.39m·s⁻¹，最小流速为 0.19m·s⁻¹。河床下部属新生代松散层沉积，自西向东逐渐变厚。

（3）南洺河：为季节性河流，发源于武安市西部境内太行山区，经矿区北部向东北至紫山西麓的紫泉村附近与武安市城北的北洺河汇合，形成洺河。区内南洺河河床由卵石、漂砾及泥沙等冲积物组成。河床坡度为 5‰~6‰，河内平时干涸，雨季水流湍急，最大流量在磁县附近为 3230m³·s⁻¹，庄晏村附近为 4700m³·s⁻¹，最高洪水位在罗峪村一带为+233m，竹昌村为+160m。

（4）东武仕水库：于 1970 年开始修建，1971 年蓄水，设计库容量 1.52×10⁸ m³，坝高 111.20m，闸底标高+84.5m，流域范围 340km², 千年宏观水位为+110.05m。按照设计回水位，在九龙井田内 7～14 勘探线之间存在一个面积 2km² 的洪泛区。

（5）岳城水库：位于井田最南端，坝高 51.5m，最大库容 1.091×10⁹m³。1961 年该水库开始蓄水，设计服务年限为 100 年。

2.2.2 矿区地质特征

1. 地层

峰峰矿区为半掩盖区，基岩多出露在鼓山、九山山区及边缘地区和丘陵地区的冲沟内，出露地层包括：震旦系、寒武系、奥陶系、石炭系、二叠系、三叠系，其他地区则被 0～40m 的第四系所覆盖，如图 2.7 所示。

2. 构造

峰峰矿区主体构造线方向呈 NNE—NE 展布，控制矿区构造格架的大型褶皱为鼓山—紫山背斜。该背斜将矿区分为东西两部分，西侧为武安至和村向斜，东侧为向 SEE 缓倾的单斜，在此基础上发育极为宽缓的小型褶曲。

1）断层

矿区内断裂构造密集，以 NNE 及 NE 走向断层最发育，NWW 向次之，NW 向仅以小断裂形式出现。不同走向的断层相互切错，将煤系分割成若干小型地垒、地堑及阶梯状单斜断块组合等构造形态。断层发育具有以下特点。

（1）断层性质以正断层占绝对优势，煤田勘探揭露的数百条断层中，仅发现羊东井田和梧东井田各有一条小型逆断层。

（2）断层具有多期活动性，多数为压扭性正断层。

（3）断层平面组合为"S"形，反映扭动走滑特点。

2）褶皱

矿区内较大褶皱为鼓山复背斜，它以滏阳河为起点，其背斜轴向南呈近于南北，向北渐变为北 10°东左右，后被断裂所切割，其走向偏向西北。鼓山背斜以东总的来看为单斜构造，但发育着斜裂式的次一级的小型背向斜，并呈规律地分布在各井田之中。主要包括：牛薛穹隆（N15°E）、大力公司背斜（N34°E）、一矿穹隆（N12°～15°E）、大峪背斜（N10°E），再向东由北至南有：薛村向斜（N10°E），小屯穹隆（N18°E）、牛儿庄向斜（N20°E）等。

鼓山复背斜与九山之间，为和村—孙庄向斜，它由许多小型椭圆形向斜呈串珠状连接起来，并在它们的两翼发育着成排成列的背向斜构造。向斜构造东翼有：彭城向斜（N10°E）、街儿庄背斜（N30°E）、界城背斜（N15°）。西翼有：大沟港背斜（N15°E）、王看背斜（N10°E）、王风向斜（近南北）。向西又有胡村背斜（N20°E）、南山背斜（N20°E）、三合背斜（N25°E）、都党背斜（N15°E）、观台向斜（N15°E）。

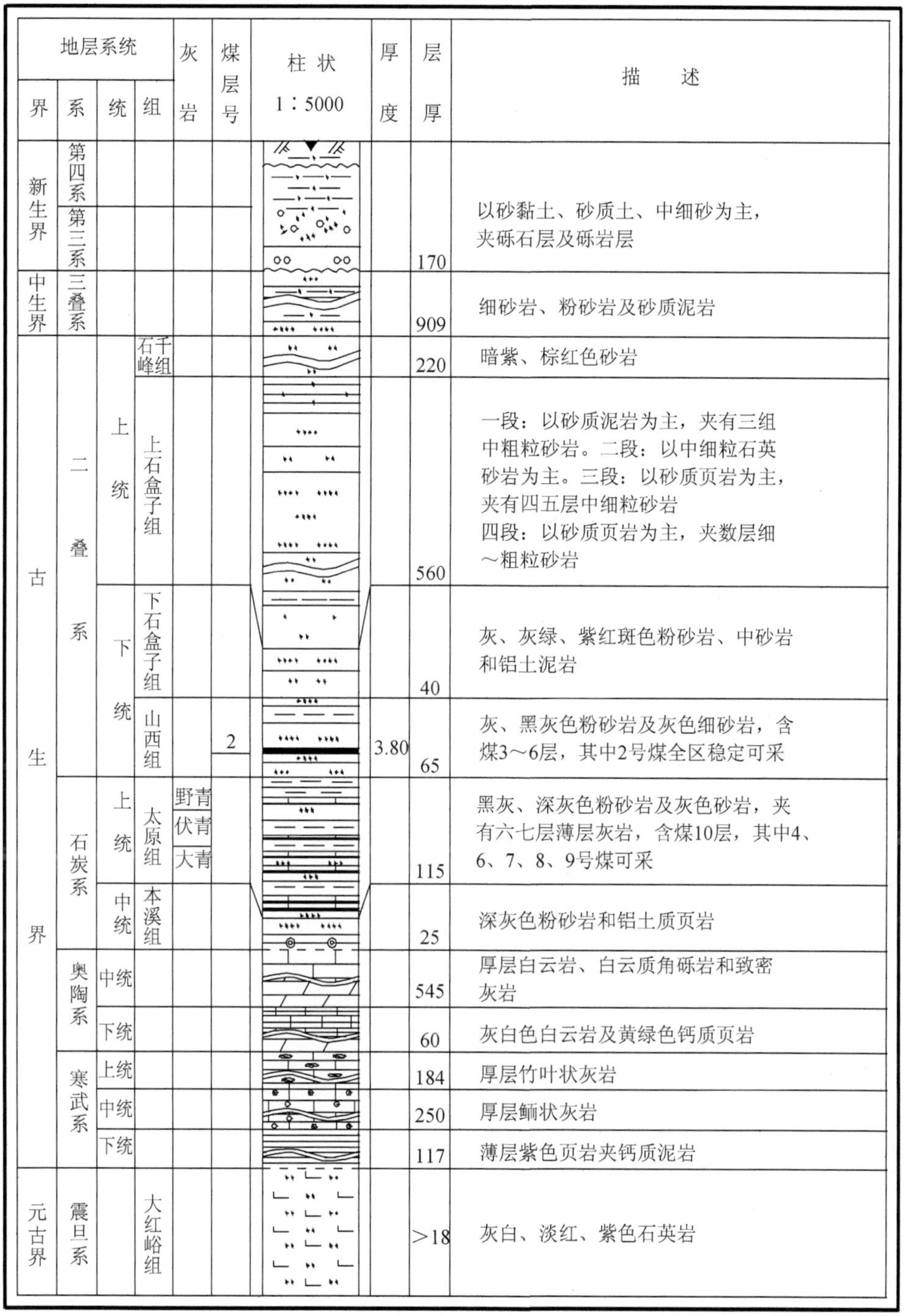

地层系统				灰岩	煤层号	柱状 1:5000	厚度	层厚	描述
界	系	统	组						
新生界	第四系								以砂黏土、砂质土、中细砂为主，夹砾石层及砾岩层
	第三系							170	
中生界	三叠系							909	细砂岩、粉砂岩及砂质泥岩
古生界	二叠系	上统	石千峰组					220	暗紫、棕红色砂岩
			上石盒子组					560	一段：以砂质泥岩为主，夹有三组中粗粒砂岩。二段：以中细粒石英砂岩为主。三段：以砂质页岩为主，夹有四五层中细粒砂岩 四段：以砂质页岩为主，夹数层细～粗粒砂岩
		下统	下石盒子组					40	灰、灰绿、紫红斑色粉砂岩、中砂岩和铝土泥岩
			山西组		2		3.80	65	灰、黑灰色粉砂岩及灰色细砂岩，含煤3～6层，其中2号煤全区稳定可采
	石炭系	上统	太原组	野青 伏青 大青				115	黑灰、深灰色粉砂岩及灰色砂岩，夹有六七层薄层灰岩，含煤10层，其中4、6、7、8、9号煤可采
		中统	本溪组					25	深灰色粉砂岩和铝土质页岩
	奥陶系	中统						545	厚层白云岩、白云质角砾岩和致密灰岩
		下统						60	灰白色白云岩及黄绿色钙质页岩
	寒武系	上统						184	厚层竹叶状灰岩
		中统						250	厚层鲕状灰岩
		下统						117	薄层紫色页岩夹钙质泥岩
元古界	震旦系		大红峪组					>18	灰白、淡红、紫色石英岩

图 2.7 峰峰矿区地层综合柱状图

鼓山复背斜两翼的背向斜，除和村—孙庄向斜随鼓山山势从北部向南由NE—NW—NNE—NW 转动外，其他背向斜的轴向同样以倾伏端向东摆动，而东南端恰与之相反。排列以北北东及北东方向，大致呈雁行排列形式，成行成列地分布在矿区。

3）陷落柱

陷落柱一般受区域构造条件裂隙分布规律控制，其发育程度是构造规律的反映。截止到现在，矿区共发现了大大小小近百个陷落柱，形状各异。其在平面上的特点大致上呈串珠状形式出现，分布方向为北北东向、北东向和近东西向。

3. 岩浆岩

岩浆岩主要分布在峰峰矿区北部，在利泰公司与薛村矿东西一线以北地区，均有大面积出露。其分布方向以北北东呈长条带状侵入，但每个条带可清楚表现一段较强烈一段较微弱，这与北北东主干断裂构造和断裂破碎带完全一致，并沿它们发育方向或附近侵入较强烈，远者较微弱。主要岩性为闪长岩、花岗闪长斑岩、正长斑岩。

4. 煤层

峰峰煤田为石炭、二叠系煤田，煤系地层主要为太原组和山西组，总厚度140～250m。全区煤系地层厚度变化不大，层位较稳定，共含煤层 15～22 层，煤层总厚度 17.48m，含煤系数 8.64%，可采煤层 6～7 层，可采煤层总厚度 13.50m，可采煤层含煤系数 6.68%。各可采煤层特征如下。

1）大煤（2 号）

为二叠系山西组的可采煤层，平均厚度 5.50m，含夹石 3 或 4 层，其中 3 层稳定。顶大煤厚度稳定，厚 2.20～3.5m；底大煤厚度变化较大，一般厚 2.20～2.7m，最厚可达 6.0m，最薄在 0.60m 以下。大煤在本区分两层的矿井有大力公司、羊渠河矿、九龙矿和孙庄矿等。

大煤厚度在矿区总的变化规律是中部厚，两端薄。中部通顺公司、羊渠河矿、大力公司、二矿、九龙矿厚度一般在 5.0m 左右，最厚者达 7.0m；北部万年矿一般在 3.0m 左右；南部三矿、孙庄、黄沙矿等，一般在 2.5～3.0m。但全区层位稳定，属稳定可采煤层。

2）一座煤（3 号）

一座煤属石炭系太原组顶部的局部可采煤层。构造简单，厚度变化不大，一般厚 0.40～0.8m，平均为 0.6m，属稳定煤层。

3）野青煤（4 号）

煤层一般厚度 0.90～1.86m，最大厚度 1.40m，除局部不可采外，其余地区基本达到可采厚度以上，属稳定煤层。

4）山青煤（6 号）

山青煤在个别井田有尖灭和分层现象，矿区中部地带厚度 1.50～1.4m，最大 2.40m，北部万年矿为 1.00m 左右，南部的黄沙辛安区为 0.97m，全矿区平均为 1.40m，属稳定煤层。

5）小青煤（7 号）

小青煤层厚度 0.98～3.2m，平均厚度 1.0m，属较稳定煤层。本煤层有尖灭及分层现象，局部含夹石两层，厚 0.20m 左右，个别井田其中一层夹石增厚，最大厚度 3.0m，一般 1.30m。

6）大青煤（8 号）

该煤厚度变化较大，煤厚 0.25～2.07m，平均厚度 1.15m，属稳定煤层。

7）下架煤（9 号）

为煤系地层最下一层可采煤层，含夹石一或两层，其中一层分布稳定，厚度 0.15～0.2m，变厚时把下架煤分成两层，间距 1.50～1.00m。上层下架煤（$9_1^\#$），厚度 0.31～3.04m，平均 3.00m；下层下架煤（9 号），厚度 0.40～1.4m，平均 1.0m，未分层的厚度最大 5.8m，平均 2.50m，属稳定煤层。

大煤煤层、野青煤层、山青煤层统称为上组煤，小青煤层、大青煤层、下架统称为下组煤。目前，峰峰集团有限公司所属各矿仅集中开采地质、水文地质条件相对简单的上组煤，下组煤因受奥灰水威胁较大，仅过去在一些老的矿井（现已关闭）浅部开采过部分下组煤。

虽然峰峰集团有限公司矿井中长期发展规划中不涉及下组煤的开采问题，但随着上组煤资源埋深的增大，以及一些矿井进行边角资源的开采，水文地质条件会日趋复杂化，面临的防治水问题也会越来越突出，成为制约矿区生产和安全的重要问题。

2.2.3　矿区水文地质条件

1. 主要含水层

根据勘探资料和井巷揭露，对采煤产生一定影响的含水层有 8 个，按埋藏顺序自上而下分述如下。

1）下石盒子组砂岩裂隙含水层

位于下石盒子组中下部，以浅灰色、灰白色中细粒石英砂岩为主，局部含小砾石，多为泥质胶结厚度约 15m。节理、裂隙发育微弱，且裂隙常为方解石脉充填，富水性弱。该含水层下距大煤煤层较近，在开采大煤过程中，砂岩水沿顶板垮落的裂隙，可以涌入开采工作面，涌水量为 0.1～1.5$m^3 \cdot min^{-1}$。

2）山西组砂岩裂隙含水层

为大煤煤层间接顶板，岩性为灰色、灰黄色中细粒石英砂岩，泥质、钙质胶结，厚度 10～20m。节理、裂隙多为方解石脉充填，含水层富水性弱。开采揭露呈淋水、滴水状态，涌水较为稳定，为 0.1～1.0m³·min⁻¹。

3）野青灰岩裂隙含水层

为野青煤层直接顶板，灰岩呈黑色，隐晶质，结构致密、坚硬，分布稳定，厚度 1.0～3.5m，平均 2.0m。构造裂隙发育，但分布不均，局部比较密集，大多数裂隙未被充填，富水性较差。开采揭露时，呈淋水、滴水状态，涌水量 0.5～1.0m³·min⁻¹，短期即可疏干。

4）山青灰岩裂隙含水层

为山青煤层直接顶板，灰岩呈灰黑色，质地纯，局部呈泥质薄层石灰岩，井田内北部局部地区相变为砂岩、砂质页岩和泥岩，层厚 1.2～2.0m。裂隙不发育，多为方解石脉充填，富水性较差，涌水量小于 1.0m³·min⁻¹。

5）伏青灰岩裂隙含水层

为山青煤层间接底板，上距山青煤层 2～4m，分布普遍且稳定，灰岩呈浅灰、青灰色，微晶质，结构致密，呈块状，质地不纯，夹燧石层，厚度 2～5m。裂隙发育，部分为方解石脉充填，局部有溶蚀现象，钻探中普遍存在漏水现象。一般情况下，含水层富水性较差，以静储量为主，易于疏干，涌水量 1.0～3.0 m³·min⁻¹，深部矿井该含水层富水性更差。个别矿井，该含水层岩溶裂隙发育，富水性强，且具有稳定的补给源。如大力公司-125 水平涌水量 10～11m³·min⁻¹，薛村矿稳定涌水量 9m³·min⁻¹，黄沙矿涌水量 6m³·min⁻¹。

6）小青灰岩裂隙含水层

为小青煤层直接顶板，灰岩呈深灰色或灰黑色，结构致密，分布不稳定，局部地区相变为砂岩、砂质页岩，该灰岩含水层厚 0.3～1.5m。裂隙不发育，富水性很弱，开采揭露该含水层时，呈淋水、滴水状态，短期即可疏干。

7）大青灰岩裂隙岩溶含水层

为大青煤层直接顶板，分布普遍且稳定，夹二或三层薄层黑色燧石层，厚度 4～6m。该含水层是煤系地层薄层灰岩含水层中最厚、距奥灰含水层最近的一个含水层，裂隙发育，局部有溶蚀现象，在构造发育部位接受奥灰水补给时，富水性较强，矿井涌水量一般在 5～60m³·min⁻¹。

8）奥陶系中统灰岩岩溶裂隙含水层

奥灰含水层为厚层裂隙岩溶含水层，主要由角砾状石灰岩、中厚层纯灰岩、致密灰岩与花斑灰岩组成，奥陶系灰岩平均厚度 605m，其中，奥陶系中统石灰岩含水层就达 545m。该含水层的质纯中厚层灰岩中裂隙岩溶发育，裂隙主要沿 10°N—30°E 方向发育，次为 290°N—300°W 方向。按其沉积旋回可分为三组八段，各组岩层化学成分、结构、岩性组合及裂隙发育情况不同，使其含水特征及富水性存在明显的差异。其中，第三含水组位于顶部，埋藏相对较浅，含水丰富，构成奥陶系含水层一个主要含水组，厚度一般 103m 左右。

大气降雨通过灰岩裸露区的渗入补给是奥灰含水层的主要补给源，主要补给期为每年的 7～9 月，具有集中补给，长年消耗的特征。据 1950～1984 年 35 年的降雨资料估算，奥灰含水层最大补给量为 $32m^3 \cdot s^{-1}$，最少补给量 $8.481m^3 \cdot s^{-1}$，平均补给量 $15.65m^3 \cdot s^{-1}$。

据 2004～2007 年各矿奥灰水位动态资料统计，矿区范围内奥灰水水位标高一般在 +95～+125m，受南洺河铁矿长期持续排水影响，万年矿奥灰水位在 +30～+87m 变化。

2. 地下水补径流排条件

按岩溶水的补给、径流、排泄条件进行水文地质分区，峰峰矿区属于邯邢水文地质单元的南单元，即峰峰水文地质单元。该单元西起长亭涉县断层，东至矿区东界，奥陶系灰岩埋深 -500m 标高起，北起北洺河地下分水岭，南至漳河南地下分水岭，总面积 $2404km^2$。

1）地下水的补给

区域地下水的主要补给来源是大气降水和局部地区沟谷河床渗漏。奥陶系灰岩裂隙岩溶地下水，大气降水入渗补给区主要位于鼓山、九山露头和西部及西北部岩溶发育的灰岩裸露区，除接受地区降雨渗入补给外，还接受西部、西北部山区裂隙岩溶地下水的侧向补给。由于区域内裂隙岩溶含水层均为厚层含水层，且裂隙岩溶发育，各含水层通过众多断裂构造发生水力联系，山区裂隙岩溶含水层与矿区奥陶系裂隙岩溶含水层，构成统一的含水层。山区沟谷和河流的渗漏是区内地下水的集中补给来源。

河谷渗漏补给主要位于西北部洺河，渗漏段主要位于河床为灰岩的河段。主要集中在南洺河常年有水的地区，如小店—阳邑段、木井一带、沙名—西寺庄地段。十里店—磁山段河床南岸奥灰裸露区，主要在雨季和洪水季节形成渗漏补给地下水。南部漳河流经的区城内的河床地段虽然大部分为 Z_1、$\in_2$、O_1、O_2 灰岩河床，但由于河底分布有一层具有良好隔水性能的冰积泥砾层，只有特大洪水年份，洪水倒灌渗入河床两侧灰岩裸露区的裂隙岩溶，才能补给地下水。

矿区范围内第四系松散含水层及砂岩含水层一般接受降水补给，煤系地层灰岩含水层除接受渗漏补给外，在构造条件下局部接受下伏奥陶系灰岩地下水的补给。此外，从张家头至峰峰矿区的跃峰渠渗漏补给也是一个局部的地下水补给区。

2）地下水径流

地下水径流主要受地层产状、构造和地形因素的控制，局部范围受水动力条件的影响，区域奥灰水总体流向为自西向东或略向东南。南部总体流向为北东方向，流经石场、申家庄、前辛安地段进入和村盆地后，沿东北方向经上庄—孙庄—彭城流入黑龙洞泉群排泄区；北部地下水的流向总体呈南东方向，途经崔炉、八特、利泰公司一带自西北进入和村盆地后向东南方向流动，至黑龙洞泉群排泄区；鼓山东受构造控制，地下水总体流向自北向南到黑龙洞泉群排泄区。地下水汇入峰峰矿区相对集中的地段是南洺河北岔口—青碗窑、白土和观台等地段，受地下分水岭影响，局部向东北方向流动；在和村盆地北张庄附近，由于鼓山断裂部分地段沟通了东、西两侧奥灰水的水力联系，使西部奥灰水径流到东部，与鼓山东奥灰水汇合，构成了鼓山东径流带。

单元内强径流带主要受构造和地势控制，总体分布在鼓山背斜、莲花山背斜和贾壁东山背斜的东翼（九山），弱径流带主要分布在区内规模较大的向斜和地堑展布的地段。

受矿山排水的影响，在各井田内形成了多个地下水局部径流带。

3）地下水排泄

地下水排泄方式主要包括泉群自然排泄和人工排泄（矿区内工农业用水和矿山排水）两种排泄方式。黑龙洞泉群位于鼓山南段黑龙洞村、响堂寺一带，由大小 60 余个泉点组成，以黑龙洞泉、娘娘庙泉、郭家庄泉、广胜泉为主，泉群出露标高+122.84～+132.0m，是矿区奥灰水的自然排泄方式。泉群的形成是由于东侧断层和煤系地层阻水，使奥灰水流动受阻，地下水沿断层导水地段及构造复合部位溢出成泉。泉水多年平均流量 $6 \sim 7 \mathrm{m}^3 \cdot \mathrm{s}^{-1}$，最大为 $32 \mathrm{m}^3 \cdot \mathrm{s}^{-1}$（1963 年），最少流量 $1.7 \mathrm{m}^3 \cdot \mathrm{s}^{-1}$（1985 年），近年来由于人工排泄量增大，泉流量日趋减少。随着工农业的发展，工农业用水及矿井排水将成为本区地下水的主要排泄方式，如图 2.8 所示。

3. 地下水的动态特征

地下水的动态特征，取决于其补给、径流和排泄条件，同时受自然和人为因素的制约，区内地下水位的动态具有雨季上升，旱季下降的特点。据水位观测资料，降雨后一天甚至几小时后，地下水位即发生变化，水位上升至最高值时的时间，一般在山区滞后最大降雨期 10～30 天，其他地区滞后 2～3 个月。奥灰水具有集中补给，长年消耗，7～10 年出现一次高水位的特点。

从区域水位变化来看，不同区的水位变化存在明显的差异。西部山区灰岩裸露面积大，直接接受降雨补给，水位高，水位动态不稳定，年变幅大；在矿区范围，水位较西部山区低，受西部地下水侧向补给影响，地下水位动态相对稳定，矿区径流区范围内年变幅值一般为 5～10m（1975 年），排泄区年变幅值小，一般为 2～4m。

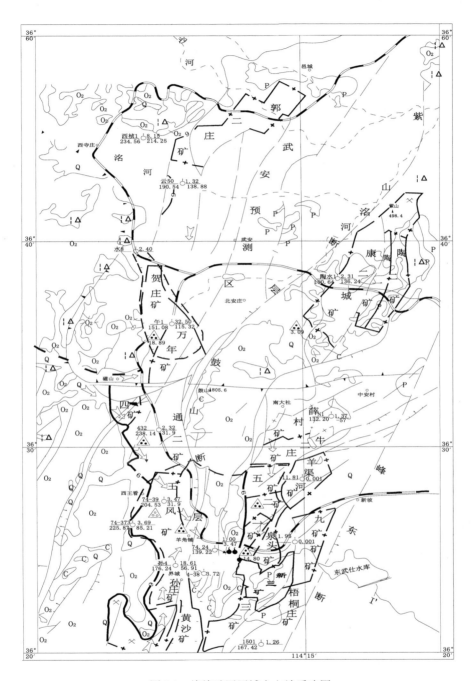

图 2.8　峰峰矿区区域水文地质略图

第3章 高承压奥灰水上安全开采所面临问题及对策

我国岩溶类煤矿床水文地质条件非常复杂，华北石炭二叠系煤田更为突出，而邯邢矿区在华北具有一定典型矿区。长期以来，河北南部邯邢矿区由于高强度开采，矿井可采储量严重不足，大部分矿井转入深部开采或开采受奥灰承压水威胁的下组煤。峰峰矿区9个矿井采深达到650m以深，其中4个矿井采深达到1000m，在建的九龙矿副井深达1341m；邯郸矿区有2个矿井开采下组煤。邢台矿区邢东矿采深已达1260m；有6个矿井开采下组煤，下组煤年产量已达到370万t以上。这些大采深及下组煤开采矿井中的部分矿井按《煤矿防治水规定》已达到突水系数允许开采的上限。随着采深的不断增加，奥灰水突水威胁日趋加大，传统的防治水技术和经验已不能满足安全开采的要求。为了解放受奥灰水威胁的深部煤炭资源，同时解决随着下组煤开采规模逐渐增大、大区正常衔接非常紧张的问题，需要认真研究大采深高承压水开采带来的安全问题，打破传统的防治水理念，提出新的防治奥灰岩溶水的思路和对策。

3.1 承压开采矿井以往采取的防治水技术路线

3.1.1 上组煤开采矿井以往防治水技术路线

邯邢矿区上组煤主采2号、4号煤。2号煤下距奥灰150～180m；4号野青煤下距大青灰岩约70m，下距奥灰110m左右。上组煤开采一般只受砂岩裂隙水及煤系薄层灰岩水影响，正常情况下奥灰水不会涌入矿井。但在存在垂向的导水通道（导水断层、导水陷落柱及封闭不良钻孔等）情况下，奥灰水就成为矿井安全的直接威胁。邯邢矿区陷落柱发育，查明垂向的导水通道是上组煤开采防治水最重要的关键。以往上组煤开采技术路线如下。

（1）重点针对奥灰强含水层开展防治水工作。

（2）大采深2号煤及4号开采充分利用底板隔水层的阻水性能，进行带压开采。

（3）4号野青煤开采对底板隔水层及薄层灰岩含水层进行注浆治理。

（4）开采前均要进行地面三维地震及电法综合勘探，查明区内断层和陷落柱的赋存状态及其含（导）水情况；掘进过程中利用物、钻探手段做好超前探测工作，先探后掘。超前探测主要内容为掘进前方及两帮可能存在的隐伏含（导）水构造；工作面圈出后利用物、钻探手段查明工作面内部可能存在的隐伏含（导）水构造。

（5）研究矿区陷落柱发育分布规律，重点研究陷落柱探查手段。

（6）研究承压开采条件下井下钻探施工技术。

3.1.2 下组煤开采矿井以往防治水技术路线

邢台矿区下组煤主采 9 号煤，下距奥灰 30～40m，隔水层主要岩性为砂岩与泥岩，间夹一层本溪灰岩含水层（厚 1.0～9.0m，只在葛泉东井较厚），直接受奥灰水的威胁。综合下组煤试采实践经验、带压开采条件和受水害威胁程度分析，为确保安全带压开采，确定采用的防治水技术路线为"精细探查，先探后掘；注浆改造，先治后采；全程监控，全面设防"，具体可以归纳为以下几点：

（1）做好水文地质条件勘察，建立完善的防排水系统。

（2）疏降为主、疏堵结合，可控疏放下组煤 8 号煤顶板大青灰岩水。

（3）采用物、钻探综合探查手段，探查采场隔水层薄弱地段、富水区域和隐伏构造（断层、陷落柱）。

（4）先治后采，对工作面底板隔水层及本溪灰岩进行全面注浆加固，补强其阻水性能。

（5）利用钻探工程，进行水量、水压、水温"三量"测试，定量评价工作面底板隔水层阻水性能。

（6）在工作面回采过程中，对煤层底板破坏深度和突水征兆进行全程动态监测。

（7）建立较可靠的预警系统和完善的应急预案。

3.2 深部奥陶系灰岩水对矿井安全开采的影响

3.2.1 邯邢矿区底板突水概述

一般煤矿底板突水类型有以下四种：

（1）导（含）陷落柱突水。

（2）导（含）断层及破碎带突水。

（3）薄板结构底板突水。

（4）底板岩体裂隙带突水。

随着邯邢矿区采深的加大，大采深和下组煤开采矿井水文地质条件日趋复杂，受底板奥灰高承压水突水威胁日益严重。相当一部分矿井煤层底板承受水压在7.0MPa 以上，个别矿井达到 14.6MPa。即使采取了一系列井上下勘探、超前探查和改造治理措施，仍不能杜绝重大突水灾害。据不完全统计，邯邢矿区自 1960

年以来，发生了大大小小的煤层底板奥灰突水 40 余起。图 3.1 所示是峰峰矿区浅部及中等采深煤层底板突水隔水层厚度与承压关系散点图。

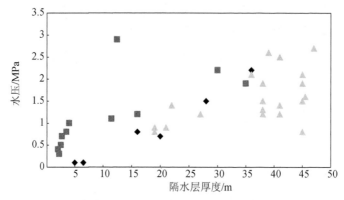

图 3.1　峰峰矿区煤层底板突水隔水层厚与承压关系散点图

近 20 年来，邯邢矿区国有煤矿发生了 11 次较大及以上奥灰突水，其中底板承压水突水 10 次，8 次发生在回采工作面，2 次是发生在巷道掘进，见表 3-1。

表 3-1　邯邢矿区国有煤矿底板突水一览表

序号	矿井名称	出水时间	突（出）水工作面名称	突水量/O₂标高/(m³·h⁻¹)/m	突水性质	陷落柱发育高度/m
1	梧矿	1995.12.3	主副井联络巷	34000/+125	导水断层直通式奥灰突水淹井筒	
2	梧矿	2000.5.14	北总回大巷掘进	160.2/+125	"导水陷落柱+裂隙带"底板奥灰出水	山伏青以下
3	东矿	2003.4.12	2903 工作面掘进（上组煤）	7000/+50	导水陷落柱直通式掘进突水	石盒子组以下
4	梧矿	2004.8.10	2102 工作面（上组煤）	180/+125	"导水断层＋裂隙带"底板奥灰出水	
5	临城矿	2006.12.16	0915 工作面（下组煤）	4200/+50	导水小断层奥灰突水淹井	
6	宝峰矿	2009.1.8	15423N 工作面（上组煤）	7200/+120	"陷落柱+裂隙带"型奥灰突水	山伏青以下
7	黄矿	2010.1.19	2124 工作面掘进（上组煤）	7200/+125	"导水大断层+小断层"奥灰突水	山伏青侧补充
8	东矿北井	2010.11.15	9208 工作面（下组煤）	1500/+45	底板裂隙带奥灰突水	
9	邢东矿	2011.4.13	2127 工作面（上组煤）	125/+45	隐性"微小断裂+裂隙带"奥灰出水	
10	黄矿	2011.12.11	2106 工作面（上组煤）	24000/+125	隐伏"陷落柱+裂隙带"型奥灰突水	山伏青
11	梧矿	2014.7.25	2306 工作面（上组煤）	11250/+125	隐伏"陷落柱+小断层"型奥灰突水	山伏青

注：2011 年后的黄矿、梧矿底板突水回采面还没有采取区域超前治理技术。

3.2.2　邯邢矿区深部煤层底板突水特点

1）浅部底板奥灰突水特点

从图 3.1 可看出，在 1990 年以前回采工作面的底板隔水层厚度与承水压之间关系有如下特点。

（1）实现安全回采的采面底板承压水水压在 3.0MPa 以下，底板隔水层厚度一般在 35m 以上；或底板厚度在 20m 以上，承压在 1.5MPa 以下。

（2）发生底板突水最突出的特点一般是隔水层厚度在 35m 以下，大部在 30m 以下，承受水压在 3.0MPa 以下。

从图可看出，回采工作面底板突水是符合《煤矿防治水规定》的底板受构造破坏块段突水系数一般不大于 0.06MPa·m^{-1}，正常块段不大于 0.1MPa·m^{-1} 规律。

2）深部矿井底板奥灰突水特点

随着采深的加大，煤层底板承压奥灰水突水的威胁日趋凸显。2000 年以后邯邢矿区国有大型煤矿发生了 10 次导（含）水地质构造加上采动影响原因所造成的底板承压奥灰突水，其中大部分突水事故发生在大采深矿井。造成煤层底板承压突水基本是隐伏型构造突水，一般是以下地质构造组合形式造成的底板突水。

（1）导（含）水陷落柱+小型断裂构造。

（2）导（含）水陷落柱+裂隙带。

（3）导（含）水陷落柱+小型断层+裂隙带。

（4）导水大断层+小断层或裂隙带。

（5）隐、显性断裂构造+裂隙带。

其中，对深部矿井开采威胁最大的是陷落柱组合构造类型，如图 3.2 所示。

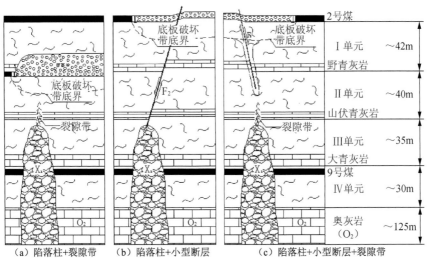

（a）陷落柱+裂隙带　　　（b）陷落柱+小型断层　　　（c）陷落柱+小型断层+裂隙带

图 3.2　陷落柱组合构造形式突水通道示意图

例如，梧矿主要开采 2 号煤，井田范围内 2 号煤埋藏深度在 400~1150m。矿井开采深度大，承受水压高，水文地质条件极其复杂，在建井期间因遇到落差 7.0m 的断层发生了 1 次重大突水事故。在投产初期，由于水文地质条件极其复杂，生产过程中发生了多次底板出水，如 2102 首采工作面发生的底板出水（涌水量为 7.5$m^3 \cdot min^{-1}$）是在没有任何断层存在的前提下发生的。有些工作面并没有明显的物探异常，在开采过程中仍然底板发生出水，有的甚至在采取注浆加固底板的措施后仍发生了突水，如在 2014 年 7 月 25 日，2306 工作面发生底板突水，突水量峰值达到 11250$m^3 \cdot h^{-1}$。

宝峰矿主要开采 2 号、4 号煤层，属典型的大采深和高水压矿井，底板承受水压最高可达到 9.7MPa。矿井开拓方式为立井分水平开拓，第一水平为-600m（采深 790m），第二水平为-850m（采深 1040m）。矿井地处地垒构造区，区内小断层发育。由于开采深度大，底板承受水压高，在采煤过程中受下伏含水层高承压水及矿山压力耦合作用，底板原生裂隙扩展致使奥灰水导升递进，贯穿底板各类破坏损伤带而发展成为导水通道，诱发底板突水。宝峰矿 2012 年以前，已经开采了 4 个野青工作面，各个工作面均发生煤层底板出水，且随着开采深度增大，突水频率和突水量有增大的趋势。其中 15423N 工作面在回采过程中，发生底板突水事故，突水量 7200 $m^3 \cdot h^{-1}$。

邢东矿为邢台矿区采深最大的矿井，煤层底板隔水层承受奥灰水压 5.0~14.6MPa。该矿在 2011 年 4 月 13 日开采 2 号煤最深部 2127 工作面发生了底板奥灰出水。2127 工作面开采标高-1140~-1213m，下距奥灰含水层 175m。在工作面掘进、回采之前进行了大量的水文地质物、钻探工作，未发现断层、陷落柱等导水构造。

东矿北井是开采下组煤矿井，在采取一系列防治水措施后均保证了浅部安全带压开采。但在开采中等采深的 9208 工作面时，在进行回采工作面注浆加固及无任何构造条件下，由于采深相对较大而发生了底板出水，出水量达到 1500$m^3 \cdot h^{-1}$。

以上突水案例清楚表明，随着矿井开采水平的不断延深，底板承受奥灰水压不断加大，底板突水的概率也日趋加大。

3.2.3 导水陷落柱对大采深矿井上组煤安全开采突水威胁大

岩溶陷落柱构造是影响煤矿开采的一种特殊的主要地质因素，对煤矿安全生产的影响极大。在水文地质条件复杂的矿区，岩溶陷落柱又成为地下水的重要垂向通道。由于岩溶陷落柱特殊的分布形态，在煤田勘探过程中不易发现，较难做到采掘工程布置前查清其存在的范围、位置，特别是小型陷落柱更是难以查明，致使岩溶陷落柱探查成为矿井地质工作中的突出难题之一，已成为煤矿安全的一大隐患，对矿井安全构成了极大的潜在威胁。

　　岩溶陷落柱属于隐伏垂向构造，其导致的底板突水具有隐蔽性、随机突发性和突水量大等特点，对煤矿安全生产、地下水环境及水资源保护危害极大。2000年以来邯邢矿区由岩溶陷落柱引起的矿井突水淹井重大事故 4 起，造成了很大的经济损失。随着开采深度和强度的增加，开采条件变得更加复杂，承受水压及地应力不断增大，陷落柱导致的水害威胁更加突出。

　　到 2015 年年底，邢台矿区各矿均发现有陷落柱，共发现 102 个陷落柱，主要集中在葛泉矿、东庞矿、邢东矿等。峰峰矿区截至目前，在大采深矿井羊东矿发现 21 个陷落柱，梧桐庄矿发现 5 个陷落柱，九龙矿发现 3 个陷落柱，黄沙矿发现 3 个陷落柱。该矿区 2000 年以来发生了 5 起陷落柱突水，均发生在大采深开采上组煤的矿井。

　　邯邢矿区隐伏垂向导水构造具有以下几个特点。

　　（1）隐伏垂向导水构造发育且类型多、分布复杂。邯邢矿区地质构造复杂，特别是隐伏的陷落柱和断裂构造发育。10 多年来，在邯邢矿区 19 矿井深部相继发现隐伏陷落柱。这些隐伏构造自然条件下呈隐伏、孤立的垂向点状形态，分布规律复杂，尤其是小型隐伏的陷落柱发育层位低、其横向扩展范围小，增加了超前探测的难度和不可预知性，更具有潜在的突水威胁。

　　（2）隐伏垂向导水通道在采动影响下导水性变化很大。煤层底板岩层中存在的隐伏导水构造，尤其是一些隐性断裂构造、陷落柱、裂隙带等，在自然条件下呈闭合状态不导水，或含水、导水微弱，与煤系薄层灰岩含水层水力联系不很密切，难以作为警示层；在高应力、高承压水和采动耦合作用下，易活化导水，其导水性会发生质的变化，导水裂隙通道在高压水和采动作用下，导水能力增长极快而发生灾害性突水。

　　如九龙矿 4 号煤层 15423N 工作面采前施工了 5 个大青含水层疏降钻孔，最大单孔涌水量 18m³·h⁻¹，一般 6m³·h⁻¹，大青水位 +27.6m～+73.6m；工作面开采过程中底板发生了大青含水层出水，初始水量 132m³·h⁻¹，稳定出水量 90m³·h⁻¹。后来由于底板下存在隐伏导水陷落柱构造，在大采深高承压水及采动影响下，发生了底板突水。

　　梧桐庄矿 2306 工作面隐伏陷落柱奥灰突水前，在采前对野青和山伏青含水层施工探查和注浆孔，野青灰岩含水层最大单孔涌水量 9m³·h⁻¹、山伏青灰岩含水层最大单孔水量 15m³·h⁻¹。以上实际水文资料表明：自然条件下，煤系地层的薄层灰岩含水层之间水力联系不密切，富水性弱，与奥灰含水层联系也不密切，出水预兆不明显。但在深部开采条件下，由于受采动影响和高承压水耦合作用，薄层灰岩富水性及与奥灰水力联系发生较大的质的变化，有可能形成了导水裂隙通道。

3.2.4　矿井深部极难探查的小型陷落柱造成底板突水

　　奥灰岩溶含水层分布面积广、厚度大、具有巨大的弹性储存水量，是影响深部矿井安全开采的主要强含水层。煤层底板岩层中隐伏陷落柱、断层、裂隙发育带等导水构造发育，在开采前未探明其条件时，由于煤层底板承受水压高，无论矿井处于奥灰岩溶含水层的强径流带还是弱径流带，受采动影响，当生产中揭露或接近时，易造成突水事故。

梧桐庄矿井田与外界的循环交替很微弱，处于一种相对封闭和滞流的水文地质环境。该井田奥灰水的特征是典型的弱循环水水质特征，矿化度高，一般在 $5g \cdot L^{-1}$ 以上，Cl^-、SO_4^{2-} 含量高；二是水温高，最高到 49.5℃。该矿地处地垒构造区，其边界大于 200m 的正断层隔断了野青灰岩和外界的水力联系，野青含水层的补给源只能来自于深部的大青或奥陶系灰岩水的垂向越流补给。依据在野青灰岩含水层长期疏放过程中水温、水质的变化情况分析看，水温从 1975 年的 33℃ 逐渐增至 2014 年的 43.5℃，揭露的最低水温也有 37.5℃，目前仍呈上升趋势。矿井深部水质类型由浅部的 $Cl \cdot SO_4 - K \cdot Ca$ 转化为 $SO_4 \cdot Cl - Na \cdot Ca$ 水，TDS 由 $5.5g \cdot L^{-1}$ 递增到 $6.0g \cdot L^{-1}$。其中矿井深部四采区奥陶系灰岩含水层的水温曾达 49.5℃；水质类型为 $SO_4 \cdot Cl - K \cdot Ca$；TDS 在 $6.3g \cdot L^{-1}$ 以上。另外，野青灰岩含水层水温、水质越来越接近奥陶系灰岩含水层，上述水质等参数变化进一步表明奥灰水是野青灰岩水的主要补给源。在采动影响下，导水地质构造已成为矿井充水的主要通道之一。

梧矿发现的 5 个陷落柱有 3 个为导水陷落柱，规模不大，其中 2014 年 7 月 25 日，2306 工作面发生的突水陷落柱发育规模只有 7m（短轴）×19m（长轴），发育高度只到 2 煤底板下约 60m。同样，九龙矿 15423N 工作面发生的陷落柱突水，陷落柱发育规模只有 7.0m（短轴）×14m（长轴），发育高度在野青煤底板下约 43m。这说明在封闭、滞流的水文地质环境和古岩溶赋存条件下，仍然发育着正在活跃期的小型陷落柱。

上述突水案例表明，奥灰含水层本身具有非常好的富水性，水压高，补给量充足。采深大、水压高，以及导水通道形成的复杂性和影响因素的多样性，决定了大采深矿井的水文地质条件的复杂性。在大采深高承压水矿井，即使开采上组煤主采 2 号煤层，在地下水径流滞缓条件下，如遇隐伏导水陷落柱等大的导水构造同样会造成灾害性突水。

3.2.5　高承压水开采条件下底板裂隙带成为导水通道

矿井开采深度大、水压高，在采煤过程中受下伏含水层高水压及采动压力影响下，煤层底板破坏深度较浅部明显增加，底板奥灰水导升裂隙递进发展，贯穿底板中各类断裂构造及破坏损伤带而成为导水裂隙通道，诱发奥灰水突出。邢东矿 2 号煤 2127 工作面，底板奥灰水压高达 12.4MPa，在无任何明显地质构造破坏的情况下发生底板突水。

随着采深的加大，即使注浆改造煤层底板薄层灰岩含水层和加固隔水层，也不能完全满足安全开采条件，仍然存在奥灰强含水层突水的危险。例如，对于可注性差的薄层灰岩含水层，裂隙发育极不均一，连通性差，钻孔注浆量少甚至注不进浆去，注浆改造含水层难度大，在煤层开采矿压和高水压的耦合作用下极易造成突水，如东庞矿北井 9 号煤 9208 工作面在进行全面注浆加固无任何明显构造情况下，由于采深相对较大仍然发生了底板突水。

3.3　矿井深部开采奥灰水防治存在的主要问题

1. 浅部矿井防治水经验不能满足深部开采需要

在大采深高承压水开采条件下，高承压水使岩体中的微裂隙、节理、小断层等软弱结构面可能软化、张变、扩展与破坏，发生水力劈裂导升，使得底板的阻水性能大大弱化。同时，随着采深的增加，工作面底板破坏深度增大，也增加了底板突水概率。邢东矿的 2 号煤 2127 工作面底板突水，经一系列物钻探未发现任何构造，底板破坏深度达到了 45m，底板奥灰水压在 12.4MPa，在高承压水及高应力与矿压耦合作用下，发生底板裂隙突水。底板薄层灰岩往往富水性弱、裂隙不发育，可注性差，底板存在的隐伏导水断裂及裂隙难以探明，注浆改造及探查的作用不能有效发挥，突水隐患无法得到完全有效排除。这说明在大采深条件下，水文地质条件愈加复杂，原有的防治水措施和经验无法完全保证矿井防治水安全。

在大采深高承压水开采条件下，高承压水对井下超前钻探施工作业人员安全威胁很大；再者，水文孔易受底鼓影响，甚至引起孔口管破裂出水而无法控制，且处理非常困难。

2. 传统底板突水预测安全评价方法不适应深部开采

煤层底板奥灰突水一般是隐伏构造组合型即时或滞后突水；突水通道基本是导（含）水陷落柱、断层、裂隙带型等基本类型以及不同构造之间的相互组合。对于邯邢矿区大采深高承压水和采下组煤矿井，底板突水机理从宏观上分析，都是属于地质构造+采动应力场+高承压水型的煤层底板承压突水，或者是构造组合+采动+高承压水型突水。即时型突水一般是直通式突水，但隐伏构造突水一般是滞后型。对于矿井深部开采，"气、液、应力"三场合一的相互变化，造成了地质构造的活化，底板隔水层的"软化"质变，使其阻渗性能大幅降低。

煤层底板突水是一个底板岩层内应力、渗流、构造等诸多复杂因素综合作用的过程，突水机理应该能够反映底板破裂、变形、水文参数变化等突水前兆。据观测和实验，煤层底板导水裂隙由下而上发展，即承压水沿导水裂隙向上入侵的结果。由此可见，突水前兆应该包括岩石应力、变形、声发射、破裂（波速变化）和水压、水温、水质变化等指标，监测这些指标应该对底板突水预测具有较好的指导意义。

矿井突水机理认识不足,缺乏大型相似材料物理再现实境模拟。随着采深加大和下组煤大规模开发,高地应力、高水压、高水温和高瓦斯压力等"四高"问题逐渐显现,影响矿井突水因素随之增多,突水类型呈复杂多样化特征,延迟滞后突水现象逐渐增多。目前,还缺乏多因素、多场耦合和多种模拟手段等综合研究。因此大采深高承压条件下底板突水机理的深入研究是目前亟须解决的难题。

另外,传统的突水系数法的评估对于矿井深部开采条件下,尤其厚隔水层条件下的上组煤开采技术指导与实际有较大偏差,其标准或指标与矿井深部开采不能简单地一概而论。

3. 大采深高承压水开采条件下超前探测技术难度大

矿井水害防治特别是奥灰岩溶水防治,至关重要是陷落柱的探查和防治,时至今日,其理论、方法、手段都尚在探索、改进和完善中。由于小型陷落柱、小断层及裂隙带等隐伏构造的隐蔽性、孤立性及个体的差异性,其有效的探查和防治,是一个探索性很强的难题。大采深高承压水开采条件下煤层底板奥灰突水一般是隐伏构造组合型突水;突水通道基本是导水陷落柱、断层、裂隙带型等多种不同组合类型,特别是规模小、隐蔽性强的组合构造,在一定程度上大大增加了探查难度,目前常规的物探、钻探及水文地质勘探试验手段难以得到全部彻底查明。

4. 对奥灰岩顶部隔水性能及可改造性研究不足

随着煤炭资源开发强度进一步加大,华北型煤田浅部和上组煤煤炭资源渐趋匮乏,深部和下组煤煤炭资源开发已成必然趋势。所以,要研究我国华北型煤田基底奥陶系碳酸盐岩顶部峰峰组所谓古"风化壳"利用问题,如建立评价奥灰顶部古风化壳隔水性能指标体系,研究其岩溶发育及风化充填特征,以及注浆改造其顶部含水层的可行性,增加底板有效隔水层厚度,提高矿井的安全开采范围,对受底板突水威胁严重的华北型煤田深部煤层和下组煤安全绿色开采意义非常重大。

5. 下组煤开采接近"突水系数"规定上限

邢台矿区面临后备煤炭资源储量少、后备资源匮乏等问题,但是其下组煤储量很丰富,占资源总量的 65%,下组煤资源成为保障矿区煤炭后备储量的重要物质基础,由于受到下伏奥灰高承压水的威胁,随着采深的加大,底板突水危险性也越来越大。邢台矿区五对下组煤开采矿井,随着采深的不断加大,带奥灰水压逐渐升高,已接近《煤矿防治水规定》有关带压开采"突水系数"规定的 $0.1\text{MPa}\cdot\text{m}^{-1}$ 上限。而突水系数大于 $0.1\text{MPa}\cdot\text{m}^{-1}$ 的 -450m 水平以深的下组煤储量尚有 4.9 亿 t,下一步大力开发这部分下组煤已成为当务之急,因此寻求新的、有效的下组煤安全开采方法是延长矿井服务年限、保持公司可持续发展最有效的途径。

6. 深部矿井安全开采需要改变底板治理对象

无论上组煤开采还是下组煤开采，以往探查和治理的重点和目标只限于煤层底板隔水层和地质构造，为安全采出浅部及中深部受水威胁的下组煤炭资源创造了安全条件。而随着采深的加大，即使全部注浆改造煤层底板薄层灰岩含水层和加固隔水层，也不能满足安全开采条件。以往针对薄层灰岩水是以防为主，治理的目标未触及奥灰强承压含水层，限于目前的探查治理技术和手段，还不能从根本上完全避免大的底板奥灰突水事故。

7. 常规探查治理模式难以满足深部安全开采需要

"先探后掘，先治后采"是下组煤及大采深矿井带压开采最基本的防治水原则。随着采深的加大，超前探测和治理的工程难度越来越大，传统的以采面为探查治理对象的"一面一探查，一面一治理"局部治理模式已不能满足大规模安全开采的要求，防治水工作严重影响正常的生产地区接续。

3.4 大采深高承压带压开采防治水对策

为了满足矿井深部安全带压开采需要，加大安全开采上限，根据邯邢矿区近年来所发生的矿井底板突水实例，底板突水基本是大采深高承压水矿井和开采下组煤所遇的隐伏导水构造，特别是很难超前探明的微小型导（含）水构造所导致的，而且有突水量大、隐蔽性和突发性强的特点。综上所述，在目前邯邢矿区面临的突水威胁和防探水技术还不能完全满足安全需要现状。经过积极探索，首次提出了"超前主动、区域治理、全面改造、带压开采"矿井防治水指导原则对策。改变原来"一面一治理"为更加超前主动的"区域治理"；防治水探查治理目标由原来底板的隔水层延伸到奥灰含水层顶部。

1）采取更加超前主动的防治水指导原则

为适应大规模开采需要，采取更加超前主动的防治水措施，打破以往的思维定式。积极研究应用定向钻探技术，采取井上、下相结合的方式，对采区或更大规模的区域进行超前钻探及预注浆改造。这样使带压开采前期所必要的探查及预注浆改造大大提前，使工作面采场钻探注浆 70% 的工作量提到前期完成，大大缩短工作面采场的后期注浆改造工期，有利于采区的采掘衔接。同时，也保证了工作面超前高承压钻探和实现"先治后掘"。

2）适应区域性治理技术要求

矿井防治水工作要实现区域性治理，打破"一面一治理"的常规，适应规模化开采的需要。区域化治理一般采取地面和井下相结合的方式，应用多分支定向水平钻探技术使区域化治理成为可能。区域治理一般以采区或更大区域为治理地质单元，提高矿井防治水主动防御范围和大区采掘正常衔接保障程度。

3）区域全面改造延至奥灰顶部

目前，国内注浆改造以薄层灰岩含水层为治理目标，可以安全采出受水威胁的浅部炭资源。随着采深的加大，即使完全注浆改造煤层底板含水层和加固隔水层，也不能完全满足安全开采需要，存在着煤层底板奥灰含水层突水的危险。因此，将薄层灰岩含水层注浆改造技术应用于奥灰含水层顶部改造已成必然。

我国在通过注浆法解决矿井水害方面积累了丰富的经验，尤其在过水巷道中建造阻水墙堵截突水通道、封堵井下突水源、奥灰含水层帷幕注浆、注浆改造薄层灰岩等方面取得了长足的发展。肥城、焦作、永城、邢台等矿区先后应用注浆改造含水层为相对隔水层技术成功地解放了大量的下组煤煤炭资源，实现了奥灰承压水上安全采煤。济南张马屯铁矿、邢台中关铁矿成功地在奥陶统厚层灰岩中构筑了大型注浆帷幕，确保了巨厚含水层内铁矿资源的安全开采。

奥灰顶部岩性成分与薄层灰岩没有本质上的差别，在注浆改造薄层灰岩含水层和含水层内构筑注浆帷幕两项技术实践经验集成的基础上，可以达到改造奥灰顶部含水层的目的。奥灰顶部全面注浆改造，一方面从根本上超前治理奥灰水害，另一方面大大延伸了安全带压开采范围，能够解放大量的深部煤炭资源。

第4章 奥灰含水层顶部隔水特性及改造可行性

华北煤矿区煤系地层下部奥陶系灰岩岩溶水水文地质条件有其独特之处，含水介质是由溶隙（溶孔）-溶洞共同组成"双重"含水介质，以溶孔和溶蚀裂隙发育为主，对煤层开采有直接威胁的主要含水层是中奥陶统碳酸盐岩中石灰岩含水层。正确认识奥陶系在空间和时间上的岩溶发育规律及其富水特征，掌握水文地质赋存规律，特别是研究奥陶系顶部岩溶发育特征及其风化充填后的阻隔水性能和改造的可行性，是矿井防治底板突水的重要工作，也是保证深部煤炭资源安全开采的技术保障之一。

4.1　华北地区奥陶系岩溶发育特征

早古生代时期的华北地台是一个平稳地台，为一个十分广阔的陆表海。该时期实际上只有寒武系和奥陶系，是华北地台第一个覆盖全地台的沉积盖层。加里东运动导致的华北地台大面积抬升，使整个华北地台缺失晚奥陶世、志留纪、泥盆纪以及早石炭世沉积，因此华北区煤田石炭纪煤系地层直接坐落在中奥陶统地层之上，煤层开采普遍受到来自中奥陶统灰岩含水层的高承压水威胁。

华北煤矿区深部奥陶系灰岩岩溶类型在沉积期受到淡水淋滤发育，后期又在沉积间断暴露期受到风化，经过上覆沉积地层沉积覆盖，又经过构造变动的抬升和下降，最终经过新生界覆盖。所以，华北煤矿区奥陶系岩溶发育有多期性和反复性。奥陶系岩溶发育从地表露头处到岩层深部，都有不同形态和不同形成机制的岩溶发育；其中对华北煤矿区产生威胁的主要为中奥陶统岩溶水。

4.1.1　奥陶系岩溶发育分期

华北矿区基底奥陶系灰岩在形成、发展和演化过程中，经历了多次抬升和下降，受到构造运动的影响，在不同的时期内形成了不同的岩溶形态，中国科学院地质研究所岩溶研究组把岩溶发育历史分为古岩溶阶段和新岩溶阶段。古岩溶发育阶段分为前寒武纪古岩溶时期、早古生代古岩溶时期、晚古生代古岩溶时期和早中生代古岩溶时期，如图 4.1 所示。其中对华北矿区矿井防治水有重要影响的中奥陶统古岩溶发育时期，应该是早古生代古岩溶时期、晚古生代古岩溶时期和早中生代古岩溶时期。华北地区中奥陶统顶部岩溶是由沉积间断形成的古岩溶，是早古生代或者新生代以来岩溶发育的基础；新生代以来发育的新岩溶主要受到喜马拉雅山运动的影响，并且是古岩溶发育的继承和发展。

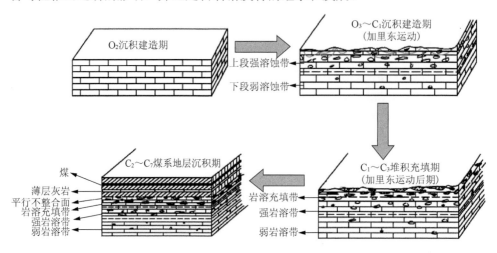

图 4.1　奥陶系岩溶发育演变分阶段示意图

4.1.2　华北煤矿区奥陶系灰岩储水空间特征

中奥陶碳酸盐岩为本区最主要岩溶裂隙含水层。由于奥陶系石灰岩地层厚度大，往往形成区域性含水丰富、含水构造规模巨大的岩溶含水层，是华北区石炭二叠纪煤田开发的主要威胁水源。

华北煤矿区中奥陶统灰岩普遍发育有溶蚀孔隙、溶蚀裂隙、溶洞、陷落柱等，且以溶蚀裂隙为主，这是华北型煤田岩溶形态的发育特点。随着开采深度的加大，深部煤层的开采受到深部中奥陶统石灰岩水的威胁，而在深部中奥陶统灰岩岩溶发育以溶蚀裂隙为主，溶洞发育较少，在不受断层等构造破坏的较为完整的岩层内，随着深度增加，裂隙数量具有明显减少的趋势。溶蚀裂隙是北方重要的地下岩溶形态，在构造裂隙或层面裂隙溶蚀加宽，一般宽 0.2～20cm，最宽可达 50～70cm，众多的溶蚀裂隙交织穿切，构成北方地下较为均一的溶隙网络系统。在垂向上分为垂直入渗带、季节变动带、水平流动带和深部滞流带。

总体来说华北煤矿区中奥陶统岩溶发育以陷落柱、溶洞、溶隙和溶孔为主要形态。到达深部后，岩溶发育主要以溶隙和溶孔为主要形态，相应赋存岩溶裂隙水和溶蚀孔隙水，而以岩溶裂隙水为主要赋存形态，局部有陷落柱存在；局部构造破碎带和岩溶大泉排泄区域岩溶水呈现管道流。

受底板中奥陶统岩溶水威胁的华北煤矿区中，中奥陶统灰岩在地表裸露区接受地表和降水的补给，在被上覆含水层覆盖区接受上覆含水层补给或者越流补给，具有侵蚀性的水继续流向埋藏区，促进岩溶发育，形成溶蚀裂隙、孔隙和洞隙，在局部构造破碎带或者径流带形成相对稳定的水流。

4.1.3　奥陶系岩溶发育层控作用

中奥陶世的马家沟期经历了两次大的面式海进和海退,构成了两大沉积旋回。所以在沉积海进和海退过程中,每一次旋回形成石灰岩岩性有所不同,并呈现一定的规律性,导致奥陶系岩溶发育层控特征。泥质灰岩或角砾状灰岩岩溶不甚发育,质纯的灰岩或白云质灰岩岩溶较发育,富水性较好。

中奥陶统地层中以泥质灰岩和白云岩为主的层段,有白云岩化作用和去白云岩化作用,以裂隙岩溶含水层为主,膏溶作用不强烈时,形成相对隔水层。以均匀状较单一厚层石灰岩为主的层段,岩溶发育,富水性较好,尤其在构造地段,地下水沿着构造裂隙、层面或者迹线与石灰岩发生溶蚀作用,形成溶孔、溶隙、溶道和溶洞;在不受构造破坏的地段,往往遵循富水性随深度增加减弱的规律。

以中厚—厚层或巨厚层石灰岩和花斑灰岩互层为主的层段,为强岩溶化,溶洞和溶道相对较均匀发育;以薄层泥晶灰岩、泥晶白云岩或者泥质灰岩为主的层段,岩溶发育微弱,并以溶孔为主;灰岩和白云岩互层的地层,岩溶洞穴往往发育在灰岩层中,白云岩层多构成相对隔水的顶和底板。

4.2　邯邢矿区深部奥陶系峰峰组岩溶发育特征

邯邢矿区奥灰岩溶含水层厚 480～690m,按其沉积旋回可分为三组八段。各组岩层由于其化学成分、结构、岩性组合及裂隙发育情况的不同,其含水特征及富水性存在较明显的差异。也是据此,将含水层分为三个含水组及三个相对隔水层(即弱含水层)。其中 O_2^7 段、O_2^5 段、O_2^4 段、O_2^2 段为含水段,O_2^4 段、O_2^6、O_2^7 段最富水。奥灰顶部的峰峰组是威胁煤层开采的最主要含水层段。

4.2.1　奥陶系峰峰组地层结构特征

奥陶系石灰岩最上部峰峰组,厚 83～160m,自上而下叙述如下。

八段:厚 13～50m,主要为白云质角砾状石灰岩,夹缟纹状石灰岩及角砾状石灰岩,岩溶发育,但存在不同程度的泥质充填。

七段:厚 70～110m,厚层状结晶灰岩,上部多具灰白、灰黄、橘红色花斑,下部灰岩变纯,局部夹薄层泥灰岩,底部灰岩含角砾,富水性强。

4.2.2　奥陶系峰峰组岩溶发育特征

奥灰含水层为厚层裂隙岩溶含水层,主要由角砾状石灰岩、中厚层纯灰岩、致密灰岩与花斑灰岩组成,是隐伏状的承压含水层。该含水层裂隙岩溶发育,岩溶沿节理、裂隙主要发育于质纯中厚层灰岩中。主要类型为溶蚀裂隙,次为溶洞。裂隙岩溶发育分布规律主要受岩性及构造因素制约。发育程度随埋藏深度增加而减弱，充填程度随埋藏深度增加而增强。在上述因素的影响下，含水层含水性具有非均质各向异性特征，并随着埋藏深度的增加而减弱，径流条件趋于复杂化。

邯邢矿区内的奥陶系灰岩属于埋藏型岩溶，埋藏条件受构造控制。主要分布在煤系地层掩埋区，大量的钻孔抽水资料表明，太行山东麓奥灰岩溶发育具有由浅而深逐渐减弱的规律，大体上灰岩顶面埋藏标高−150m以浅为极强岩溶发育带，−150～−300m为强岩溶发育带，−300～−650m为中等岩溶发育带，−650m以深为弱岩溶发育带。

由于埋藏条件、受构造切割等不同，岩溶裂隙在不同块段发育特征不尽相同。以东庞矿为例，该矿西部覆盖区奥灰直接隐伏于覆盖层之下，所以在奥灰顶部普遍存在一风化裂隙带，厚度9.25～53.64m，有时被红色黏土全充填，该区钻孔除观11孔在奥灰顶界漏水外，其他钻孔进入奥灰28.05～45.89m才发生漏水，综合确定的含水层段埋深36.54～222.60m，标高+81.04～−110.08m。见表4-1。

表 4-1 奥灰顶部风化裂隙带统计表

孔号	奥灰顶深	漏水深度	顶部风化裂隙带		含水层段		
			厚度/m	充填情况	层位	深度/m	厚度/m
观5	96.74	139.38	50.20	钙质充填	O_2^{s2}	128.00～145.10	17.10
					O_2^{s1}	176.90～185.34	8.44
观9	74.37	120.26	9.25	无充填	O_2^{s2}	83.00～113.00	30.00
					O_2^{s1}	155.20～181.90	26.70
观11	39.12	39.39	17.25	泥质局部充填	O_2^{x3}	56.57～73.60	17.06
观14	15.00	44.50	21.80	无充填	O_2^{x3}	36.54～50.30	13.76
						62.50～76.90	14.40
						81.30～88.50	7.20
观16	78.90	106.95	32.95	黏土部分充填	O_2^{s1}	103.35～111.50	8.15
						126.80～143.50	16.70
观20	81.07	未漏	53.64	黏土部分充填	O_2^{x3}	86.41～107.80	21.39
					O_1^{y1}	211.10～222.60	11.50

该矿埋藏区根据钻孔取芯、简易水文及抽水资料分析，仅O_2^{f2}岩溶裂隙相对发育，为矿井9号煤底板进水的主要含水段。

井田内揭露O_2^{f2}的钻孔有157个，钻厚超过30m的有18个。最大揭露厚度达229.69m（井下水源井$_3$），这些钻孔中有25个钻孔见有不同程度的岩溶现象，以观6、水$_1$、观7、井下水源及抽水主孔的岩溶最发育。如观6孔自122.37m见奥灰后,于 128.80～129.06m 第一次掉钻,至 201.40m,进尺 72.60m,先后 14 次遇岩溶掉钻或进尺很快,单个溶洞高度 0.20～0.70m,累计掉钻或进尺快的厚度达 6.57m,占这段地层厚度的 9.05%。据盐化测井反映,上部溶洞含水性强,中、下部岩溶富水性微弱。水$_1$孔在奥灰顶界以下 7.31m 钻具陷落 1.70m,发生漏水。观 7 孔于 190.09m 见奥灰后,272.80～273.20m 和 283.73～284.48m 分别见 0.40m 和 0.70m 的空洞,盐化测井溶洞出水,反应明显。据调查东庞矿井下水$_1$在钻至 O_2^{f2} 底界 10m 范围内,岩溶极发育,井口返上的岩块溶蚀现象明显。本区的岩溶裂隙发育规模受构造和埋藏条件等因素的控制,埋藏浅部和构造带附近,岩溶裂隙发育。显示出岩溶裂隙发育的不均一性。

根据钻孔岩溶裂隙统计,-300m 以浅裂隙率为 0.50～1.0%,岩溶率为 0.1%～0.2%,-300m 以深裂隙率一般为 0.3%～0.5%,岩溶率为 0.001%～0.1%。特别是 -600m 以深,钻孔中少见岩溶现象。垂向上,O_2^{f2} 顶界有一风化裂隙带,厚度 10～86.09m(东$_8$孔),有时铝土呈夹层出现,风化裂隙被全充填,全充填深度 1.29～7.47m,个别钻孔顶部无充填,钻进时遇奥灰即发生漏水(如 38、东$_{62}$、36 等孔)。根据钻孔漏水点深度统计,当钻孔处于断层附近时,漏水点多发生在见灰岩后 20m 的范围内,不受灰岩埋深的限制。根据岩溶裂隙统计、盐化测井,O_2^{f2} 全段可划分 1～3 层岩溶裂隙发育段,分别位于 O_2^{f2} 上、中、下部,单层厚度一般 10～20m,总厚度 10～40m。其中又以上层最为发育,富水性最强,如南翼的观 25、观 10、观 15、观 13 孔,北翼的观 6、观 23 孔均以上层的岩溶裂隙段为出水段,该段位于距 O_2^{f2} 顶界 5～25m 范围内。井田深部,特别是-300m 以深,岩溶裂隙的垂向分带性不明显,属弱岩溶区。

同样,邢台矿区的邢东矿奥灰埋深变化较大,根据现有资料统计,区内揭露奥灰的钻孔 54 个,埋深最浅 254.72m($D_{水1}$),与最深 1637.0m(邢东 0901 孔)埋深差 1300 余米,基本是西部埋深较浅,东部埋深较大。随着奥灰埋深增加,富水性有逐渐变弱的规律,总的来说,西部浅埋区岩溶较发育,向北及东部深埋区岩溶发育变差。

4.2.3　奥陶系峰峰组富水性特征

整体上,奥灰埋藏浅部和构造带附近,岩溶裂隙发育,富水性强,随埋藏深度的增加,富水性减弱。对于大采深矿井,受埋藏条件及构造控制,具有较明显的富水性分区。

以东庞矿为例,该矿井田的富水性可分为四个区段,即强富水区[$q=1.0～10L·(s·m)^{-1}$]、中等富水区[$q=0.1～1.0L·(s·m)^{-1}$]、弱富水区[$q=0.01～0.1L·(s·m)^{-1}$]和极弱富水区[$q<0.01L·(s·m)^{-1}$]。

1）强富水区

主要在西部覆盖区、中部煤系隐伏露头区及井田-150m 以浅，含水层厚度 15～30m，单位涌水量 1.0～4.717L·（s·m）$^{-1}$，水质以 HCO₃-Ca 或 HCO₃-Ca·Na 型为主，矿化度小于 0.5g·L^{-1}。东庞矿施工的 3 个井下水源孔，其中两个在强富水区内，涌水量达 250～300m³·h^{-1}。该区的岩溶裂隙发育，施工钻孔有 75%发生严重漏水，不漏水的奥灰钻孔均厚小于 10m，属顶部充填带。地下水循环交替条件良好。

2）中等富水区

位于西部覆盖区径流条件中等的块段和井田-300m 水平，正常块段在-100m 或-200m 以浅。该区施工钻孔有 40%发生漏水，含水层一般 20～40m，单位涌水量 0.1～1.0L·（s·m）$^{-1}$，水质以 HCO₃-Ca·Na 型为主，矿化度 0.5g·L^{-1}。

3）弱富水区

与弱径流区范围一致，分布于南北两翼中等富水区的深部，北翼大致在奥灰顶界标高-300m 以浅，F3 断层附近到-350m 左右，南翼在-450～-500m 以浅。由于奥灰埋藏较深，地下水循环条件差，裂隙岩溶不发育，仅有 30%的钻孔发生间断漏水现象。单位涌水量 0.0313～0.0501L·（s·m）$^{-1}$，水质以 HCO₃-Ca·Na、HCO₃·SO₄-Ca、SO₄·Cl-Na·Ca、SO₄·HCO₃-Ca 型为主，矿化度 0.5～1.0g·L^{-1}。

4）极弱富水区

与极弱径流区范围一致，位于井田最深部，北翼在-300m 以深，南翼在-500m 以深。由于奥灰埋藏深，地下水循环交替条件较差，岩溶裂隙极不发育，单位涌水量为 0.000965～0.000315L·（s·m）$^{-1}$，水质以 SO₄·Cl-Na·Ca、SO₄·HCO₃-Ca 型为主，矿化度大于 1.0g·L^{-1}。本区见奥灰钻孔仅东 58 孔发生间断漏水，占总孔数的 2.4%，该孔位于北 F₁₁ 和 F₁₇ 断层的交叉点附近，相邻的 8711 孔的消耗量为 1.0m³·h^{-1}，其他钻孔最大消耗量为 0.41m³·h^{-1}。东庞矿-300m 水平井下巷道内施工的水源 3 供水井，O₂^{f2} 几乎不含水，又钻至 O₂^{s3} 地层，放水试验，涌水量 50m³·h^{-1}，结合同位素试验资料，推断该处地下水属封闭滞流环境的古水混入或早期降水成因。

同样，邢东矿井田揭露奥灰的 49 个钻孔多属奥陶系石灰岩含水层，峰峰组地层单位涌水量为 0.015～3.776L·（s·m）$^{-1}$，富水性由弱到强。根据井田内 16 个水文孔抽水资料，将邢东矿区奥灰峰峰组含水层富水性分为三个等级：弱富水性[q<0.1L·（s·m）$^{-1}$]、中等富水性[0.1L·（s·m）$^{-1}$<q<1L·（s·m）$^{-1}$]、强富水性[1L·（s·m）$^{-1}$<q<5L·（s·m）$^{-1}$]。邢东矿井东北部埋藏最深为弱富水区，中部为中等富水区，西南部埋藏最浅为强富水区。总体而言，富水性不均一，由东北向西南富水性逐渐增强的趋势。如图 4.2 所示。

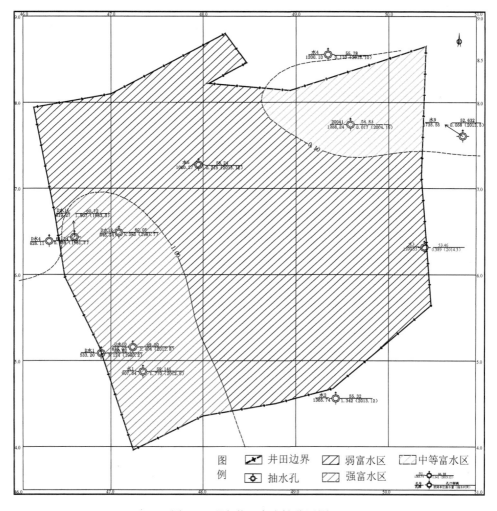

图 4.2　邢东井田富水性分区图

4.2.4　水化学特征

大量研究结果和现场实践表明，地下水水化学成分的形成即是水岩作用的结果，更体现了地下水赋存和运移的地质环境，奥灰水的水化学特征体现了地下水的径流条件。

邢台矿区东庞矿整体上看，西部覆盖区及井田浅部水质以 HCO$_3$-Ca 型水为主，井田深部随径流条件的变差，水质依次出现 HCO$_3$-Ca·Na、HCO$_3$·SO$_4$-Ca、SO$_4$·HCO$_3$-Ca、SO$_4$-Ca·Mg 或 OH·Cl-Na·Ca 型水，矿化度由小于 0.5g·L^{-1}到 0.5～1.0g·L^{-1}及大于 1.0g·L^{-1}。

邢东矿井田内奥灰岩溶水以 HCO$_3$-Ca、SO$_4$·HCO$_3$-Ca·Mg、SO$_4$-Ca·Mg 和

SO_4-Ca 型为主，矿化度 $0.306\sim3.720g\cdot L^{-1}$。从水化学类型角度分析，西部由于靠近谭村—达活泉—百泉强径流带，地下径流条件好，岩溶较发育，水质为 HCO_3-Ca 型水，矿化度仅为 $336mg\cdot L^{-1}$，自西向东，随着奥灰埋深的增加，奥灰水径流条件减弱，水中 SO_4^{2-} 含量也增多，水质由 $SO_4\cdot HCO_3$-Ca·Mg 型水渐变为 SO_4-Ca·Mg 水，矿化度也增加至 $3720mg\cdot L^{-1}$。随着奥陶系灰岩埋深的增加，水温由 15℃逐渐增加到 36℃；矿化度增大，水质年龄变大，水的 pH 向弱碱性变化。

峰峰矿区梧桐庄矿井田范围内大煤埋藏深度在 $400\sim1150m$。井田内奥陶系灰岩含水层，处于相对滞流区，井田与外界的循环交替很微弱，处于一种相对封闭和滞流的水文地质环境。水质为 $Cl\cdot SO_4$-Ca·Na 型水，矿化度大于 $5.24g\cdot L^{-1}$，该井田奥灰水的典型特征：一是典型的弱循环水水质特征，矿化度高一般在 $5g\cdot L^{-1}$ 以上，Cl^-、SO_4^{2-} 高；二是水温高，最高到 49.5℃。

峰峰矿区的九龙矿位于四周下降中间隆起的地垒构造上，奥灰埋藏深 $500\sim1060m$。井田内水质、水温等与邻区差异大，表明井田与区外水力循环交替不畅，径流条件差，基本上处于相对滞流状态，为一封闭较好的水文地质块段。水质类型为 $Cl\cdot SO_4$-Ca·Na 型水。

4.3 华北型煤田奥陶系灰岩顶部隔水特性

大量的勘探资料表明，在一些矿区峰峰组上段顶部确实存在一定厚度的弱含水相对隔水段，在矿井防治水工作中可以作为相对隔水层一部分加以利用，增加隔水层有效厚度，减小突水系数使其小于《煤矿防治水规定》中规定的突水系数值，解决大采深矿井深部开采及下组煤开采过程中所面临的突水威胁，这将是大采深矿井及下组煤安全开采的一条有效途径。

4.3.1 华北型煤田奥灰顶部相对隔水段成因

中奥陶系顶部相对隔水段的存在与古风化壳的发育有关。中奥陶系以后，受加里东运动的影响，华北地块上升为陆，一直到中石炭统本溪组沉积之前，在长达 1 亿年的地质时期中，中奥陶灰岩裸露地表，遭受风化剥蚀与溶蚀作用，形成古剥蚀面和溶蚀面，并伴有古岩溶和溶蚀裂隙，处于开放体系中的表层碳酸岩盐在水、热、光、氧、生物等各种因素的作用下，逐步形成了钙红土。此期间一方面形成古岩溶和裂隙，另一方面又遭受灰岩风化形成的钙红色土层的充填。中石炭系以后，华北地台开始下沉接收本溪组沉积，首先是粗碎屑将低洼的坑槽及溶隙填平；随着华北断块进一步下沉，海水进一步入侵，细碎屑的铝土质黏土开始在古剥蚀面相对隆起部位或已为碎屑填平的部位上沉积，在奥陶系灰岩凸起的古溶洞裂隙或早期沉积的粗碎屑中岩溶裂隙再次被铝泥质充填。当然，后期的构造活动和火成岩侵入、水的淋漓作用等对岩溶裂隙的充填也有重要作用。关于中奥陶系顶部相对隔水层的成因，可归纳出以下三点：

（1）中奥陶系顶部相对隔水段主要是由岩溶裂隙被充填而形成的。

（2）充填物主要为奥陶系时期形成的红土及本溪组的铝质泥岩及其以后地质时间的泥土（如石灰岩覆盖区的第三系泥土，第四系黄土等）。

（3）中奥陶系顶部相对隔水段的厚度与古地形、古气候特别是沉积充填条件有关。

4.3.2　奥陶系顶部充填带隔水层特征

所谓奥陶系顶部充填带相对隔水层是指奥陶系与晚古生代煤系地层假整合接触界面以下一定厚度范围内的碳酸盐岩层，不同地区为不同层位。虽然其经历过岩溶发育（ 如加里东期风化壳岩溶），但经过再充填、压实、胶结后，具有较高强度和较低渗透性，可以起到隔水层的作用，如图 4.3 所示。

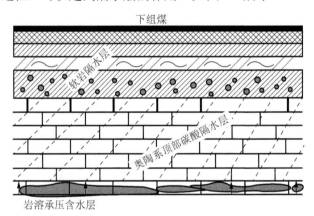

图 4.3　下组煤开采底板隔水层构成

据资料查证，加里东期风化壳岩溶充填带在华北煤田存在。各矿区奥陶系顶部古剥蚀面向下充填带厚度为 20～90m，充填带上部充填物以碳酸盐风化产物铁质、铝质黏土及沙等为主，下部充填物渐变为以方解石、白云石和石膏等化学沉淀物为主，铁与硫酸盐在还原环境中形成黄铁矿颗粒充填。焦作、峰峰、邢台、开滦、徐州、肥城、晋城、潞安、左权、阳泉、韩城、铜川等矿区的充填带厚度分别为 20～70m、30～45m、20～50m、45m、30～50m、30m、40～70m、60～80m、60m、90m、40m、30m。

奥陶系顶部残留层岩性结构决定隔水层的构成。岩性和结构及埋藏条件对岩溶发育程度具有控制作用，在剖面上表现为沉积旋回、平面上为沉积相变，垂向上表现有埋藏深度与岩溶发育程度相关性。各地残留的奥陶系最上部地层岩性和后期改造条件不同，导致隔水层构成和厚度有差异。

在已有研究中，未将奥陶系顶部灰岩认作隔水岩层的原因主要有以下几点：

（1）华北奥陶系为一套陆表海沉积的碳酸岩夹有石膏、盐岩等可溶岩构成，当这些岩石受力破坏后，其中的裂隙不易闭合，这些可溶岩在水流作用下，沿岩体裂隙和孔隙发生溶蚀而使储水空间和导水通道被扩大，这些岩层成为储存和透水的含导水介质。

（2）华北型煤田由浅入深的开采过程中，浅部新（新生代）岩溶发育使其含导水性强，常成为突水淹井水源，一般很难想象其能成为隔水层。

（3）奥陶系顶部在加里东期为长期裸露风化和浅表岩溶发育。所以，在已有的水文地质概念和研究成果中，一般是把碳酸盐岩层作为岩溶裂隙含水层和含水系统等含导水介质来处理。

实际上，碳酸盐岩致密坚硬，岩石完整时渗透性很差，利用在许多典型矿区采集的奥陶系碳酸岩样本所做的应力应变全渗透试验结果表明，其渗透系数量级小于 $7\sim10\mathrm{m\cdot d^{-1}}$，有较好的隔水能力和较高的强度。

4.3.3　奥灰含水层顶部"三带"的划分

通过对邯邢矿区的资料分析，按奥灰顶部风化程度及裂隙、溶隙、溶孔溶洞呈带状分布特征，从剖面可分为"三带"，从上至下依次为风化带、过渡带和岩溶裂隙带。

借鉴"三带"理论，依据邯邢矿区峰峰组灰岩上部的地质信息，本区"三带"的详细情况介绍如下。

（1）风化带。峰峰组在经历沉积旋回时，出露于地表的灰岩最容易接受大气降雨、地表径流等水体的溶蚀作用形成岩溶地貌。同时受岩溶作用的灰岩还受到水、光、热、氧、生物等各种地质营造力作用风化、崩解成更小的岩石碎块、碎屑等，形成各种凹凸不平、裂隙交错的地表灰岩风化带。

（2）过渡带。过渡带为峰峰组顶部受古风化作用，以裂隙为主，节理和溶隙次之，在泥质岩含量高、岩溶条件好的区域此特征明显。峰峰组一段虽在部分区域有一定富水性，但早期岩溶、古风化作用没有第二段强，构造破碎作用小，裂隙发育以斜交、层间节理为主。

（3）岩溶裂隙带。岩溶裂隙带，富水性好，常见巨厚层灰岩、白云质灰岩，虽然裂隙有一定程度充填，但裂隙容易在空间上延伸，连接成具有水力联系的裂隙网络，构成主要储水空间。裂隙发育情况与岩性、古地下水径流条件有密切关系。裂隙以溶蚀裂隙、斜交及层间节理为主，主要分布于富水性好的马家沟组三段和二段底层之中，质地纯，厚度大，泥质含量低的石灰岩地层中集中发育。奥灰顶部"三带"剖面划分示意图如图4.4所示。

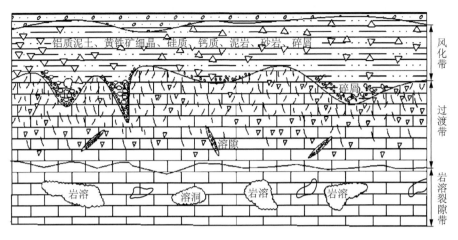

图 4.4　奥灰顶部"三带"划分剖面示意图

4.3.4　奥灰含水层顶部岩层阻水带及阻水能力确定

邯邢矿区康城煤矿和郭二庄煤矿在研究分析煤层底板承压水水文地质特征及突水规律时，发现奥灰水位在平面上具有局部的分区性，奥灰顶部一定厚度内，裂隙不发育，能够起阻水作用，这一厚度随埋深增加而逐渐增大。一般浅部<20m，而深部区达 25～50m。

（1）阻水带厚度的确定。可以采用物探和钻探方法确定。通过井下施工钻孔，从奥灰顶面开始，跟踪钻孔钻进测试不同深度水压，实测某一深度时的水压与区内奥灰最大水压比较，直至钻进至实测水压与奥灰最大水压一致时的奥灰钻进深度，即为奥灰含水层的阻水带厚度。

（2）阻水带的阻水系数。奥灰巨厚含水层由于不同层位的渗透系数和单位涌水量不同，其阻水能力也就不一样，可用不同阻水带的阻水系数来表示：

$$Z_i = \frac{P_0 - P_i}{P_0} \tag{4-1}$$

式中：Z_i 为第 i 阻水段的阻水系数，$i=1,2,\cdots,n$，n 为阻水带数目；P_0 为奥灰最大水压，MPa；P_i 为孔底实测水压，MPa。

（3）阻水带有效厚度：

$$H_i = K H_0 Z_i \tag{4-2}$$

式中：K 为安全系数，取值 0.4～0.6；H_0 为阻水带名义厚度，m。

阻水带厚度和阻水系数是通过钻孔测定的，为减少片面性。在实际应用时，应多个钻孔进行综合分析，分区应用。

（4）奥灰峰峰组顶部富水性分区。富水性等级以钻孔单位涌水量（q）为准进行划分，标准为:极强富水区，$q>5.0\text{L·}(\text{s·m})^{-1}$；强富水区，$1.0<q\leqslant5\text{L·}(\text{s·m})^{-1}$；中等富水区，$0.1<q\leqslant1.0\text{L·}(\text{s·m})^{-1}$；弱富水区，$q\leqslant0.1\text{L·}(\text{s·m})^{-1}$。

峰峰组单位涌水量在 $0.0009\sim0.0059\text{L·}(\text{s·m})^{-1}$，为富水性极弱的含水层，因而可判断其具有较好的阻水性能，又可称为相对隔水层，基本集中在峰峰组二段及一段上部位置。另外，通过收集钻孔柱状进行对比之后发现，在这部分区域内广泛发育有泥灰岩与白云质灰岩互层的阻水性结构，这是构成阻水岩层的有利因素，邯邢矿区峰峰组相对隔水层厚度在 $35\sim70\text{m}$。

4.4　邯邢矿区奥灰岩层顶部富水性分析

在邯邢矿区奥灰顶部峰峰组 O_2^8 段（峰峰组 2 段 O_2^{f2}），为奥灰风化壳，不同程度地被黏土充填，含水性弱，起到一定的隔水作用。

据峰峰矿区井下 39 奥灰钻孔的统计资料表明，钻进前 10m，基本无水。含水组顶部富水性微弱，在某些地段，可视作相对隔水层。

邢台矿区大量的井上下钻孔资料也表明，在奥灰顶部也存在程度不等的充填弱含水带。东庞井田奥灰顶部 10m 以内，90%的钻孔漏失量小于 $1\text{m}^3\text{·h}^{-1}$，属于轻微漏水。葛泉井田，峰峰组冲洗液漏失量基本上在 $0.01\sim1.1\text{m}^3\text{·h}^{-1}$。章村矿井田冲洗液漏失量记录 70 个钻孔，奥灰顶部 20m 以内，由于灰岩岩溶、裂隙大多被泥质成分充填，冲洗液消耗量较小，属于轻微漏失。下面就具有地区代表性的矿井资料进行重点分析。

4.4.1　邢台矿区东庞矿奥灰顶部富水性分析

1.　地面钻孔奥灰段泥浆消耗量分析

东庞井田内冲洗液漏失量记录 88 个钻孔，除水源 3 孔终孔于上马家沟，其余均在峰峰组内。88 个孔中，仅 2 孔未漏失，其余孔均不同程度地发生冲洗液漏失，漏失率 97.73%。奥灰顶部 10m 以内，90%的钻孔漏失量小于 $1.0\text{m}^3\text{·h}^{-1}$，属于轻微漏水，只有一个孔位漏失量大于 $10\text{m}^3\text{·h}^{-1}$，说明裂隙发育极不均一。对 16 个钻孔奥灰上部每 10m 分段分别统计，发现前 4 段（奥灰上部 40m 以内）漏失量小且变化不大，而第 5 段即 40m 以深冲洗液漏失量有明显增加（表 4-2、表 4-3），说明奥灰上部 40m 岩溶裂隙率较低，富水性较弱，40m 以深进入峰峰组七段强含水层段。

表 4-2　奥灰顶部不同深度冲洗液消耗量统计表

消耗量 /m³·h⁻¹	不同深度钻孔数/个				
	≤10m	10～20m	20～30m	30～40m	>40m
≤0.1	5	5	7	7	3
0.1～1.0	9	9	7	6	6
1.0～10	2	2	2	3	5
>10	0	0	0	0	1

表 4-3　奥灰顶部不同深度冲洗液平均消耗量

深度/m	消耗量/m³·h⁻¹
0～10	0.50
10～20	0.35
20～30	0.38
30～40	0.31
>40	2.12

2. 井下奥灰富水性分析

东庞矿在下组煤开采底板加固过程中又施工了大量的奥灰探查孔，可统计的钻孔 702 个。这些钻孔均在奥灰埋藏较浅的区域，奥灰埋藏标高在-250m 以浅。

所有钻孔进入奥灰深度 0.5～42.82m。揭露奥灰 10m 的钻孔，无水钻孔 59 个，有水钻孔 621 个，水量 0.01～72m³·h⁻¹，平均水量不足 5m³·h⁻¹。终孔进入奥灰厚度 10.0m≤d<20.0m 的孔有 19 个，终孔无水钻孔 1 个，其余 18 个钻孔终孔水量在 0.1～7.0m³·h⁻¹，平均 2.4m³·h⁻¹。终孔进入奥灰厚度 20m≤d<30m 的孔有 1 个，终孔水量 0.4m³/h。终孔进入奥灰厚度 30m≤d<50m 的孔有 2 个，1 个进入奥灰 42.8m，无水；另一个终孔水量 4m³·h⁻¹。所有钻孔终孔水量大于等于 50m³·h⁻¹ 的钻孔 12 个。

统计表明，本区奥灰顶部存在厚度不一的华北型煤田奥灰顶部普遍发育的相对隔水风氧化带，并且奥灰上部 40m 以浅富水性一般，大多富水性减弱。

4.4.2　章村矿奥灰顶部富水性分析

1. 钻孔冲洗液消耗量情况

井田内地面钻孔有 94 个揭露奥灰含水层。各孔均有不同程度的漏失，有冲洗液漏失量记录的 68 个钻孔中，除 10-1 孔、3-2 两孔揭露奥灰，即漏失外，其余各孔奥灰顶部 20m 以浅，由于灰岩岩溶、裂隙大多被泥质成分充填，冲洗液消耗量较小，属于轻微漏失。奥灰顶面 30m 以下，由于岩溶裂隙较为发育，钻孔漏失现象较为严重，如观Ⅲ-1 孔在进入奥灰 35～40m 段，漏失量大于 2.0m³·h⁻¹。

2．井下钻孔涌水情况

章村矿井下施工的奥灰观测孔、放水孔及水源井资料，水量最大为 3 号水源井在进入奥灰 22.1m 时，水量为 $0.57m^3 \cdot h^{-1}$，钻进奥灰 33.14m 时，水量仅为 $1.3m^3 \cdot h^{-1}$；钻进奥灰 59.62m 时，水量为 $544m^3 \cdot h^{-1}$；4 号水源井进入奥灰 57.8m 出水，进入奥灰 70.5m 处水量增加到 $90m^3 \cdot h^{-1}$。

章村矿截至目前井下施工超前探、注浆加固钻孔共计 316 个，其中进入奥灰含水层的钻孔 131 个。这些钻孔先期施工的各孔揭露奥灰的深度不一致，2013 年以后施工的钻孔均进入奥灰 15m（垂距）。这 131 个钻孔中，水量大于 $10m^3 \cdot h^{-1}$ 的钻孔有 9 个（见附表），除 4 号注浆孔处于 F_{22}、$f_{1817\text{-}7}$ 断层带外，其余各孔奥灰顶部均具有部分隔水段。所有钻孔涌水量均小于 $25m^3 \cdot h^{-1}$。单位涌水量 q 在 $0.1 \sim 0.4 L \cdot s^{-1} \cdot m^{-1}$，属于中等（偏弱）富水性含水层。

3．初步结论

地面和井下钻孔在揭露奥灰均没发现原始导高的存在，且奥陶系灰岩含水层在垂直方向上具有分带性，奥灰顶面以下 30m 富水性差，可视为相对隔水层，50m～100m 溶蚀裂隙较发育，此段为一强富含水段。

4.4.3 九龙矿奥灰顶部富水性分析

九龙矿共统计进入奥灰钻孔 23 个，其中终孔进入奥灰厚度小于 10m 的孔共 5 个，漏失量在 $0.02 \sim 0.21m^3 \cdot h^{-1}$，均较小。

1）奥灰原始导高分析

在统计的 23 个钻孔中，奥灰顶面以上有漏失量或涌水的钻孔共 8 个孔，占 35%，漏失位置在奥灰顶面以上 2～17m，漏失量在 $0.06 \sim 0.42m^3 \cdot h^{-1}$，其中两个孔漏失位置在奥灰顶面上 15m，由此分析九龙矿奥灰含水层具有原始导升高度，但不均一，在 2～17m。

2）奥灰富水性分析

（1）在统计的 23 个孔中，进入奥灰厚度 0～10m 时有漏失或涌水的钻孔有 6 个，占 39%，漏失量或涌水量在 $0.21 \sim 1.8m^3 \cdot h^{-1}$（进入奥灰 5.5m），在奥灰顶面漏失的有 1 个孔，漏失量 $1.14m^3 \cdot h^{-1}$。奥灰顶面存在的风化壳不明显。

（2）进入奥灰厚度 10～20m 时有漏失或涌水的钻孔有 3 个，占 13%，漏失量在 $0.7 \sim 1.2m^3 \cdot h^{-1}$。

（3）进入奥灰厚度 20～30m 时有漏失或涌水的钻孔有 2 个，占 8.7%，漏失量在 $0.2m^3 \cdot h^{-1}$ 左右。

（4）进入奥灰厚度 30～40m 时有漏失或涌水的钻孔有 6 个，占 26%，漏失量在 $0.5 \sim 2.52m^3 \cdot h^{-1}$。

（5）进入奥灰厚度 40～50m 时有漏失或涌水的钻孔有 3 个，占 13%，漏失量在 0.06～0.8m³·h⁻¹。

（6）进入奥灰厚度 50～100m 时有漏失或涌水的钻孔有 12 个，占 52%，漏失量在 0.6～5.4m³·h⁻¹，个别钻孔溶孔、小溶洞发育，裂隙发育，有个别孔漏失严重。

（7）进入奥灰厚度 100～150m 时有漏失或涌水的钻孔有 7 个，占 30%，漏失量在 1.5～2.7m³·h⁻¹ 不等，个别有溶孔、溶洞发育现象，个别孔岩芯破碎。

综上分析，九龙矿奥陶系灰岩含水层具有一定的原始导升高度，2～17m；奥灰顶面风化壳风化程度明显，且不均一，存在漏失量或涌水情况。奥陶系灰岩含水层在垂直方向上具有分带性，奥灰顶面以下 30m 范围富水性差，漏失量或涌水量均较小，可视为相对隔水层，50～150m 溶蚀裂隙、小溶孔、小溶洞较发育，此段为强富含水段。

4.4.4　梧桐庄矿奥灰顶部富水性分析

本次分析统计梧桐庄矿地面进入奥灰的钻孔共 11 个，分析如下：

（1）在奥灰顶面以上没有发现冲洗液漏失的钻孔。因此奥灰均没有发现有原始导高的存在。

（2）进入奥灰厚度 30m 以内有漏失的钻孔有 2 个，占 18%。其中 1 个孔进入奥灰 15m 时漏失量 5m³·h⁻¹；另一孔进入奥灰 24.5m，漏失量 40m³·h⁻¹。由此可见奥灰八段富水性较弱，且不均一。

（3）进入奥灰七段的钻孔共 8 个，其中冲洗液有漏失的钻孔 4 个，占 50%，其余 4 个孔无漏失。

① 进入奥灰 46～47.5m，冲洗液全漏失钻孔 1 个，漏失量 60～70m³·h⁻¹；该孔进入奥灰 47.5～54m 时冲洗液有漏失量变为 47m³·h⁻¹；

② 进入奥灰 47.7m 冲洗液全漏失钻孔 1 个，漏失量在 60～70m³·h⁻¹；

③ 进入奥灰 34～79m 微漏失钻孔 1 个，漏失量 5m³·h⁻¹ 左右；

④ 进入奥灰 82.4m 微漏失钻孔 1 个，漏失量 5m³·h⁻¹ 左右。

由以上统计情况可知，奥灰七段较为富水，但富水性不均一。

（4）初步结论。通过钻孔统计情况分析，揭露奥灰前均未发现奥灰原始导高存在；奥灰顶界面存在风化壳，顶界面裂隙大多被泥质成分充填，隔水性能好；奥灰含水层在垂向上具有分带性，奥灰顶面以下 15m，所有钻孔未发现冲洗液漏失现象；15～30m，富水性相对较弱，且富水性不均一；奥灰顶面下 30m 以深，奥灰富水性相对较强，且富水性不均一。

4.5 　邯邢矿区奥灰顶部注浆改造可行性分析

我国煤矿在通过注浆法解决矿井水害方面积累了丰富的实践经验，尤其在过水巷道中建造阻水墙堵截水源、封堵井下突水点、对含水层进行帷幕注浆、注浆改造薄层灰岩含水层方面取得了长足的发展。肥城、焦作、邢台、永城等矿区先后应用注浆技术成功地完成了数十个工作面煤层底板薄层灰岩注浆改造工程，实现了奥灰承压水上安全采煤。济南张马屯铁矿、邢台中关铁矿成功地在中奥陶统厚层灰岩中构筑了大型注浆帷幕，确保了巨厚含水层内部铁矿资源的安全开采。

邯邢矿区在奥陶系灰岩中施工了大量的钻孔，为了下组煤勘探和开发的需要，一些煤矿专门针对奥灰做过放水试验。西石门铁矿、王窑铁矿等对奥灰含水层进行了大降深疏降排水。同时，与邢台矿毗邻的 151 电厂取水层为奥灰，大量的勘探钻孔和长期的抽排水积累了许多第一手奥灰岩溶发育和风化壳发育深度资料。邯邢矿区对奥陶系灰岩研究程度较高，奥灰含、隔水岩组的划分三组八段基本上代表了现阶段对奥灰富水性、成层性的认识。目前对奥灰顶部岩层裂隙、岩溶发育情况已有一定深度的认识，上述工作成果为研究奥灰顶部段可注性积累了丰富的资料，也为开展奥灰顶部含水层注浆改造工作创造了有利的条件。

当前，实施奥灰含水层顶部改造工程，延伸大采深矿井和下组煤开采上限已具备规模化工业性试验条件，尤其是多分支近顺层定向钻探技术，为大规模高效注浆改造奥灰顶部含水层提供了关键支撑技术。邯邢矿区 2009 年开始奥灰顶部区域性注浆改造试验，通过地面多分支定向水平钻孔，对奥灰含水层顶部八段（20～30m）进行"羽、带、网"状探注，将其顶部含水层改造为相对隔水层。大大增加了下组煤层底板有效隔水层厚度及抗水压强度，提高了安全带压开采上限。

第 5 章　区域超前治理奥灰岩溶水害原理及技术路线

随着我国中、东部地区矿井采深加大，相应水压越来越高，矿井面临突水威胁形势日趋严峻。尤其是华北地区煤系基底奥陶系强含水层承压水害的防控技术研究更是当务之急。因此，根据不同的大采深矿井开采条件，矿井防治水方法呈现出多样化发展趋势。如区域地下水补给径流通道的帷幕注浆截流；对已探明的煤层底板导水通道封堵；煤层底板含水层注浆改造等，都取得了很大的进展。对于水文地质条件极其复杂的邯邢矿区，尽管有 30 年以上的下组煤开采经验，但由于采深逐渐加大的原因，20 年来，国有煤矿发生了 8 起奥灰突水，造成了很大的经济损失。很显然，原来一般浅、中等采深条件下的矿井防治水经验已不能适应大采深矿井防治水需要，亟须创新矿井防治水理念，理念确定防治水技术工作思路，矿井防治水思路决定防治水技术路线。所以，首先要树立先进的防治水理念，因此提出了"区域超前治理""区域超前治理治本，井下局部治理补充""一矿一策、一区一策、一面一策"等治理水害的理念。本章着重阐述"区域超前治理"水害的内涵，简要分析其重要性和可行性，并对其治理原则、模式、目标和治理技术路线进行深入分析。

5.1　区域超前治理防治水定义及内涵

长期以来，我国矿井防治水基本是遵循先隐患排查、后治理的思路。对承压水上采煤所采用煤层底板隔水层注浆加固或将含水层改造成隔水层，均以单个回采工作面为单元进行；从时间尺度上看均是在回采面上、下两巷完成及回采面形成后实施；从治理目标层方面看，治理主要以煤层底板中薄层灰岩含水层为主；从治理场地的空间形式上看，主要是以井下为主。所以，针对大采深高承压水条件下煤层开采背景，首次提出了空间上区域治理、时间上超前治理的原则，治理对象由煤层底板延深至奥灰顶部。

区域超前治理奥灰水害定义：在大采深高承压水煤层开采条件下，以"不掘突水头，不采突水面"为目标；创新煤层底板超前加固、治理的思路，强化区域超前治理防治水原则；防治水治理工程从过去的采煤工作面为主，转向水平开拓和采区准备开始前进行区域超前治理，实施主动防范水害战略，加大奥灰水害防控范围，以空间换时间，主动扩大采掘生产安全的水害防控区域；打破以往矿井"一面一查、一面一治"的常规，转为以采区及以上或受构造所分割的相对孤立水文地质单元为治理区域，如图 5.1 所示。

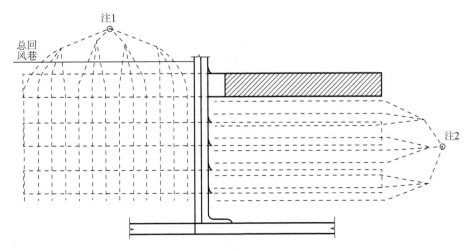

图 5.1　以采区为单元区域超前治理示意图

　　在一些孤立的水文地质单元条件和不损害奥灰水环境条件下，帷幕注浆与疏水降压相结合也是一种区域治理模式，这在邯邢矿区奥灰岩层中开采铁矿有应用实例；在煤矿有河南平顶山矿区也采用这种治理模式。

　　在掘前进行区域超前治理奥灰水害，超前加固煤层底板；煤层底板注浆治理从井下治理为主转变为以地面为主，井下为辅；钻孔集"验证、探查、治理"功能三体合一，形成区域超前治理奥灰水害立体模式。

　　基本内涵是：严格坚持地面"见漏必注"、井下"见水必注"的原则，若遇有浆液漏失或注浆量持续不降，说明附近可能有大的含（导）水构造，如陷落柱、断层、裂隙带或组合等；从施工工程序上，要将注浆治理移到掘进之前，以实现煤层底板超前加固，先治后掘；采掘设计要从多点局部或回采工作面转移到在区域治理的整体上全面考虑；煤层底板隔水层探查治理目标层由原来底板的隔水层延深到奥灰含水层顶部。地面区域超前治理是治本，井下局部治理是补充。

5.2　区域超前治理奥灰水害重要性

5.2.1　区域超前治理意义

　　煤矿井下工程的隐蔽性，给查清矿井充水性条件带来了非常大的困难。但随着采煤技术不断进步和安全开采技术难题相继取得突破，在充分利用现代技术的基础上，基本查清矿井充水条件，控制矿井水害发生是可能的。例如，邯邢矿区为有效控制矿井水害威胁，采取地面与井下预测、监测及探测；技术与管理相结合的方法进行综合治理等，取得了丰富的实践经验和长足的技术进步，初步建立了矿井煤层底板水害防治技术体系，如图 5.2 所示。

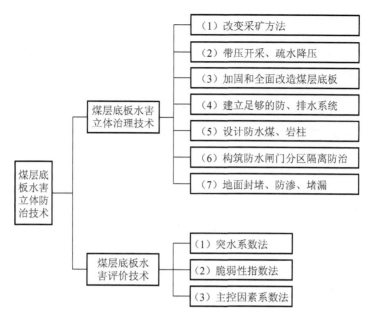

图 5.2 煤层底板水害防治技术体系图

　　2000 年以来,邯邢矿区大采深高承压水及下组煤开采矿井,发生了 10 次底板承压突水及较大突水,见表 3-1。突水通道基本是导(含)水陷落柱、断层、裂隙带等基本类型,隐伏构造突水一般是其上述基本地质构造组合形式,其中隐伏导(含)水陷落柱及断层或裂隙带组合型 4 次;大型断层及裂隙带组合型 3 次,微小型断裂构造及裂隙带组合型 2 次,突水类型属于滞后底板承压突水。对于导水构造发育高度高于开采煤层,一般是直通式即时突水;对于隐伏构造突水一般是滞后型(只有邢矿 2127、北井 9208 等综采面是即时出水);因为形成突水有一个过程,即在采空区的应力卸压区间,尤其是隐伏含水陷落柱呈垂向点状形态赋存,分布无规律,发育层位低,直径小,超前探明难度非常大,一旦揭露或间接揭露必将导致矿井突水,突水水压高且突水量很大,往往导致淹井。

　　煤系基底奥灰岩溶水是当地工农业生产和生活用水的重要水资源,而矿井突水必然带来对地下奥灰水环境的扰动和损害,必将影响矿区及周边水环境及用水保障供给。所以,必须尽快地创新大采深高承压水矿井防治水思路及技术路线,提高矿井抗水灾能力;保护地下煤系基底奥灰水环境及水资源,区域超前治理防控水技术就是基于提高矿井抗水灾能力和保护地下奥灰水环境及水资源的一项新思路、新方法、新技术。

　　华北地区大采深高承压水矿井煤炭安全开采研究对解禁深部优质煤炭资源,增加煤炭资源后备储量,稳定我国中、东部地区煤炭生产规模,支撑我国中、东部地区工业的快速发展,以及延长矿井服务年限,维护矿区社会稳定有着非常重要的现实意义。

5.2.2　奥灰顶部区域超前治理可行性

长期以来，国内注浆改造煤层底板以薄层灰岩含水层为治理目标，安全采出受水威胁的浅部下组煤炭资源，取得了非常好的经济效益。随着采深的加大，即使全部注浆加固煤层底板隔水层和改造含水层，也不能完全满足安全开采条件，还存在奥陶系强岩溶含水层突水的危险。因此，将薄层灰岩含水层注浆改造技术应用于奥灰含水层上部是大采深矿井与下组煤开采亟需解决的课题，利用奥灰顶部岩层的阻水性与注浆改造含水层相结合，解禁深部煤炭开采。

邯邢矿区对奥陶纪灰岩研究程度较高，奥灰巨厚强含水层"三组、八段"含（隔）水岩组的划分基本上代表了现阶段对奥灰富水性和成层性的认识，这在第4章已经对奥陶纪石灰岩顶部隔水性能进行了较深入分析。目前对奥灰顶部岩石段裂隙、岩溶发育情况已经有了一定的认识及经验积累，为研究奥灰顶部段可注性积累了丰富的资料。如我国华北地区奥陶系灰岩顶部普遍发育一定厚度的"风化壳"，即奥灰顶部的溶孔、溶洞多为黏土和方解石充填，充填致密，与灰岩接触紧密，透水性变差。如章村矿井田内施工大量奥灰观测和水源井显示，奥灰顶部30m范围内泥质充填较好，导水性差（水量在 $1.0\sim16.0\mathrm{m^3\cdot h^{-1}}$），能够起到一定的隔水作用。当前，实施奥灰顶部改造工程延深大采深矿井和下组煤开采上限已具备试验条件，尤其是多分支近顺层定向钻进技术为大规模高效注浆改造奥灰顶部含水层提供了关键支撑技术。

邯邢矿区在注浆法治理矿井水害方面积累了丰富的经验，2010年开始奥灰顶部区域性注浆改造试验研究，通过地面多分支定向水平钻孔，对奥灰含水层顶部八段或七段上部（30~45m）进行"羽、带、网"状探注，将其顶部含水层改造为相对隔水层。这样，大大增加了下组煤层底板有效隔水层厚度及抗水压强度，提高了安全带压开采上限。同时，由于直接对奥灰顶部含水层进行全面注浆改造，从根本上减少消除奥灰强含水层大的突水可能性。

5.3　区域治理注浆改造原理

长期以来，我国对承压水上采煤所进行煤层底板注浆加固改造，都是在井下施工。针对大采深高承压水煤层开采条件下，区域治理对象是煤层底板，按区域超前治理指导原则及思路，确定科学合理的技术路线，以防止高承压水上采煤底板突水。

煤层底板岩层是由节理、裂隙等弱面，包括断层切割，点状陷落柱贯穿等构造的各向异性岩体所构成的。随着采深的加大和采动影响，高承压水使潜在的上述构造及裂隙带成为突水通道。从矿井底板承压突水机理方面分析，深部煤层底板岩层是由节理、裂隙及各种构造组成的各向异性岩体，其富水性很不均一，岩层及岩石力学参数差异大。由于底板岩体存在各种弱面（节理、裂隙、构造切割面等），根据"下三带"和原位张裂与零位破坏理论学说，工作面煤层底板岩层不但存在采动底板破坏带，还存在一个受采动影响的原位张裂带。在高承压水环境和采动影响前提下，先是发生高渗压作用，承压水使岩体中的微裂隙、节理、小断层等软弱结构面开张、软化、变形、扩展与破坏，发生水力劈裂；进而发展成高渗流通道；此时如遇到隐伏导含水构造，如遇隐伏含水陷落柱+断层或者隐伏陷落柱+裂隙发育带时，就会由深部转为浅部水文地质条件，继而发生分带各个击破，使得岩层有效隔水层厚度缩小而发展成底板突水。

由于微小隐伏型含水陷落柱、小落差断层和裂隙带的超前探测问题目前还没有解决，以往在承压不高、采深不大的情况下，可能不突水；但在大采深高承压水开采条件下，很有可能形成潜在的导水通道而造成矿井突水。另外，在大采深高承压水开采条件下，井下钻探作业人员受到高承压水安全威胁；井下的水文钻孔，如观测孔、水源井等，易受巷道底板底鼓破坏孔口管，可能造成突水而难以控制，处理非常困难。

所以，通过在地面施工"带、羽、网"状钻孔将其联通，在奥灰顶部打造一个"网板"，基本消除大的出水通道，即基本不出大水。如对探测出的陷落柱实施的定点"外科手术"，注浆构筑"堵水塞"消除突水隐患。

对于煤层底板奥灰顶部含水层区域改造，实质提高煤层底板岩层的完整性，将存在的富水、底板薄、裂隙薄弱带、构造破坏等区域，予以加固或全面改造。对于煤层底板实施区域注浆加固或含水层改造，目的是消弭裂隙及各种地质缺陷。所以，注浆压力一般是奥灰静水压的 1.5～2.5 倍即可。

5.4　区域超前治理防治水指导原则

深入分析 10 多年来，邯邢矿区所发生的矿井突水基本是大采深高承压水矿井和开采下组煤所遇的隐伏导水构造，特别是很难探明的微小型导水构造所致，有突水量大，隐蔽性强，很难探明的特点。鉴于目前邯邢矿区突水威胁和防探水技术还不能完全满足安全生产的现状，在矿井防治水"有疑必探、预测预报、先探后掘、先治后采"16 字方针的基础上，首次提出了"超前主动、区域治理、全面改造、带压开采"矿井防治水指导原则，其实质释义是"查治结合、以治促查、先治后建、先治后掘"。

5.4.1　"超前主动"是基础

"超前主动"是指主动防范或防御前移，由"先探后掘"转变为"先治后掘"，充实完善下组煤及大采深矿井带压开采防治水指导原则。为了适应较大规模安全开采的需要，必须打破一般浅部、中等采深矿井防治水思维定势和常规；采取更加超前主动的矿井防治水措施。特别是在先进的定向钻进关键技术日益发展的情况下，积极研究煤矿防治水定向钻探技术，在井上地面对受承压水威胁的底板奥灰顶部含水层进行超前钻探、加固及注浆全面改造。这样，使带压开采前所必要的探查及注浆改造工程提到掘前，使回采工作面钻探、注浆工程量的 90% 以上提到采区（或更大的区域）准备工程施工前完成，大大缩短回采工作面采场的后期注浆改造工期，以确保采掘工程正常衔接。另外，结合井下掘进工作面超前钻探，验证地面区域超前治理效果，采取一孔多用，既是钻探孔、验证孔，又是补强注浆孔，即"先探、先治后掘"。井下掘进必须坚持执行"见水必注"的原则，超前将掘进工作面前方一定宽度、深度范围的底板注浆加固或改造，使掘进工作面始终处于已加固的巷道底板地段之上，保证"不掘突水头"。

5.4.2　"区域治理"是核心

　　矿井防治水实现区域性治理，就是打破"一面一查，一面一治"的常规，实现了由局部向区域转变，以适应矿井较大规模开采的需要；区域治理一般以采区及以上或相对孤立的水文地质单元为治理区域，在煤层底板隔水层或奥灰顶部含水层（八段底部或七段上部）进行注浆全面改造，这就需要顺层定向钻进技术有突破，以保证采掘的正常衔接及矿井安全。区域治理就是应用研究先进的多分支顺层定向钻进技术，采取地面区域治理为主，实现煤层底板超前治理水害目标。地面区域超前治理原理如图 5.3 所示。

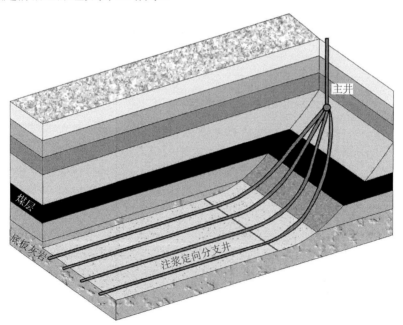

图 5.3　地面区域超前治理原理立体示意图

其注浆加固治理原理是地面注浆钻孔先行钻至设计加固或改造目标地层预定深度后，采用定向钻进技术，将垂直孔造斜后进行水平钻进，对奥灰顶部进行注浆改造。通过应用多分支顺层定向钻进技术，可以在很大程度上消除以往钻孔施工数量多、钻孔有效长度短、施工周期长、加固效果差的弊端。

多分支顺层定向钻孔可实现目标层位水平钻进并进行煤层底板注浆加固或含水层改造治理。该项技术已在邯邢矿区大采深矿井中的区域超前注浆治理试验获得成功，效果显著，达到了区域治理的目的。水平钻孔本身起到了超前钻探作用，且通过钻进期间浆液漏失量或钻孔注浆量大小变化，反映附近是否有导（含）水构造，然后进行超前治理，达到不掘突水头面的目标。

5.4.3　"全面改造"是关键

隔水层的完整性和足够的阻水性能是实现安全带压开采的必要条件。但由于受沉积条件及地质构造的影响，在隔水层中一般存在薄弱带或潜在导水通道，对带压开采的安全性构成极大威胁。邢台矿区在开采下组煤时，煤层底板隔水层中的薄层灰岩如本溪灰岩，由于与奥陶系灰岩间距小，易与奥灰水沟通而变为富水，对下组煤开采造成直接威胁。因此，必须通过对底板隔水层进行全面注浆加固与含水层改造，达到加固隔水岩层，改造本溪灰岩含水层为关键隔水层的双重防治水效果。目前，邢台矿区下组煤开采矿井，在突水系数 $T_s > 0.06\text{MPa}\cdot\text{m}^{-1}$ 的情况下，普遍采取了底板薄层灰岩含水层全面注浆改造的措施，如葛泉矿东井全面注浆改造 9 号煤底板本溪灰岩（平均 7.0m 厚）含水层，即将其含水层改造成为隔水关键层，取得了很好的技术经济效果。

随着矿井开采深度的加大，奥灰水压逐渐升高，逐步接近或达到《煤矿防治水规定》有关带压开采"突水系数"规定的上限，即使全面注浆改造煤层底板隔水岩层，也难以完全满足《煤矿防治水规定》规定。另外，个别矿井煤层底板薄层灰岩很薄，可注性很差，改造效果不理想。因此，要安全开采矿井深部煤炭资源，为保证隔水层的厚度及强度，注浆改造目标层段要下移至奥灰顶部（八段底部或七段顶部）。

5.4.4　安全"带压开采"是目的

"带压开采"是承压水上采煤常用的一种成熟技术，它是利用煤层底板隔水层具有一定的阻水能力，在具有承受水压力的含水层上进行采煤的经济开采方法。特别是在华北地区的邯邢矿区，开采下组煤时限已有 30 年以上，取得了丰富的防治水经验，经济、社会效益明显。但随着开采下组煤深度的增加，突水系数升高，带压开采的技术条件和保障程度相应要求更高，通过前述超前主动、区域治理、全面改造措施，最终达到保证深部煤炭资源和下组煤的安全开采。

5.5　区域超前治理模式及目标

5.5.1　区域超前治理模式

奥灰顶部一定厚度岩层为可利用或可以改造的弱含水层,通过在地面对奥灰顶部相对隔水层中所存在的溶蚀溶洞、裂隙带、断层进行超前定向钻探、注浆改造,将奥灰顶部含水层改造为相对隔水层,提高奥灰顶部的完整性,结合矿井防治水规定和区域超前治理指导原则,给出以下三种大采深矿井及开采下组煤矿井的煤层底板隔水层治理模式。

$T_s \leqslant 0.06$ MPa·m^{-1},以查找封堵出水垂向通道为主。

$0.06 < T_s \leqslant 0.08$ MPa·m^{-1},煤层底板岩层全面注浆改造。

$T_s > 0.08$ MPa·m^{-1},下延改造奥灰岩顶部为较完整的相对隔水层。

从矿井安全和大区衔接要求,应在突水系数达到 0.08MPa·m^{-1} 时应用区域超前治理防治水技术。

5.5.2　区域治理目标及技术指标

通过实施区域超前治理工程,矿井防治水要求达到如下目标。

(1)区域治理工程超前采掘工程,达到"不掘突水头,不采突水面"目标。

(2)通过煤层底板区域超前注浆改造,突水系数 T_s 必须小于《煤矿防治水规定》($T_s < 0.1$MPa·m^{-1});从 $T_s = P/M$ 可看出,在 P 一定时,只有增大 M,即下延加固改造目标层到奥灰含水层顶部,才能使 T_s 值小于防治水规定。

(3)区域超前治理工程量要达到全面改造总工程量90%以上。

(4)"以治定采",区域治理煤量要大于或等于准备煤量;治理达标煤量要大于矿井生产计划产量。

5.6　区域超前治理奥灰岩溶水害技术路线

5.6.1　区域超前治理防治水思路

在一般常规的矿井防治水中,超前探查以寻找地质异常体为主要对象,用物、钻探等手段超前探测,查出地质异常体。经验证明若可能是潜在的导(含)水通道,则进行封堵治理。在大采深高承压水或高突水系数煤层开采条件下,一般小型的隐伏导水陷落柱、断层甚至裂隙带都会造成矿井突水。所以,需要充实和完善矿井防治水程序,避免矿井发生突水灾害。因此,在矿井防治水理念及思路上必须有以下三个转变:

(1)由超前探测向超前治理转变。"查治结合、以治促查、先治后掘"。

（2）由局部治理向区域治理转变。在大采深高承压水煤层开采条件下，整体考虑以采区以上为单元进行区域超前治理，"先治后建、先治后掘、先治后采"。

（3）由垂向导水通道封堵向全面改造转变。在大采深高承压水煤层开采条件下，采取区域超前注浆改造底板含水层技术，实现"不掘突水头、不采突水面"。

（4）将 2 号煤底板的薄层灰岩含水层改造下延到奥灰顶部含水层改造，实现了由治标到治本的转变；相应也实现了措施型向工程型转变。

5.6.2　区域超前治理防治水管理程序

超前探查是矿井防治水的关键程序，有掘必探、科学找疑是关键。对于在大采深高承压水条件下，区域超前治理采用一孔多用，即"钻探、验证、注浆"功能"三位一体"形式；为保障"不掘突水头，不采突水面"目标，严格执行"物探普查、科学找疑、有疑必钻、查治结合、以治促查、先治后掘、钻注验证、先评后采"的管理程序。

具体的区域超前治理防治水程序如下。

（1）地面区域超前治理程序：地面物探—地面打钻（钻探、验证）—超前注浆治理。

（2）井下超前治理程序：掘前物探—打钻验证—超前治理—先治后掘。

（3）工作面采前：物（二种及以上）钻探测验证—注浆补强—全面改造—采前评价—回采。

专家评价是采面治理后，还要用物探手段进行治理前后验证治理效果，然后按照评价标准进行采前技术专家综合评价。

5.6.3　综合评估方法

在传统的"突水系数法"分区基础上，结合近年来提出的基于多源信息集成理论和地理信息系统煤层底板突水危险性预测评价的"脆弱性指数法"基本理论和工作方法进行分区和评价。脆弱性指数法是以系统论、控制论和信息论等思想方法为指导，以岩体结构控制论为基础，将岩体结构、地下水和地质工程等纳入突水系统的范畴进行统一综合研究，将矿井突水视为由多种控制因素共同作用下的非线性地下水动力现象，采用现场探测与试验、室内试验、计算机数值模拟和实际工程治理与验证等技术手段，揭示大采深高承压奥灰水条件下，高突水体上带压开采突水机理及过程，特别是突水量大易造成恶性淹井灾害的岩溶陷落柱突水，提出的煤层底板突水危险性预测评价的"脆弱性指数法"，其真实揭示了受多因素影响非常复杂的机理和演变规律的煤层底板突水过程。另外，基于环套理论的矿井小构造预测预报技术应用研究，发现了在深部采矿工程反复扰动影响下煤层底板因断裂带物质力学行为不断弱化，诱发了煤层底板延滞突水现象，并结合流变力学理论，提出了煤层底板断裂构造迟滞突水预测评价方法和有效防控技术措施。

5.6.4　区域超前治理水害技术路线

区域超前治理奥灰岩溶水害技术分以地面区域超前治理和井下区域超前治理两种方法，大采深及突水系数高矿井宜采用地面区域超前治理的治理方法；采深较大且突水系数较高的矿井，根据矿井防治水实际并以经济实用为原则，因矿制宜，选择合理的治理方法。归纳总结，得出大采深高承压水和开采下组煤矿井区域超前治理奥灰岩溶水害总体技术路线，如图 5.4 所示。

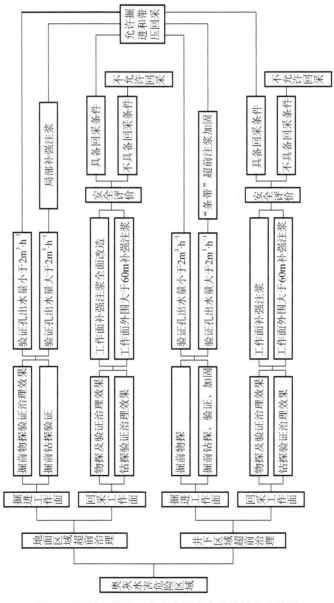

图 5.4　区域超前治理奥灰岩溶水害总体技术路线图

5.6.5　区域超前治理防治水设计及配套安全措施

1. 关于底板薄层灰岩含水层区域超前改造分析

大采深高承压水矿井开采上组煤,一般是根据采深及开采煤层底板所承受的水压需要确定将底板含水层改造为相对隔水层的层位,即按照突水系数法确定灰岩含水层的改造层位。如果突水系数在 0.06～0.08MPa·m^{-1} 时,可选取野青、山伏青、大青灰岩含水层作为改造目标层。因为薄层灰岩含水层较薄(一般厚度 h_1<7.5m),相对于奥灰厚含水层上下边界距离较短,注浆改造可达到减小注浆量,降低含水层改造成本的目的。

对于薄层灰岩含水层改造,灰岩要有较好的可注性,这样才能通过注浆量的增量变化,间接地判断有无陷落柱等地质构造,达到超前治理水害的目的。从超前治理技术上,奥灰顶部含水层改造或薄层灰岩隔水层改造,都可以利用先进的定向钻进技术,树立并实施区域超前治理思路进行指导设计,达到矿井深部煤层安全开采的目的。

2. 矿井深部开采设计原则

在大采深高承压水或采下组煤的开采条件下,为提高矿井抗水灾综合能力,在实施区域超前治理的基础上,从开采设计上还需要实施分煤层、分区隔离措施,以保障矿井在某一区域一旦发生突水,可以较快地缩小波及范围,保障井下作业人员安全,减少经济损失。所以,推行区域超前治理奥灰岩溶水害,从设计上要求达到以下三项目标要求:

(1)不出大水。这里指在地面实施区域超前治理水害,以提高抗水灾安全保障程度,不出淹头面事故。

(2)出水不淹井。在区域治理防治水基础上,开采设计上要有实施区域隔离措施或预隔离措施,以备一旦出现突水应急情况,在短时间内可实施区域隔离,达到缩小灾变范围的目的达到出水不淹井的目的。

(3)突水不伤人。矿井设计要充分考虑到作业人员有较充裕逃生时间,需建有科学合理的强大防排水能力的系统,从最不利的情况进行设计,如逃生路线长度、人员行走时间等,保障达到不伤人的目标。当然,隔离设施若是一般型号水闸门,抗压能力较小或者是采空区容积较小的情况下,还需要安装可控疏放水的卸压控制设施,如需要在水闸门外面施工水闸墙,保证有较充裕的施工时间。

另外,矿井要建立完善的水文观测系统,如主要含水层奥灰、大青灰岩等观测孔,实时掌握水位变化和紧急情况下井下出水动态,为准确判断水患形成、水害威胁程度、水灾类型及规模和快速治理决策提供可靠的依据。

3. 地面帷幕注浆区域治理

奥灰岩层顶部大面积区域注浆改造和目标含水层的有控疏放技术，构成了改造突水边界条件的两项关键技术。在天然或经过注浆改造的局部封闭孤立的水文地质单元，边界充水补给条件有限，在水环境不受大的扰动条件下，可采取局部小面积的带压疏降相结合进行开采，如果结合补给边界帷幕注浆，则能够使局部疏降带压开采成为可能，这也是一种区域治理方式。如东庞矿、九龙矿井田是相对孤立的水文地质单元，存在着这种客观的水文地质改造条件；济南张马屯铁矿、邢台中关铁矿成功地在中奥陶统厚层灰岩中构筑大型注浆帷幕，保证了巨厚含水层内部铁矿资源的安全开采，就是通过人工改变充水条件实现局部疏水降压，结合煤层底板隔水层厚度及完整性，将水压降低到一定的安全程度，从而达到消能（水头压力）安全开采的目的。但是通过大面积奥灰顶部区域注浆治理是带压开采的主要有效途径。

第6章 煤层底板突水危险性区域预评价方法

邯邢矿区在突水机理及带压开采安全性预评价方面进行了长期的探索和研究，逐渐形成了一套高承压煤层带压开采的安全性评价方法。本章主要介绍对下组煤开采底板承压突水进行预评价的一种新方法。

6.1 基于突水系数法的下组煤开采突水预评价

下组煤开采过程中所发生的底板突水，其水源主要是奥灰岩溶裂隙含水层，突水通道往往是断层、陷落柱、裂隙密集带等构造薄弱带；隐伏导水构造突水一般是其不同的组合形式。《煤矿防治水规定》在附录四中给出了评价煤层底板突水的方法，即突水系数法。见式（6-1）：

$$T_s = \frac{P}{M} \tag{6-1}$$

式中：T_s 为突水系数，MPa·m^{-1}；P 为含水层水压，MPa；M 为隔水层厚度，m。

突水系数是带压开采条件下衡量煤层底板突水危险程度的定量指标。采用突水系数预测煤层底板突水的关键问题是确定临界突水系数。临界突水系数定义为单位隔水层厚度所能承受的最大水压力，数值的取得是对矿区大量突水资料统计分析得到的；如果计算的突水系数小于或等于临界突水系数，说明煤层底板一般不会突水；反之，说明煤层底板可能突水。《煤矿防治水规定》规定煤层底板受构造破坏区段突水系数不大于 0.06MPa·m^{-1}，正常区段不大于 0.10MPa·m^{-1}。

对于突水系数大于 0.10MPa·m^{-1} 暂不开采。鉴于邯邢矿区下组煤实际开采条件，利用突水系数法进行如下分区。

安全区：T_s<0.06；威胁区：0.06≤T_s<0.1；危险区：T_s≥0.10。

按照上述划分标准，对邢台矿区所属葛泉矿等五矿（井）实施下组煤带压开采区域进行安全性预评价。

对处于安全区计划试采地段，在加强水文地质观测分析和矿井防治水工作基础上，可开展带压开采试验工作。对处于过渡区和危险区域计划试采地段，除上述矿井防治水工作外，还必须从水文地质补充勘探、各含水层之间水力联系、水害隐患区超前探测和预报、煤层底板岩层注浆加固改造等入手，开展系统的科学试验，最终达到安全、高效开采受底板奥灰高承压水威胁下组煤的目的。

（1）葛泉矿东井：计划试采区-150m 水平，大部分突水系数范围在 0.06～0.85MPa·m^{-1}。在井下综合探查的基础上，针对奥灰水富水地段与底板隔水层薄弱带及潜在导水通道进行注浆封堵与加固，-150m 水平以上带压开采是可行的。若取 38 年平均水位 51m，则试采区突水系数处于安全区 9 号煤储量为 561.8 万 t，占-150m 水平以上储量的 47.9%。-150m 水平以上 9 号煤均位于突水系数威胁区和安全区内。

（2）东庞矿：计划试采区-300m 水平以上，大部分范围处于威胁区，只有局部范围为危险区。在井下综合探查基础上，针对奥灰富水地段与底板隔水层薄弱带及潜在垂向导水构造进行注浆封堵与加固，-300m 水平以上带压开采是可行的。

（3）邢台矿：以井田奥灰观测孔多年平均水位+50m 进行计算，9 号煤奥灰突水系数在 0.052～0.468MPa·m^{-1}，大部分区段奥灰突水系数大于 0.1MPa·m^{-1}，隔水层阻水能力不能满足带压开采要求，要实现安全回采，必须进行技术攻关，制定严密矿井防治水技术措施。

（4）章村矿三井：11 个工作面，突水系数<0.06MPa·m^{-1} 的有 6 个，占总数的 54.5%，其余 5 个工作面突水系数介于 0.06～0.10MPa·m^{-1}，占总数的 45.5%，突水系数安全性分区为安全区威胁区及危险区。

（5）显德汪矿：按奥灰水位+55m 计算，突水系数为 0.008～0.24MPa·m^{-1}。76 个钻孔参与计算，其中 29 个钻孔小于 0.06MPa·m^{-1}，占 38.1%；42 个钻孔为 0.06～0.15MPa·m^{-1}，占 55.3%；其余 5 个钻孔大于 0.15MPa·m^{-1}，占 6.6%。安全区、过渡区及威胁区占 93.4%。

从上面的分析计算结果可以看出，由于各矿计划实施下组煤带压开采试验区域有很大一部分处于威胁区或危险区；因此要解放受底板奥灰高承压水威胁下组煤，就必须从水文地质勘查、回采工作面底板岩层破坏深度、底板岩层注浆加固或改造等开展系统科学研究，以达到安全带压开采的目的。

需要指出的是，突水系数法的评估仅仅反映承压水头与隔水层厚度的关系，而未揭示隔水层本身阻水特性，也就是当煤层底板与承压水含水层水头的空间位置确定后，突水系数就是一个定值，它对隔水层的阻水性能、岩性、岩层结构、采煤方法、矿床充水程度、含水层的富水性和水动力学特征等重要的因素没有描述，其结果很难逼近客观实际。另外，突水系数的提出是在统计大量的浅及中深部、薄及较薄隔水层条件下的大量突水资料归纳总结得出的统计经验公式，对于深部开采条件下，尤其厚隔水层条件下的上组煤开采缺乏指导意义，其标准不能一概而论。

6.2 下组煤 9 号煤层底板突水脆弱性预评价

煤层底板突水是一种受控于多因素且具有复杂非线性动力特征的水文地质与采矿耦合动态现象，上述突水系数法没有分析煤层底板突水非线性动力特征和突水过程，简化了煤层底板复杂突水条件，有时会造成评估预测结果与实际存在较大偏差或者有些失真。随着矿井向深部开采延伸，其主要反映构造薄弱带突水条件的突水系数来预测底板突水可能偏于保守。究其煤层底板突水评估预报不甚准确的主要原因是煤层底板突水的物理概念模型存在缺陷，未能正确全面地确定影响控制煤层底板突水的主控因素，尚未建立符合煤层底板突水发生和演变过程底板突水的主控指标体系，缺乏现代信息集成技术和非线性数学理论及方法应用。所以，突水系数法应用于深部煤层奥灰含水层上开采是一个应深入研究的问题。

底板突水脆弱性评价方法是利用地理信息系统（GIS）和人工神经网络（ANN）耦合技术来对该矿井底板奥灰突水进行脆弱性评价，即利用 GIS 强大的信息采集、存储、管理、分析处理和制图功能以及 ANN 的自组织、自学习和非线性特征的优势，建立一个能反映较多因素影响的底板突水预测模型，以便能够更准确地描述各相关因素对底板突水的影响。

煤层底板突水问题影响因素很多，具有很强的复杂性、空间性、动态性，这些因素对底板突水影响是非线性的，利用一些传统的定量评估方法已不能准确地体现底板突水可能性的空间变化规律。地理信息系统（GIS）具有很强的数据处理能力和空间分析能力及较好的可视化效果；而人工神经网络（ANN）具有大规模并行、分布式存储、自组织和自适应能力及解决问题的非线性能力，在进行底板突水预测时，可以减少许多人为因素干扰，使预评价结果更具客观性、有效性，并具可视性，从而可有效地指导承压水上的安全开采。

该评价方法采取的技术路线如下。

（1）首先对所研究矿区进行水文地质条件和煤矿开采技术条件分析研究，采集底板突水因素数据。

（2）利用 GIS 的数据采集存储功能将图件的数据进行量化，并建立空间数据库；把地质实体的属性数据输入到计算机中生成属性数据库，进而建立图形与属性数据库之间的关系；通过对底板突水各因素的分析，建立各突水因素图。

（3）应用人工神经网络 BP 算法，从图上选取训练样本，建立 ANN 预测模型，以确定各突水主控因素的权重系数。

（4）然后利用 GIS 对各主控因素图进行复合叠加处理，把复合后的信息存储图层中的一些数据输入 ANN-GIS 耦合预测模型中进行运算，得出各区域的突水系数，确定分区阈值，最后生成煤矿底板突水脆弱性评价图。其技术路线流程如图 6.1 所示。

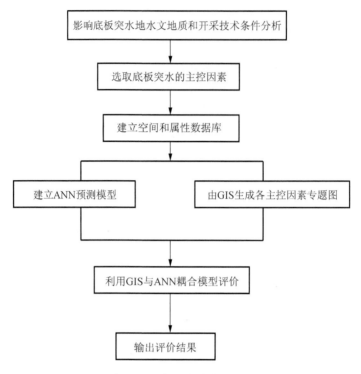

图 6.1 研究技术路线流程图

下面以章村矿三井 9 号煤层开采应用该方法为例进行阐述。

6.2.1 煤层底板突水主控指标体系

通过对章村三井水文地质资料、开采条件和以往发生的突水规律进行分析，可以把影响底板突水的因素归纳为以下几方面：

（1）地质因素。包括隔水层岩性、煤层埋藏深度、地质构造等。

（2）水文地质条件。包括直接和间接含水层、隔水层、富水性、补径排条件、水头压力等。

（3）人工开采因素。包括开采深度、工作面设计长度、工作面推进速度、采煤方法和底板采动破坏带深度等。

其中含水层水压及岩溶发育程度、隔水层厚度及岩性组合、富水性、断层落差大小与密度是该井田底板突水的主控因素。煤层底板突水主控指标体系是建立煤层底板突水新型评价模型的基础，科学合理的主控指标体系建设是评价煤层底板突水的第一步。应用现代信息集成技术和非线性数学理论及方法，建立符合实际突水过程且简单易操作的新型实用型模型，是解决评价问题的第二步。

　　煤层底板突水主控指标体系主要包括：充水含水层水压、富水性、渗透性和奥灰岩古风化壳充填程度等水文地质指标；煤层底板隔水岩段总厚度、岩性及组合比例、关键岩层分布位置等防突水性能指标；断层裂隙水力性质、密度、断层裂隙尖灭点和交叉点分布密度、规模、断层带充填情况、褶皱轴和岩溶陷落柱密度、水力性质等地质构造指标；工作面斜长及采高、煤层倾角、采深、开采方法和矿压破坏情况等开采条件指标；煤层底板承压含水层原始导升高度和回采诱发导升高度等指标，如图 6.2 所示。

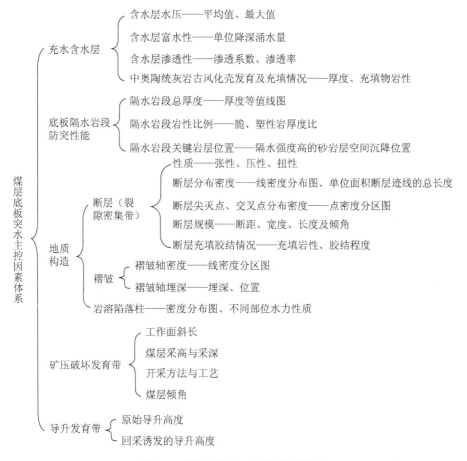

图 6.2　煤层底板突水主控指标体系

　　煤层底板突水主控指标体系中不同指标在矿井突水过程中扮演的角色各不相同，具有各自的特点。充水含水层是煤层底板突水的基础；地质构造和导升发育带是背景；采动破坏是诱因；煤层底板隔水岩段防突性能是煤层底板突水防治条件。

6.2.2　章村矿三井9号煤层底板突水脆弱性评价模型

1. 底板突水主控因素确定及量化

1）主控因素确定及数据采集

合理恰当地选取影响底板突水的主控因素，对预测神经网络模型建立和评价结果的准确性起关键性作用。因此底板突水主控因素数据采集就十分重要。通过章村三井水文、地质及其生产资料研究和对突水因素分析，在数据采集过程中，对如下几个因素进行重点考虑：

（1）从煤层底板的充水含水层考虑。章村三井9号煤开采，对其威胁最大的是奥灰含水层，影响奥灰含水层因素包括富水性、岩溶发育程度以及含水层对上部隔水层水头压力。本灰作为间接充水含水层，有警戒层的作用，其厚度对底板突水也有较大影响。

（2）从煤层底板突水机理考虑。井田内褶皱、断层存在及其断裂规模大小对隔水层造成严重破坏，往往对底板突水起控制作用。

（3）从隔水层隔水强度考虑。煤层底板与主要研究含水层之间的隔水层厚度及其岩性组合和分布位置，对底板突水起关键性作用。

由于采动矿压存在，破坏了煤层板完整性，从而减少了有效隔水层厚度，因此必须采集矿压对底板的影响深度。

根据以上考虑的情况，主要选取以下八个因素作为井田底板突水预测主控因素：①奥灰含水层的水压；②奥灰含水层的富水性；③奥灰含水层顶部古风化壳厚度；④本溪灰岩厚度；⑤区域内构造密度（褶皱和断层）；⑥断层的断距（落差＞1.0m）；⑦有效隔水层厚度；⑧矿压破坏带以下脆性岩的厚度。

2）底板突水主控因素图的建立

应用 GIS 和 ANN 耦合技术进行底板突水预测时，首先将收集的钻孔数据或水位观测数据及其坐标（x，y）输入计算机，生成相应的数据文件，利用绘图软件读取数据，进行网格剖分、插值等处理，把插值生成的等值线图利用 GIS 软件进行分析处理和量化，生成属性数据表，且分别编制成各主控因素图，为 ANN 模型建立预测提供数据支持。

（1）构造密度图的建立。在一般情况下，构造对底板突水影响重大，在以往构造突水中，大多是断层出水。断层密度不仅反映了断层本身导水可能性，也反映对底板隔水层的切割、破坏程度。建立断层密度图时，按 500m×500m 大小建立单元网格，统计单元网格内发育断层条数、尖灭点个数、断层交接点个数和褶皱个数，据此做出断层密度统计网格图；在统计时，跨越多个网格的同一断层，分别统计入不同网格中，然后提取网格中心点坐标，以此绘制出断层密度等值线图。利用 GIS 的数字化功能，将断层密度等值线图进行量化，如图 6.3 所示，体现了章村三井断层密度分布情况，深色区域的断层密度较高。

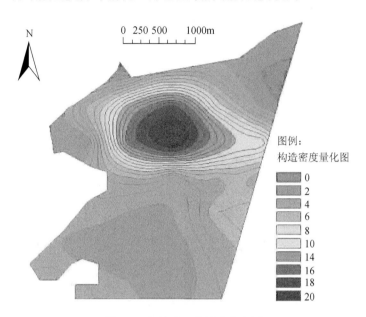

图 6.3　章村矿三井构造密度图

（2）有效隔水层厚度图建立。隔水层厚度对抵制煤层底板突水起着关键作用，隔水层隔水能力与隔水层厚度、强度和岩性组合有关。由于隔水层由多种岩性的岩层组成，因此必须考虑不同岩性组合特征对隔水能力的影响。9 号煤至奥灰顶面间隔水层主要有五种岩性组成：铝土岩、砂岩、10 号煤、本溪灰岩和泥岩。在考虑不同岩性的隔水强度时，将隔水层中不同岩性岩层厚度折算成相应的等效厚度，再累加生成隔水层等效厚度，在这个等效厚度的基础上又减去了矿压破坏带的等效厚度。在进行隔水层等效厚度计算时，矿压破坏带的等效厚度是参考了破碎带的隔水强度等效系数计算得到的；在章村三井区域内，由于 9 号煤开采方法和隔水层岩性组合基本相同，可以认为矿压对底板的破坏深度在三井范围内变化不大，参照以往的测试结果，矿压破坏带深度在 7.8～11.1m，取平均深度为 9.5m。在确定隔水层等效厚度时，没有考虑原始导高的影响，原因在于隔水层底部以铝质泥页岩为主，不易形成原始导高，此外，奥灰顶部充填物也在很大强度上限制了原始导高出现，如图 6.4 所示。

（3）水压图建立。煤层底板突水实质是由于含水层水头压力超过了由各种因素影响破坏后的等效厚度隔水强度，水压大小对底板突水影响至关重要。由于水压随时间呈动态变化，在丰水期和枯水期水位都会发生变化。因此，在进行 ANN 模型训练时，样本点水压值选取，参考了该区域当时开采时期水压测量值。在

图 6.5 时，采用近 5 年平均水位计算出的水压值为预测分区，用于对底板突水脆弱性预测。

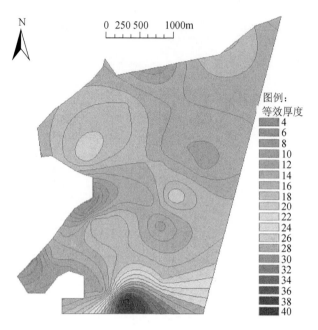

图 6.4　章村矿三井有效厚度隔水层图

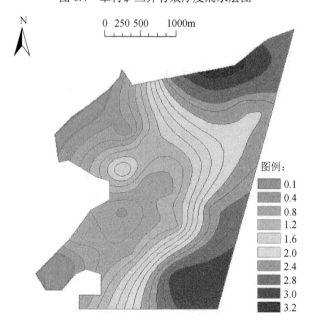

图 6.5　章村矿三井水压图（平均水位为+80m 时水压）

（4）奥灰顶部古风化壳厚度图建立。含水层富水性及水压大小受岩溶发育程度影响很大。我国华北地区自奥陶系碳酸盐岩沉积以后经历了长期上升的剥蚀作用，致使奥灰岩顶部普遍发育风化壳；因此井田范围内灰岩顶部存在厚度不等的风化壳，溶蚀裂隙较发育，但多为黏土质和方解石充填，且充填物致密，黏性大，并与灰岩接触紧密，致使透水性变差。在9号煤开采过程中可以看作相对隔水层，对底板突水及其突水量产生直接影响。通过分析，可根据进入奥灰勘探孔和井下奥灰孔进入奥灰后冲洗液消耗、岩性描述及钻孔涌水量等因素随深度变化情况，来确定奥灰顶部相对隔水层厚度，如图6.6所示。

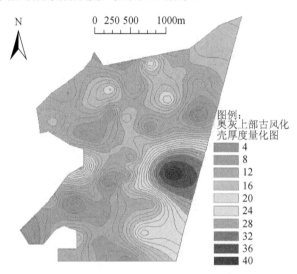

图6.6　章村矿三井奥灰顶部古风化壳厚度图

（5）奥灰富水性图。奥灰的富水性可通过现有煤田勘探孔和井下穿过奥灰放（供）水孔资料获得。一般在富水区，岩溶裂隙发育，冲洗液消耗量较大，对于放（供）水孔单位涌水量较大这一特点，在对富水性进行量化时，以冲洗液消耗量或钻孔单位涌水量为主，参考岩性描述和充填情况，确定了量化指标。图6.7显示了章村三井富水性分布情况。从图中可以看出，红色区域冲洗液完全漏失，这一地区富水性量化值为8～10。

（6）断层断距专题图建立。断层对底板突水影响，关键在于断层的规模。断距大的断层对隔水层阻水抗压能力破坏作用较大，还有可能使煤层与含水层之间产生直接的水力联系；此外，大规模断层可以切割不同含水层，使多个含水层水力连通，增加了突水可能性和危险性。统计井田内断距大于1.0m断层，在断层所在位置及周围影响区域，根据断距大小利用GIS软件进行插值量化处理，生成断层断距图如图6.8所示。

华北型煤田深部煤层开采区域防治水理论与成套技术

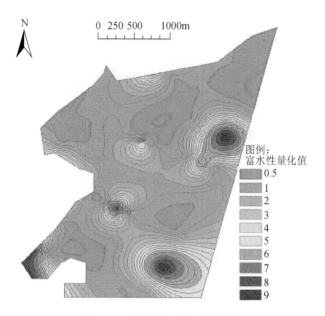

图 6.7 章村矿三井富水性图

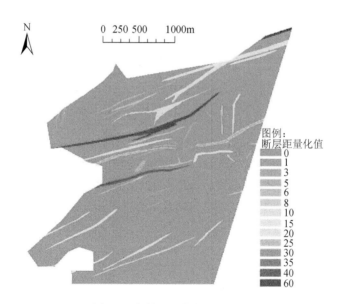

图 6.8 章村矿三井断层断距图

（7）采动破坏带以下脆性岩厚度图建立。隔水层中不同岩性组合及其位置分布对底板突水影响很大。由于井田内隔水层底部以铝质泥岩为主且塑性较强，原始导高存在的可能性不大，这在井田内见奥灰钻孔已得到证明。因此在隔水层岩性组合中，脆性岩石岩性坚硬，抗压能力强，位于矿压破坏带以下脆性岩阻水抗压作用就不可忽视。处在此段的脆性岩厚度在 0～20m，主要由中粗砂岩、细砂岩和本溪灰岩组成。根据钻孔资料把这几种脆性岩厚度统计累加，用软件进行插值量化处理，生成专题图如图 6.9 所示。

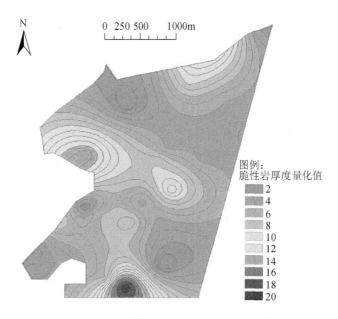

图 6.9　章村矿矿压破坏带以下脆性岩厚度图

（8）本溪灰岩厚度图建立。本溪灰岩对煤层底板突水影响比较复杂，主要有两个方面：①本溪灰岩起到警戒信息层作用，可以起到预测预报奥灰突水的作用；从放水资料和奥灰与本溪的水质对比分析，本溪水与奥灰水在各自的区域内循环，水力联系较差；但随着本灰和奥灰放水时间延长，两者之间的水质指标趋于接近，这又表明本溪与奥灰两个含水层之间有一定的补给关系，存在较弱的水力联系。观测本灰水量和水位变化可以间接地预测奥灰导入本灰的信息，来预测底板突水可能性。②本灰与奥灰水力联系较弱，是隔水层组成部分，其厚度 1.4～8.8m，平均 3.79m，对奥灰水有一定的阻水能力。因此建立本溪灰岩厚度图如图 6.10 所示，研究本灰对奥灰突水影响情况是非常必要的。

　　3）各主控因素属性数据库的建立

　　在各主控因素图建立的过程中，需要应用 GIS 数据处理功能建立各个主控因素的属性数据库。利用 GIS 软件成图以后，分别将主控因素属性数据量化值输入属性数据库中，并建立图形与属性数据之间的拓扑关系。各个主控因素专题图和它们各自属性数据表是进行底板脆弱性评价的基础，以便用于各主控因素图复合叠加、数据统计和查询。

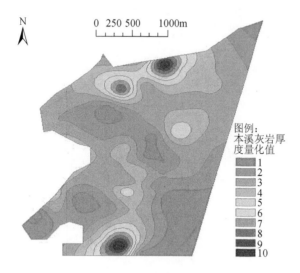

图 6.10　章村矿三井本溪灰岩厚度图

2. 神经网络模型设计

1）预测模型选择

BP 神经网络在人工神经网络模型中广泛应用于非线性建模、函数逼近和模式分类等方面，它是一种多层结构的映射网络；与其他模型相比，有更好的持久性和实施预报性。网络所具有的高度非线性映射关系，对于煤层底板突水这种非线性特征明显的情况非常适合。根据 BP 神经网络模拟和解决突水预报问题过程，可以将其划分为三个阶段。①表达阶段：即根据典型神经元结构模型及其所研究问题的性质确定网络拓扑结构；②训练、学习阶段：即根据所确定的训练算法（如 BP 算法），对网络进行训练、学习，确定网络连接权值矩阵；③网络学习结束后的使用阶段。人工神经网络技术基本特征，具有自适应、自组织、自学习能力，可以通过训练样本，根据周围环境改变网络拓扑结构及权值矩阵，能从训练样本中自行获取知识，突破知识获取这个"瓶颈"问题，神经网络系统一旦被训练，即能够模拟人类专家的逻辑思维方式进行推理和问题求解，具有并行处理特征。

从本质上讲，BP 网络算法是把一组样本的输入输出问题变为一个非线性优化问题，可将其视为从 n 维空间到 p 维空间的映射。应用 BP 网络对煤层底板突水进行预测，也就是用以表征输入与输出间，即底板突水与各影响因素间复杂的映射关系。通过对大量底板突水案例统计分析，选取了各影响因素，如水压、含水层、隔水层厚度、底板采动导水裂隙带深度、断层落差等作为预测底板突水控制参数，通过 ANN 自学习解决其定权问题。

2）BP 网络的结构、算法与实现

广泛使用 BP 神经网络属于多层状型人工神经网络，是一种多层感知器结构，由若干层神经元组成，一般具有 3 层或 3 层以上阶层型结构，层间各个神经元实现全连接，其拓扑网络结构如图 6.11 所示。

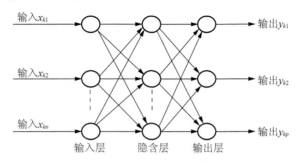

图 6.11　BP 人工神经拓扑结构图

BP 网络算法的基本过程是：输入信息，先向前传播到隐含层的节点上，经过各单元特性为 Sigmoid 型激活函数运算后，把隐含层节点输出信息传播到输出节点，最后输出结果。网络学习过程由正向和反向传播组成，在正向传播过程中，每一层神经元状态只影响下一层网络神经元。如输出层不能得到期望输出，即误差达不到要求，那么转入反向传播，将误差信号沿误差最大的连接通路返回，通过修改各层神经元权值，逐次向输入层传播进行计算，再经过正向传播；这两个过程的反复运算，使得误差信号达到所期望的要求时，网络学习过程就结束。

为了使权值调整是向误差减少方向，构造了一个误差函数（E_k），保证误差不会向增大方向调整，构造的误差函数为

$$E_k = \frac{1}{2} \sum_{l=1}^{q} (\mathrm{out}[l]_k - C_l)^2 \tag{6-2}$$

式中：C_l 为第一个输出层节点的目标输出，则 y 与输出层到隐含层权值（ΔV）调整量应为

$$\Delta V = \beta(-\mathrm{grad} v E_k) = \beta d_i^k b_j \tag{6-3}$$

式中：β 为学习速率。

隐含层到输入层之间的权 ΔW_{ij} 调整值为

$$\Delta W_{ij} = \alpha \left[\sum_{i=1}^{q} V_{ji} d_i^k \right] f'(S_j') a_i^k \tag{6-4}$$

式中：α 为学习速率。

实现步骤如下：①建立网络模型，确定网络拓扑结构；②训练阶段，选择训练样本；训练网络，包括前向传播和反向传播过程，进行网络输出计算和同一层单元误差计算、权值阈值修正，直到满足学习要求；③预测阶段，网络学习结束后的使用阶段。

BP 网络训练流程如图 6.12 所示。

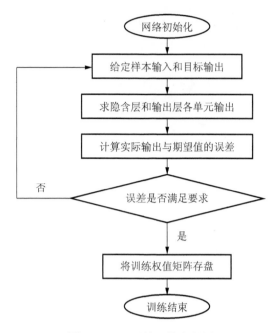

图 6.12　BP 网络训练流程图

3. 底板突水 BP 网络模型建立

（1）BP 网络层数。隐含层大大提高了神经网络分类能力非线性影射功能，但选择过多将增加训练时间，结果也不一定最精确；对于一般分类问题，一个隐含层即可。根据底板突水特点，本模型采用三层 BP 网络，即输入层、一个隐含层、输出层，进行分区预测。

（2）输入层和输出层节点数。输入节点是 BP 网络模型输入数据源，根据以上对井田煤层底板突水因素分析，确定 8 个影响底板突水主控因素，作为 BP 神经网络输入因子，因此输入节点数为 8 个。底板突水脆弱性指数是模型的输出，因此模型有 1 个输出层节点。

（3）隐含层节点数。隐含层神经元数目选择是一个非常复杂的问题，一般根据多次试验和结果拟合情况来确定，隐含层节点过多或过少，结果都不一定最佳。该模型采用经验个数 $2\times(n_i+n_k)-1$，（n_i 和 n_k 分别为输入层节点数和输出层节点数），隐含层节点设为 17 个。BP 网络模型的结构如图 6.13 所示。

（4）底板突水 BP 网络模型参数选择。

① 转移函数确定：对于底板突水预测，输入层到隐含层、隐含层到输出层转移函数为 tansig 函数效果最好，它是 Sigmoid（简称 S 型函数）函数的一种。这种函数具有良好的微分特性，当输入信号较弱时，神经元也有输出，输入信号很强时也不会有"溢出"想象。

② 模型算法和参数选择：目前 BP 网络已有 10 多种训练和学习算法，采用

不同训练函数对网络性能有很大影响，如收敛速度训练误差的大小。应用梯度下降训练函数，训练速度比较慢，而且容易陷入局部最小的情况。从网络对训练样本学习中获得，采用 trainlm 函数进行训练，收敛速度快，网络训练误差比较小，因此该模型选用 trainlm 函数进行网络训练，最大训练循环次数 epochs 为 100，目标函数误差 goal 为 0.0001，show 步长为 10，trainlm 函数其他参数 delt_inc、delt_dec、deltao、deltamax 均选用默认阈值。

4. 数据归一化处理

为了消除主控因素不同量纲的数据对网络训练和预测结果的影响，需要对数据进行归一化处理，以提高网络训练效率和精度。

在神经网络中，函数 premnmx（p,t）可以解决这个问题，此函数可将输入输出数据限定在[-1,1]，该函数归一化方法的数学表达式为

$$A_i = a + \frac{(b-a)[x_i - \min(x_i)]}{\max(x_i) - \min(x_i)} \tag{6-5}$$

式中：A_i 为归一化处理后的数据；a、b 分别为归一化范围上限和下限，在神经网络的此函数中分别取-1 和 1；x_i 为归一化前的原始数据，$\max(x_i)$ 和 $\min(x_i)$ 分别为各主控因素量化值的最大和最小值。

该函数在网络中的调用格式为

[pn,minp,maxp,tn,mint,maxt]=premnmx（p,t）

其中：p，t 分别表示原始输入、输出数据，该函数返回限定后输入输出数据为 pn 和 tn；向量 minp 和 maxp 包含 p 的最小值和最大值，mint 和 maxt 包含 t 的最小值和最大值。

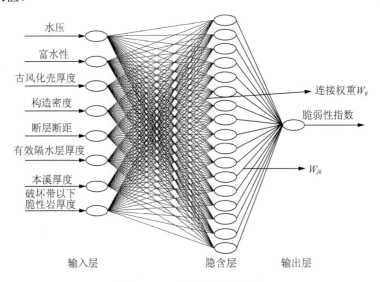

图 6.13　BP 网络模型结构图

5. BP 网络训练

神经网络模型对于给定的映射关系模拟，通过学习训练以后才能完成。网络进行训练时，首先要提供一组训练样本，其中每个样本由输入与理想输出对组成。如果提供的样本足够多，而且有很强代表性，网络会通过自组织自适应能力，找出主控因素与评价指标之间的非线性关系。将脆弱性指数按照突水量大小及其危害程度进行量化，量化指标选取见表 6-1。根据各输入输出因素量化结果提取每个因素对应的数值，组成一个由输入-输出模式对构成样本序列，把样本序列划分为训练集和测试集，见表 6-2 和表 6-3，训练集用于网络训练，使网络能按照学习算法调节结构参数，直到满足要求；测试集则是用于评价已训练好的网络性能是否达到我们的目的，最终得到满意的预测模型。训练好模型所确定的神经网络参数见表 6-2，神经网络训练结果是神经网络各神经元之间的权重关系。

表 6-1　BP 网络目标输出量化指标

等级	量化指标		底板突水脆弱性指数
	最大突水量/$m^3 \cdot h^{-1}$	危害程度	
I	$Q<20$	安全区	0.25
	$20 \leqslant Q<40$	安全区	0.25
	$40 \leqslant Q<60$	安全区	0.25
	$Q \geqslant 60$	安全区	0.25
II	$20 \leqslant Q<40$	过渡区	0.5
	$40 \leqslant Q<60$	过渡区	0.5
	$Q \geqslant 60$	过渡区	0.5
III	$40 \leqslant Q<60$	较脆弱区	0.75
	$Q \geqslant 60$	较脆弱区	0.75
IV	$40 \leqslant Q<60$	脆弱区	1.0
	$Q \geqslant 60$	脆弱区	1.0

表 6-2　BP 网络测试样本及预测结果

序号	主控因素量化赋值								实际结果	预测结果
	断距	等效厚度	脆性岩厚度	水压	古风化壳厚度	富水性	本溪厚度	构造密度		
1	0	12	5	2	12	8	10	3	1	0.9887
2	70	20	14	3.4	6	2	3	5	1	0.9999
3	0	14	4	1.6	14	6	11	4	0.75	0.7302
4	0	16	7	1.6	20	3	7	6	0.5	0.5109
5	0	30	10	2	8	2	8	7	0.25	0.2502
6	0	20	5	0.1	14	1	5	5	0.25	0.2500
7	0	24	7	0.1	12	1	5	4	0.25	0.2500
8	0	20	9	1.4	28	1	5	3	0.25	0.2519

表 6-3 BP 网络训练样本集

序号	主控因素量化赋值								脆弱指数赋值
	断距	等效厚度	脆性岩厚度	水压	古风化壳厚度	富水性	本溪厚度	构造密度	
1	0	12	6	1.4	8	10	2	6	1
2	23	14	4	2	0	10	12	4	1
3	0	12	6	1.4	14	5	4	6	1
4	0	12	7	1.3	8	10	2	6	1
5	0	8	5	0.9	0	8	4	6	1
6	0	2	1	0.9	2	10	3	5	1
7	19	2	1	0.9	4	9	4	2	1
8	20	18	7	3.2	18	0.5	3	4	1
9	0	20	10	4	2	1	3	5	1
10	70	8	3	2.6	2	9	3	2	1
11	0	12	6	1.4	8	10	2	6	1
12	0	12	4	1.6	12	3.	15	6	0.75
13	0	16	6	0.6	8	5	4	4	0.75
14	0	20	7	2.6	16	1	5	5	0.75
15	0	12	5	1.8	20	7	10	5	0.75
16	23	22	7	2.8	26	1	6	11	0.75
17	0	6	6	0.8	22	5	4	6	0.75
18	0	22	7	2.8	24	1	6	10	0.75
19	1	18	4	1.6	14	1	7	5	0.5
20	0	18	3	1.6	12	1	5	5	0.5
21	0	24	6	2.4	18	1	8	5	0.5
22	3	16	8	1.4	14	1	3	4	0.5
23	0	8	6	0.8	18	1	3	5	0.5
24	0	20	9	1.8	12	0.1	5	3	0.5
25	40	14	7	0.8	14	2	6	5	0.5
26	0	18	7	0.6	4	8	4	4	0.5
27	0	26	1	3.2	26	10	3	4	0.5
28	0	18	6	0.2	10	0.1	4	4	0.25
29	7	16	5	1.4	16	0.1	18	4	0.25
30	7	30	6	1.2	14	1	18	4	0.25
31	0	16	2	0.6	14	1	8	7	0.25
32	0	20	7	0.4	4	1	8	4	0.25
33	0	18	6	0.8	16	1	7	7	0.25
34	8	22	2	0.8	6	1	13	8	0.25
35	0	20	10	1.2	24	1	5	2	0.25
36	0	16	4	0.1	10	0.1	1	4	0.25

6. 各主控因素权重系数确定

应用 BP 神经网络模型进行煤层底板突水脆弱性评价，最终目的是确定影响底板突水的各主控因素权重，神经网络训练得到的结果只是神经网络各神经元之间的关系，也就是输入因素对输出因素的决策权重，见表 6-4。

表 6-4　BP 网络模型各主控因素权重系数

输入层到隐含层结点的权重								阈值
−2.2082	0.1741	−1.8089	0.7426	0.9844	1.8929	0.1065	0.4219	1.7245
−0.8522	0.3432	1.0073	−0.9995	−0.7854	−1.1351	−0.2721	0.5366	1.3716
0.2189	−0.9273	0.6882	0.1338	1.4798	0.2098	1.1427	0.1163	1.5342
0.2626	0.7745	−1.4445	0.1434	−0.2693	−0.1319	−1.6795	1.0719	1.2119
0.2275	0.6683	1.4598	0.3035	−0.7650	−1.1963	−0.9477	0.6981	−1.1824
−1.1588	0.6996	0.8696	−1.0255	0.0764	0.3640	0.1218	0.3582	0.7277
1.0598	0.2485	0.1191	−0.0483	0.7900	−1.0529	−1.2515	0.1378	−0.4561
1.5340	−0.4268	−0.9662	0.7999	−0.1019	−0.6878	−0.7055	−0.5375	−0.3521
−0.0655	−0.8973	−0.6018	1.3352	−0.4323	−0.3317	0.6229	−0.8354	0.7722
0.5696	−0.9567	−0.2623	1.4028	−0.7664	0.3972	−1.2182	−0.2905	0.7645
−1.0115	−1.2443	0.1800	0.9069	−1.5138	0.9331	0.2527	2.3822	−0.4306
0.1058	−0.2235	0.0978	−1.7273	0.5607	0.5204	1.9871	0.6835	0.0743
0.3597	0.3203	0.3641	−1.7575	−0.1935	−1.1579	0.3514	0.0438	−1.3976
−1.3096	−0.1818	−0.6188	−0.5341	0.0095	−0.2000	−1.2372	−0.2172	−1.2614
−0.0157	0.2920	1.6594	−0.0841	0.8110	1.1729	0.7827	−0.5724	1.5883
−0.5228	0.5633	−0.0659	0.6481	0.2126	0.7174	1.1192	−0.7972	−1.9245
1.0102	−1.0013	−0.9734	−1.1584	0.8905	−1.6089	0.5489	−0.3398	1.6749
隐含层到输出层结点的权重								阈值
−2.6657	0.8523	0.8332	1.4423	−1.2388	−0.2340	−0.1962	0.9829	0.6357
1.5456	2.0228	−1.2480	−0.8232	−0.6978	1.0767	0.3851	1.0897	−0.5231

要想得出输入因素相对于输出因素之间的真实关系，即影响底板突水的各主控因素的权重系数，还需要对各神经元之间的权重加以分析处理，利用以下指标来描述输入因素和输出因素之间的关系。

（1）显著相关系数：

$$r_{ij} = \sum_{k=1}^{p} W_{ki}(1 - e^{-x}) / (1 + e^{-x}) \tag{6-6}$$

式中：

$$x = W_{ki} \tag{6-7}$$

（2）相关指数：

$$R_{ij} = \left| (1 - e^{-y}) / (1 + e^{-y}) \right| \tag{6-8}$$

式中：$y = r_{ij}$。

（3）绝对影响系数：

$$S_{ij} = \frac{R_{ij}}{\sum_{i=1}^{m} R_{ij}} \qquad (6\text{-}9)$$

式中：i 是神经网络输入单元，$i=1$，…，m；k 为神经网络的隐含单元，$k=1$，…，p；j 是神经网络输出单元，$j=1$，…，n；W_{ki} 为输入神经元 i 和隐含层神经元 k 之间的权重系数；W_{jk} 为隐含层神经元 k 和输出层神经元 j 之间权重系数。

根据以上的三个公式，对各神经元之间权重加以分析处理，即可得到输入因素对输出因素决策权重系数，绝对影响系数 S 就是所要求的影响底板突水各主控因素的权重，如表 6-5 所示。

表 6-5　影响底板突水各主控因素表

各主控因素权重系数			
断层断距	隔水层等效厚度	破坏带下脆性岩厚度	水压
0.2054	0.2043	0.0136	0.2086

各主控因素权重系数			
奥灰古风化壳厚度	富水性	构造密度	本溪灰岩厚度
0.1582	0.0777	0.0937	0.0385

从分析计算出来的权重系数可以看出，有效隔水层厚度、水压、断层断距、奥灰古风化壳厚度、构造密度、富水性对底板突水的影响因素比较大；由于井田内导水断层不多，且规模较小，因此构造对底板突水影响不是很强；本灰既有抵抗奥灰突水作用，又是可能引起底板突水的含水层，因此它对底板突水影响不大，情况比较特殊。

7. 煤层底板突水脆弱性分区及评价

一个突水主控因素图只包含一个因素的信息。因此，它不能满足通过一个数字模型进行多个因素综合处理的要求。在进行多因素综合分析之前，首先必须进行复合叠加处理，把各个主控因素的信息存储层复合成一个信息存储层，使所生成的信息存储层中包含所有主控因素信息。这里复合叠加处理实质上就是把多个图形配准合成一个新的图形，按储存信息不同把井田分为 9087 个单元，并重建拓扑关系，形成新的拓扑关系属性表。利用 GIS 对水压、构造密度、断层规模、有效隔水层厚度、富水性、奥灰古风化壳厚度、采动破坏带以下脆性岩厚度和本灰厚度八个主控因素专题图进行复合叠加处理。从复合后的信息存储层属性表中读取所需的数据输入到训练好的 ANN 模型中运算，计算得出的值表示所对应区域内突水可能性的大小，可以称其为底板突水脆弱性指数 F_C，F_C 可用式（6-10）表示：

$$F_C = \sum S_i I_i \tag{6-10}$$

式中：F_C 是底板突水脆弱性指数；S_i 是第 i 个主控因素子的相对权重；I_i 是第 i 个主控因素量化值归一化后的值。

脆弱性指数越大，煤层底板突水可能性也就越大。把由网络模型计算出的脆弱性指数进行统计分析，从图 6.14 上确定分区阈值，再根据分区阈值将所研究的三井井田区域按照脆弱性大小划分为下面四个等级。从而生成章村三井 9 号煤底板脆弱性分区如图 6.15 所示。

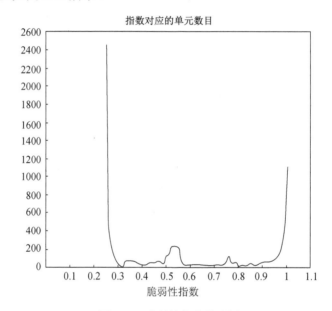

图 6.14　脆弱性指数统计图

由图可以得到如下分区。

安全区：$F_C \leqslant 0.26$，3159 个单元，面积 1.989km²；过渡区：$0.26 < F_C \leqslant 0.56$，2468 个单元，面积 2.329km²；较脆弱区：$0.56 < F_C \leqslant 0.76$，756 个单元，面积 0.827km²；脆弱区：$0.76 < F_C \leqslant 1.00$，2704 个单元，面积 1.919km²。

为了对预测结果进行更直观的分析，制作了底板突水分析空间透视图，如图 6.15 所示，从空间透视图上可以看出以下几种情况：

（1）从图 6.16 可以看出，脆弱区位于矿井的东北和东南部，孔 F_{3-3} 以东和孔 F_{4-2} 以北，以及孔 F_{7-11} 周围的区域，该区 9 号煤层埋藏最深，水压最大，大部分区域富水性很强，而且矿压破坏带以下的脆性岩厚度较薄；其中东北部隔水层等效厚度较薄，有几个大的断裂构造存在，且奥灰上部古风化壳厚度不大，以上说明该区抗压阻水能力较差，因此发生突水可能性较大。

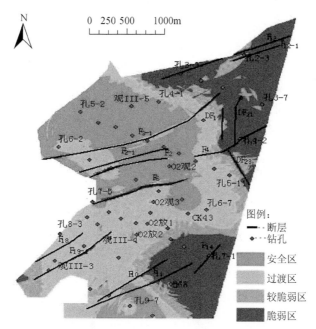

图 6.15　章村三井 9 号煤底板突水脆弱性分区图

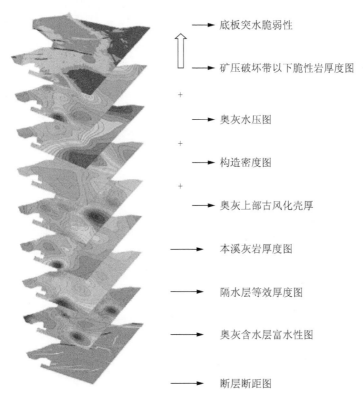

图 6.16　章村矿三井 9 号底板突水分析空间透视图

（2）安全区主要分布于三井西北部和最南部一小部分，矿井西北部奥灰富水性差，有效隔水层相对较厚，奥灰水头压力小；虽然该区断层较发育，但由于大多断层规模较小，且不导水，对底板脆弱性影响不大；矿区最南部是有效隔水层和矿压破坏带以下脆性岩最厚区域。正常开采的情况下一般不会发生突水。

（3）从图 6.16 可以看出，过渡区在井田的西南部和中间的部分区域，矿区西南部奥灰富水性较差，水压低，有效隔水层较厚，且没有大的断层存在，由于该区西部紧接奥灰含水层补给区，不排除有底板突水的可能。

（4）从图 6.17 脆弱性分区拟合图上可看出，较脆弱的区域位于过渡区和脆弱区之间，影响底板突水的主要因素在该区域的情况也比较复杂，因此开采时也存在一定的危险性。

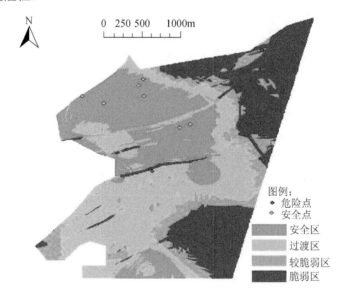

图 6.17　章村三井 9 号煤底板突水脆弱性分区拟合图

8. 评价模型的反演识别

预测评价结果出来之后，还要对底板突水脆弱性分区进行检验，来验证其预测效果。用预测区域实际状况与划分出的安全区、过渡区、较脆弱区和脆弱区进行拟合，并比较、分析；若脆弱性分区拟合率未达到 90% 以上，则必须要修改评价模型，调整各单因子之间的关系，各子专题层中属性参数及评价分区阈值划分；然后，利用修改后的评价模型进行评价，得出分区结果后，再比较、计算脆弱性拟合率，反复进行直到脆弱性的拟合率达到标准，最终确定出较为准确的突水脆弱性预测分区评价图。

按照上述方法，将井田内的 7 个安全点与生成的章村三井 9 号煤层底板突水脆弱性预测分区图进行拟合。由于在井田内奥灰含水层未发生过底板突水事故，危险区拟合是通过科学分析和借鉴实际生产经验来完成的。从拟合分析图（图 6.17）可以看出，拟合率达到要求，生成的煤层底板突水脆弱性预测分区评价图准确度较高，预测结果比较符合实际情况。

结合邢台矿区以往的地质工作经验和研究成果，以邢台矿区章村三井下组煤开采为具体研究对象，利用地理信息系统（GIS）和人工神经网络（ANN）耦合技术来对该矿井 9 号煤底板奥灰突水进行脆弱性评价，建立一个能反映较多影响因素的底板突水预测模型，经应用研究取得了以下两项成果。

（1）从章村三井突水规律研究入手，对导致三井 9 号煤层底板突水的主要因素进行了综合分析，确认了水压、断裂构造、断裂规模、有效隔水层厚度、奥灰富水性、本灰含水层、奥灰古风化壳发育厚度等情况以及矿压破坏带以下隔水层岩性组合这 8 种因素是影响章村三井 9 号煤层底板突水的主要因素。这些因素相互作用，共同影响煤层底板突水发展过程。

（2）GIS 与 ANN 相耦合的底板突水脆弱性预测评价模型，能反映较多因素综合作用煤层底板突水的非线性特征，减少了人为因素干扰；应用该模型对 9 号底板突水情况进行预测，经过对比分析，预测效果比较符合实际，为矿井安全开采提供了一定参考依据。

第7章　大采深高承压水煤层底板"分时段分带突破"突水机理

隔水岩层力学性质及厚度与突水之间存在密切关系，隔水层力学性质恶化会导致底板突水发生。因此，开展煤层底板岩层力学性质试验研究，尤其对深部煤层底板承压突水预测与评价具有重要的理论指导意义和应用价值。

为此，选取大采深矿井与下组煤开采工程地质单元取样，在岩体结构控制论的指导下开展岩体力学试验，建立矿区煤层顶底板岩层的岩石力学性质与岩性、侧压和水等控制因素之间的定量关系，进一步分析不同岩性的岩石应力应变-渗透性规律，为大采深高承压水煤层开采底板突水研究奠定理论基础，为研究煤矿突水机理及预报提供依据。

7.1　煤层底板岩层力学性质及影响因素分析

7.1.1　岩性（相）对岩石力学性质影响分析

岩石力学试验及岩体力学特性测试应以工程地质岩组划分为基础，因此对邯邢矿区下组煤底板岩体进行工程地质岩性组划分。

按要求选取邢台矿区显德汪矿地质单元岩石试样，制成 180 块岩石样品，分别对中粒砂岩、细粒砂岩、粉砂岩、泥质粉砂岩、砂质泥岩、泥岩进行岩石力学试验，同时分别对其矿物成分、胶结物特征等进行定性研究和定量统计分析，进而建立二叠、石炭系沉积岩石成分、结构与宏观力学性质之间的关系。试验结果见表 7-1。

表 7-1　二叠及石炭系地层岩石力学性质

指标	岩性						
	细粒砂岩	中粒砂岩	粉砂岩	泥质粉砂岩	砂质泥岩	泥岩	煤
容重/g·cm⁻³	2.71～2.75	2.36～2.45	2.52～2.68	2.59～2.98	2.55～2.59	2.43～2.54	1.37～1.49
抗压强度/MPa	218～231	82.8～106.3	29.4～51.6	79.8～136.5	26.4～38.5	16.5～32.7	1.2～5.1
抗拉强度/MPa	3.90～7.71	3.32～4.53	2.62～4.18	1.83～3.22	2.29～3.73	1.56～2.81	0.23～1.35
变形模量/GPa	21.36～22.48	9.22～16.31	5.66～18.23	12.35～19.62	4.76～5.63	2.62～7.28	0.32～0.78

续表

指标	岩性						
	细粒砂岩	中粒砂岩	粉砂岩	泥质粉砂岩	砂质泥岩	泥岩	煤
弹性模量 /GPa	23.46～24.62	9.98～18.82	6.16～20.62	14.89～21.29	5.15～5.83	2.73～7.68	0.46～0.96
内聚力 /MPa	2.11～2.25	1.91～2.23	1.72～2.31	1.35～1.67	0.93～1.26	0.74～1.08	0.15～0.66
内摩擦角 /(°)	48～52	45～48	40～46	34～36	28～33	25～28	18～23
泊松比	0.17～0.20	0.18～0.23	0.25～0.27	0.22～0.26	0.24～0.26	0.24～0.26	0.10～0.13
纵波速度 /m·s^{-1}	4028～4386	3177～3348	3121～3516	3132～3659	3079～3234	3054～3234	2656～2950

1. 煤系地层岩石力学特征

（1）岩石物质成分。煤系地层岩石物质成分主要由碎屑物质、化学物质和基质组成。碎屑物质可占整个岩石的 50%以上；化学物质多以胶结物形式存在，常见的胶结物有方解石；基质是充填于碎屑颗粒之间的细粒、微粒机械混入物，主要成分为细、粉砂岩和泥质岩，它们对碎屑物质也起胶结作用。

（2）岩石的结构。从沉积岩角度来看，煤系地层碎屑岩结构主要分为两大类，即陆源碎屑结构和泥状结构，其中陆源碎屑结构围岩在底板岩层阻水能力中起关键层的作用，具有泥状结构岩层对阻水有利。

从已有研究成果和工程实践来看，中、细粒砂岩强度一般较高，即含有石英碎屑较多的砂岩抗压强度大；硅质胶结的石英砂岩或沉积石英砂岩抗压强度最高，钙质胶结的稍差，基质胶结的最差。

2. 岩性与力学性质之间关系

沉积岩的岩性与其力学性质之间关系很大，从表 7-1 可以明显看出，不同岩性的岩石力学参数是不同的，任何一类岩石力学性质的变化范围都较大，并与其他岩类有较大范围的交叉。随着碎屑颗粒由粗到细（中粒砂岩→细粒砂岩→粉砂岩→泥质粉砂岩→砂质泥岩→泥岩），弹性模量、内聚力和内摩擦角随之减少，岩石抗压、抗拉强度依此减弱，但细粒砂岩强度却比中粒砂岩高，这也说明了岩性不是影响岩石强度的唯一因素。即使在同一岩性范围内，其力学参数也具有较大的离散性。以抗压强度为例，中粒砂岩为 82.4～105.1MPa，泥质粉砂岩 79.8～138.5MPa，泥岩 15.5～37.5MPa，其他参数也具有类似的现象，除了试验误差，这也说明了影响岩石力学性质的因素较多。从沉积学和工程地质学角度来看，除岩性之外，组成岩石颗粒大小、岩石结构和构造、胶结物和支撑物类型、岩块中可见及隐伏结构面等都影响岩石力学性质。

软质岩石在单轴压缩条件下为剪张破坏，在一定侧压条件下为弱面剪切和塑性破坏；中硬岩石在单轴压缩条件下为脆性张裂破坏，随着侧压的增加，岩石便进入剪切破坏；硬质岩石在试验的侧压范围内均为脆性张裂破坏和剪切破坏，这些说明岩性对岩石力学性质具有重要的控制作用。

3. 沉积岩成分及结构与力学性质之间关系

（1）随着石英颗粒含量的增加，岩石抗压强度、弹性模量总体上呈增加趋势，但中粒砂岩和细粒砂岩之间出现了反常，中粒砂岩石英颗粒含量、粒径均大于细粒砂岩和粉砂岩，其胶结成分、类型和支撑类型也均优于细砂岩和粉砂岩，其抗压强度低的重要原因是中粒砂岩内部含有微裂隙，说明结构面控制着岩石力学性质。

（2）对于中粒砂岩和细砂岩，矿物碎屑颗粒主要为石英，石英是影响砂岩类力学性质的关键因素。

7.1.2　岩石水理性质试验

岩体受到水的作用后，其物理力学性质将发生如崩解、膨胀、软化等变化，岩石一旦受到水的浸蚀或发生失水-吸水循环，其承载强度、完整性及稳固性都会不同程度地降低，从而影响工程岩体的稳定性。因此，该项试验对大采深矿井及下组煤开采关联性较大。

1. 岩石亲水性试验

亲水性反映了岩石的亲水能力及原生裂隙的发育程度，它直接说明了岩石对水的敏感性，试验结果见表 7-2 和表 7-3。

表 7-2　岩石自然含水率测试结果

岩性	泥岩	泥岩	粉砂岩	粉砂岩	中粒砂岩	中粒砂岩
层位	9 煤底板	9 煤底板	9 煤底板	9 煤底板	9 煤底板	9 煤底板
含水率/%	1.62	1.2	0.93	1.13	3.13	2.86
岩性	泥岩	泥岩	泥岩	砂质泥岩	泥岩	细砂岩
层位	1 煤顶板	1 煤顶板	2 煤底板	1 煤顶板	1 煤底板	1 煤底板
含水率/%	1.03	1.41	1.21	1.47	1.40	0.73

表 7-3　岩石亲水率测试结果

岩石	泥岩	泥岩	粉砂岩	粉砂岩	中粒砂岩	中粒砂岩
层位	9 煤底板	9 煤底板	9 煤底板	9 煤底板	9 煤底板	9 煤底板
亲水率	8.32	5.61	3.35	4.76	9.61	8.74
岩石	泥岩	泥岩	泥岩	砂质泥岩	泥岩	细砂岩
层位	1 煤顶板	1 煤顶板	2 煤底板	1 煤顶板	2 煤顶板	1 煤底板
亲水率	6.73	5.84	6.52	6.89	7.62	2.85

（1）自然含水率测试。从表 7-2 可以看出，砂质泥岩、泥岩和中粒砂岩含水率在 1.0%～1.6%，而粉砂岩和细砂岩含水率较低，小于 1.0%，岩石含水率不同也初步反映了其力学性质的差异。

（2）吸水率测试。吸水率的大小反映了岩石的亲水能力及原生裂隙的发育程度，它是评价岩性特征的一项重要的指标，见表 7-3。

2. 水对岩石力学性质影响试验

大部分沉积岩都或多或少地含有水分或溶液。Müller（1974）曾指出，岩体是两相介质，即由矿物-岩石固相物质与含于孔隙和裂隙内的水液相物质组成。它们都会降低岩石的弹性极限，提高韧性和延性，使岩石软化，易变形。水对沉积岩力学性质的影响程度明显高于岩浆岩和变质岩。当岩石内含水量不同时，其变形与强度特征受到重要影响，如图 7.1 所示。

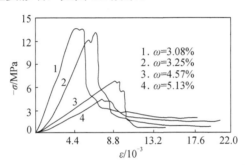

图 7.1　不同含水状态下泥岩全应力-应变曲线

不同含水状态下泥岩的全应力-应变曲线如图 7.1 所示，随含水量增加，岩石单轴抗压强度以及弹性模量值均急剧降低。但是由于岩性不同，其岩石矿物成分、胶结状况和结晶程度等因素差异较大，如随含水量增加，岩石的强度和刚度降低速率不完全相同。含水量不仅影响变形参数大小，而且影响岩石变形破坏机制。图中各曲线在峰值强度之前，除低应力时略呈上凹外，其余基本上呈直线；峰值强度之后，随着应变值增加，应力迅速降低，发生应变软化，曲线非光滑呈波状，但是随着含水量增加，泥岩的弹性模量及峰值强度均急剧降低，且峰值强度对应的应变值有随之增大的趋势。同时，在干燥或较少含水量情况下，应力-应变曲线在峰值强度后，岩石表现为脆性和剪切破坏，且随着含水量的增加，峰值强度后岩石主要为塑性破坏，应变软化特性不明显。

对煤矿岩层而言，围岩一般由中细粒砂岩、粉砂岩、砂质泥岩、泥岩等不同岩性的岩石组成，研究区的岩石力学指标测试见表 7-4，并用软化系数（1–K，K 表示岩石饱水状态下抗压强度与干燥状态下抗压强度比值）来表示水对岩石力学性质软化程度。

表7-4　水对岩石力学性质损伤试验结果

岩石类型	地质层位	含水状态	抗压强度/MPa	变形模量/MPa	泊松比	破坏类型	软化系数
中粒砂岩	9煤底板	干燥	92.6	12625	0.21	剪断破坏	0.50
		饱水	45.0	5416	0.25	剪断破坏	
细粒砂岩	9煤底板	干燥	224.2	22426	0.19	张裂破坏	0.62
		饱水	87.8	8330	0.24	剪断破坏	
粉砂岩	9煤底板	干燥	52.1	18273	0.24	沿层面剪	0.50
		饱水	26.5	6179	0.27	沿层面剪	
泥质粉砂岩	9煤底板	干燥	128.3	14361	0.21	张裂破坏	0.65
		饱水	45.9	4982	0.25	剪断破坏	
砂质泥岩	9煤底板	干燥	31.6	5531	0.24	剪断破坏	0.20
		饱水	25.4	4859	0.26	剪断破坏	
泥岩	9煤底板	干燥	26.7	4952	0.36	剪断破坏	0.75
		饱水	6.8	1854	0.25	沿层面剪	

从表7-4可以明显看出，不同岩性和结构岩石软化系数是不同的，其中泥岩软化系数最大，为0.75，其次为泥质粉砂岩和细砂岩分别为0.65和0.62，中粒砂岩和泥质粉砂岩软化系数均为0.50，软化系数最小的是砂质泥岩，为0.2；同时在含水状态下，其破坏形式也发生了很大变化，细砂岩和泥质粉砂岩由干燥状态的张破坏变为浸水状态的剪破坏，泥质岩类由干燥状态的剪破坏变为浸水状态的沿层面破坏，这同时反映了水-岩相互作用的复杂性。

3. 岩石含水力学效应机制分析

一般来讲，地下水影响岩石力学性质方式有三种：改变矿物颗粒之间连接状态、楔劈作用和润滑作用。对于不同岩性和结构的岩石，它的作用方式和机理不同。

（1）对于中粒砂岩、粉砂岩和砂质泥岩，含水量的增加只引起力学参数（变形模量和抗压强度）的降低，软化程度不大，没有改变岩石的破坏形式，水化作用较弱。

（2）细砂岩、泥质粉砂岩和泥岩。如细砂岩中尽管矿物颗粒胶结致密，随着渗入水量及增加，矿物在压力作用下沿弱面破坏，水的力学效应不但降低了岩石强度和变形模量，而且还改变了岩石破坏形式，即由干燥状态张破坏改变为含水状态剪破坏。

（3）泥质粉砂岩和泥岩不但本身由于层滑作用含有大量的网状裂隙，而且矿物成分以片状高分散体系的黏土矿物为主，在水中具有很高的物理化学活性。当它们遇到水的作用后，矿物之间的颗粒距离增大和矿物颗粒间的连接力降低，岩石体积膨胀以及微观裂纹再扩展,从而造成岩石力学性质恶化。同时,破坏形式也由干燥状态张破坏变为浸水状态剪破坏。

7.1.3　围岩围压对岩石力学性质影响

利用围岩围压力学效应,为底板突水防治方案设计优化提供依据就十分必要。通过对 9 号煤层顶底板岩石进行三轴压缩试验,获得了不同围压状态下的岩石力学参数,试验结果见表 7-5。

表 7-5　9 号煤顶底板岩石三轴试验结果

地质 层位	岩石 类型	围压 /MPa	抗压强度 /MPa	变形模量 /MPa	破坏类型
9 煤 顶底板	泥质 粉砂	6.0	45.6	3352	剪断破坏
		12.0	47.7	3884	剪断破坏
		18.0	51.3	4411	剪断破坏
		24.0	53.4	4562	剪断破坏
9 煤 顶底板	细粒 砂岩	10.0	75.3	8219	张裂破坏
		20.0	101.2	8873	张裂破坏
		30.0	116.5	9112	剪断破坏
		40.0	124.3	9213	剪断破坏
9 煤 顶底板	中粒 砂岩	10.0	54.9	5154	张裂破坏
		20.0	70.6	5331	剪断破坏
		30.0	86.9	5629	剪断破坏
		40.0	98.8	5861	剪断破坏
9 煤 顶底板	砂质 泥岩	6.0	31.4	3779	剪断破坏
		12.0	33.1	3938	剪断破坏
		18.0	37.9	4123	剪断破坏
		24.0	41.5	4237	剪断破坏

1. 不同围压状态下的岩石变形特征

试验表明,岩石主应力差-应变曲线随着围压增加而变陡;随着围压增加,岩石变形模量增加;但不同岩性的岩石其增加幅度不同,这反映了不同岩石内孔隙、微裂隙不同。

侧压为 10MPa 时,与单轴压缩时相比,砂岩刚度增加了 25%,砂质泥岩刚度则增加了 12%,泥岩刚度则增加了 8%;而在侧压为 30 MPa 时,与单轴压缩时相比,砂岩刚度增加了 61%,砂质泥岩刚度则增加了 108%,泥岩刚度则增加了 76%;在低侧压时,砂岩刚度明显地大于砂质泥岩和泥岩,但随着侧压的增大,砂岩与砂质泥岩、泥岩刚度差值逐渐减少。

2. 岩石破坏机制与围压关系

不同岩石在不同应力条件下表现出不同的破坏形式,其破坏机制一般为脆性、延性和脆延性破坏。

（1）在单轴压缩条件下，细砂岩、中粒砂岩、部分泥质粉砂岩基本上表现为张裂破坏，其张裂面基本上平行于最大主应力方向。

（2）在低围压（<6MPa）状态下，泥质岩就呈现剪破坏；而中粒砂岩在围压20MPa、细粒砂岩在围压20～30MPa的情况下，仍然表现为张裂破坏；中粒砂岩从30MPa围压开始才表现为剪破坏，这充分说明了不同岩性的岩石其围压力学效应是不同的。

（3）随着围压增大到一特定值（阈值）时，岩石破坏形式则从剪破坏转变成塑性屈服破坏，其岩石压缩应力-应变曲线显示出下弯的特征，表现出应变强化特征。

试验结果也表明，岩石弹性模量与侧压之间呈非线性关系。

上述结论体现在由煤层回采引起底板破坏带组成结构，其由浅至深岩石的破坏形式由张裂破坏逐步变为剪、塑性破坏形态。

7.2 岩石渗透性及变化规律

在 7.1 节分析底板岩石力学性质的基础上，本节着重阐述岩体渗透特性，即渗流场与水力耦合的关键问题，岩体不同变形状态的渗透特性对工程岩体变形，及稳定性分析具有重要意义。煤层底板工程岩体在不同的应力水平和变形状态下，其岩体渗透特性也将发生改变。

7.2.1 岩石渗透特性研究现状

岩石渗透特性是矿井突水灾害防治等工程技术领域的基础课题。岩石变形导致了其内部孔隙、裂隙的结构变化是岩石渗透性发生变化的根本原因。通过在具有渗透装置的 MTS815.03 岩石伺服试验系统试验，得出岩石的全应力-应变关系曲线和相应的应变-渗透率关系对比曲线，从而分析岩石在变形破坏全过程的渗透率变化特征，对于底板突水的理论研究和底板阻水评价具有指导作用。

通过试验及理论研究，初步得到了不同类型沉积岩石全应力-应变过程中的渗透性特征和岩体应力与渗流之间的一些基本关系。沉积岩的渗透特性具有以下规律：

（1）引起岩石渗透率变化的根本原因是岩石变形引起的孔隙和裂隙变化，其中裂隙变化起主要作用。在岩石全应力-应变过程中，由于岩样的原生裂隙、构造裂隙不断变化，次生裂隙不断发育和扩展，岩样的裂隙网络与连通状态也随之发生变化，从而导致岩样的渗透特性也随之发生变化。

（2）沉积岩的渗透特性与其岩性有关，大体上可以分为脆性岩石和塑性岩石两类。在初始压密阶段、弹性阶段，脆性岩石渗透率很小，但是随着压力的增大，岩石破坏形成贯穿性裂纹而使渗透率急剧增高，渗透率的峰值发生在应力破坏之后，在塑性压密阶段脆性岩石表现出较强的渗透性。如石灰岩是典型的脆性岩石，在弹性阶段渗透率较低，但是一旦发生破裂形成贯通性裂纹，渗透率会急剧增大，因此石灰岩在应力峰值前后渗透率变化很大。

对软岩来说，在初始的压密阶段，随着岩石内孔隙的闭合，渗透率有所降低，但是随着压力的增大，新的裂隙逐渐产生并且相互贯通，渗透率将会达到最大值。但是随着压力的增大，新生裂隙又会被逐渐压密闭合，其渗透率就会有所降低。

（3）围压对沉积岩的渗透特性具有一定的影响。随着围压的增大，新产生的裂隙会在较高围压下，渗透率在一定程度上有所降低。同时，在不同围压作用下，裂隙一定程度的闭合使岩石脆延性增加，甚至发生破坏，从而导致岩石试件渗透率的变化。在较低围压下，在全应力-应变渗透试验过程中，岩石主要发生的是剪切破坏；围压较高时，试件将会发生塑性破坏，岩石的破坏形式由脆性向延性发展，从而影响了岩石试件的渗透率。围压影响岩石的脆延性和破坏形式，对渗透率的影响在软岩中体现得尤为明显。

7.2.2　岩石三轴全应力应变渗透试验

1. 试验设备

采用中国矿业大学高压三轴试验系统，其渗透试验装置如图 7.2 所示。试验系统主要由两部分组成：①加压稳压控制系统，由水压控制装置和压力室组成；②测量系统，由传感器和计算机控制系统组成。由围压施加系统对压力室中的水加压，压力室中盛装试样和水，水充当围压传递介质，再通过水将围压施加到试样上。

试验围压设置为 15MPa，孔隙水压为 12MPa，试件两端水力压差为 1.5MPa，对密封好的试件施加轴压 σ_1、围压 $\sigma_2 = \sigma_3$，以及孔隙压力 P，然后逐渐降低试件上端的孔隙压力，使试件两端形成大小为 1.5MPa 的水力压差，从而使水体通过试件形成渗流，在试验过程中发现，岩石的渗透率具有明显的突跳现象，且突跳点多发生在岩石的峰值应力附近或峰后阶段。

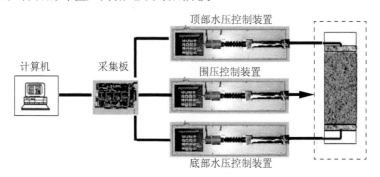

图 7.2　岩石三轴试验系统

2. 岩石渗透试验分析

分别对砂质泥岩、粉砂岩、细砂岩、中粒砂岩进行全应力-应变过程中的渗透试验，结果如图 7.3 所示。

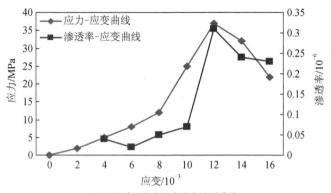

（a）砂质泥岩全应力应变渗透曲线

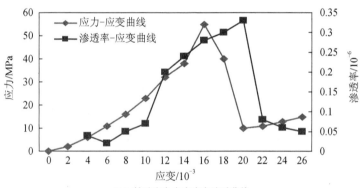

（b）粉砂岩全应力应变渗透曲线

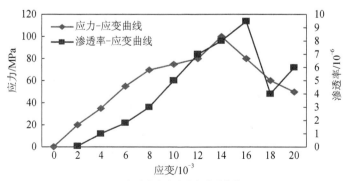

（c）细砂岩全应力应变渗透曲线

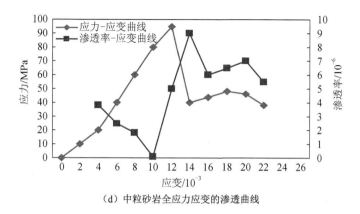

（d）中粒砂岩全应力应变的渗透曲线

图 7.3　不同岩性岩石三轴全应力-应变的渗透规律

　　岩石变形引起的孔隙和裂隙变化是导致岩石渗透特性发生变化的根本原因，其中裂隙的变化对渗透特性的影响尤为显著。在岩石的全应力-应变过程中，岩石的原生裂隙、构造裂隙不断变化，次生裂隙不断发育和扩展，试样的裂隙网络和连通状态不断发生变化，渗透特性也随之变化。

　　（1）在岩石初始压密阶段，由于岩石内部的孔隙、裂隙等微损伤被压密而闭合，渗透通道变小变窄，岩石渗透率变化很小或会略显下降。

　　（2）在线弹性变形阶段，岩石渗透率缓慢增加，说明岩石在各向应力的共同作用下，内部开始出现原生裂隙扩展和新的微裂隙萌生，渗透通道正在逐步形成。

　　（3）在塑性变形和峰值强度阶段，随着作用在岩石试件上的轴向力的增加，其内部裂隙进一步扩展、贯通，开始出现宏观裂缝，岩石渗透率从缓慢增大演化为急剧增加。

　　（4）在峰后应变软化阶段的一定范围，粉砂岩、细砂岩和中粒砂岩的渗透率达到了峰值，而砂质泥岩随着压力的增大，新生裂隙又会被逐渐压密闭合，渗透率逐渐降低。

　　（5）在岩石试件残余强度阶段，随着变形的进一步发展，破裂岩块的凸起部分被剪断或磨损，裂隙张开度减小，破坏试件又出现一定程度的压密闭合，试件渗透率较最大渗透率有所下降。但随着塑性变形的进一步增加，在孔隙水流、水压和轴向压力作用下，水的渗透通道又有所增大，渗透率也有所增加。

　　（6）岩石渗透率与岩性的关系是：砂质泥岩＜粉砂岩＜细砂岩＜中粒砂岩。围压和渗透压力都影响岩石的渗透率，一般规律是：渗透率与渗透压力成正比、与围压成反比，对于同一种岩石，围压越大，渗透率越小。如卸压区采动底板破坏带由浅至深，渗透率相应由大变小。

　　（7）对应于岩石的全应力-应变曲线，峰后岩石的渗透率普遍大于峰前，渗透率的最高值点位于峰后软化段，而最低值点位于弹性阶段。岩石的渗透率常在应力应变曲线峰后区出现突然增大的"突跳"现象。

7.3　采场底板岩体扰动与破坏深度理论分析

7.3.1　回采工作面支承压力分布特征

长壁工作面开采将引起上覆岩层大范围移动和岩层应力重新分布，如图 7.4 所示。工作面周围支承压力使上覆岩层结构及运移动态构成了一个完整的时空演化。支承压力峰值大小、峰值位置及时空演化过程与工作面布置、开采方法等密切相关。

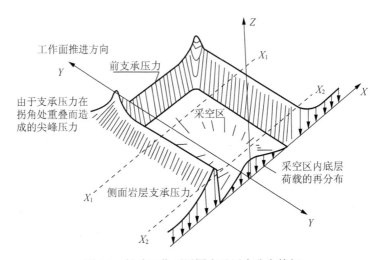

图 7.4　长壁工作面周围支承压力分布特征

如果集中应力超过煤岩体强度，煤岩将会产生塑性变形，出现塑性区与破坏区，引起应力向围岩内部转移。所以受采动影响，支承压力在走向上存在一定特征和分布规律。

（1）由图 7.5 可知，工作面内支承压力沿推进方向分为原岩应力区、移动支承应力升高区、应力卸压降低区。一般工作面超前支承压力峰值位置距煤壁 4.0～9.0m。一般距工作面煤壁 10～60m，煤层受采动影响较大，压力值由稳定区逐渐增大到峰值，此区域为移动支承应力升高区；距工作面煤壁约 5m 至采空区后方一定范围内，因煤层受采动作用被破坏而失去承载能力，支承压力逐渐减小，此区域为应力卸压降低区。

（2）工作面回采期间，沿工作面倾斜方向由下至上的垂直应力变化可分为应力稳定区、集中应力升高区、卸压应力降低区和应力恢复压实蠕变区等。巷帮煤体侧向支承压力峰值出现在工作面后方，距煤壁 10～15m。

（3）工作面推进前方煤体支承压力峰值与工作面的推进度呈正相关性，其支承压力集中系数一般在 1.4～5.0，进入塑性破坏阶段的煤岩，削弱了对顶板的支承作用，为顶板超前断裂的形成创造了条件。

（4）煤岩体的破坏与水平应力的大小有关，水平应力越小，煤岩越易破坏。由此可见，煤岩的破坏是由水平应力和支承压力共同决定的。

7.3.2　回采工作面基本顶来压强度

回采工作面基本顶来压步距的大小，直接关系到基本顶破断形式和来压强度，也直接关系到工作面周边煤体的极限平衡区宽度和底板的破坏深度，是影响底板突水的重要参数。

1）初次来压模型

初次来压时，基本顶由四周煤体支撑，受工作面两侧的煤体端面支撑效应的影响，基本顶的实际破坏形式往往是"O-X"型。如图 7.5 所示，裂隙最先由四周产生并发展，当四周裂隙贯通前中部产生 X 形裂缝随后破断。可以看出工作面顶板最先产生拉裂处为工作面顶板长边中心处。初次来压强度对底板破坏深度及扰动强度影响最大。

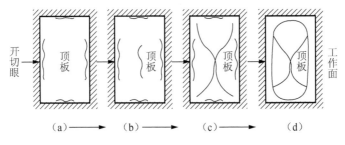

图 7.5　老顶初次来压破断过程

2）初次来压步距计算

由弹性力学理论可知，薄板模型中的主应力为

$$\left.\begin{array}{c}\sigma_1\\\sigma_3\end{array}\right\} = \frac{\sigma_x + \sigma_y}{2} \pm \sqrt{\left(\frac{\sigma_x - \sigma_y}{2}\right)^2 + \tau_{xy}^2} \tag{7-1}$$

将顶板中的应力分量代入最大应力计算公式中，可得到主应力 σ_1、σ_3。如基本顶为大青灰岩、坚硬砂岩等脆性材料，可认为顶板中最大拉应力达到顶板岩层极限抗拉强度 R_t 时，顶板产生拉裂纹发生破坏，即

$$\sigma_1 \geqslant R_t \tag{7-2}$$

将顶板中计算得出的最大主应力代入式（7-2），则可得到基本顶初次来压步距值。

3）基本顶初次来压强度计算

由于煤层上方的岩层为不均匀岩层，每层之间相互作用力的大小须根据各层之间的互相影响来确定，下式表示 n 层岩层对第一层影响所形成的荷载 $(q_n)_1$：

$$(q_n)_1 = \frac{E_1 h_1^3 (\gamma_1 h_1 + \gamma_2 h_2 + \cdots + \gamma_n h_n)}{E_1 h_1^3 + E_2 h_2^3 + \cdots + E_n h_n^3} \tag{7-3}$$

式中：E_n 为第 n 岩层弹性模量；h_n 为第 n 岩层厚度，m；γ_n 为第 n 岩层平均容重，t/m³。

当计算到距离工作面基本顶以上 $(q_{n+1})_1 < (q_n)_1$ 时，可分析得出此层以上岩层没有压力作用到基本顶岩层上，进而求得基本顶来压强度。

7.3.3　采场底板岩体破坏带形成机制分析

岩体破坏可分为两类，一类是先天已含有大量裂隙的等缺陷构造，这类结构体的破坏往往是起因于不连续面的开张及沿不连续裂隙面的剪切滑动；另一类是地下开采使围岩体内产生新的裂隙，与已有的裂缝贯通，最终导致整个结构体破坏。本节主要阐述底板破坏带和原位张裂带形成机制分析，这是"分时段分带突破"突水的物质基础。

1. 底板岩体形变宏观结构及集中应力分布规律

1）底板岩体形变宏观结构力学分析

煤层开采后，其采空区底板煤岩体一定深度范围会遭到破坏，内部应力减小，会产生卸压效应，沿推进方向划分原始应力区、集中应力压缩区、应力卸压膨胀区、应力恢复区；垂向上基于岩石损伤、线弹性断裂力学和岩水应力关系学说可划分底板破坏、新增损伤、原位张裂、有效阻水和原始导升带，如图 7.6 所示。在大采深高承压水和高突水系数下组煤开采条件下，新生损伤带实际意义可视作底板破坏带底部一部分。

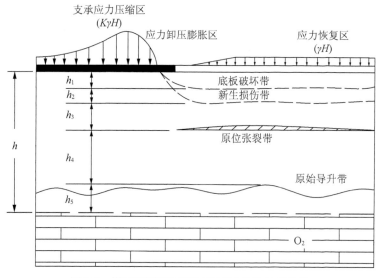

图 7.6　煤层开采引起横向分区竖向分带示意图

2）底板集中应力分布分析

煤层开采后，底板岩层原始应力平衡状态遭到破坏，在采空区周边形成了集中应力区，底板岩层经受了"压缩—应力解除—再压缩恢复"的过程，底板端体产生了竖向张裂隙、层向裂隙和剪切裂隙这三种裂隙，从而导致底板岩层的变形破坏，削弱了其抵抗承压水的阻水能力。煤层底板采动应力扰动分布平面图如图 7.7 所示。

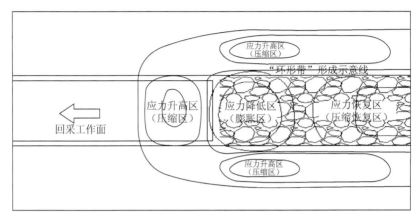

图 7.7　底板岩层法向应力与变形分区示意图

对于煤层底板破坏带空间形态，与 7.3.1 节所述顶板支承压力分布图（图 7.4）相对应，其底板破坏带形体在采煤工作面周边底板岩体是符合滑移线理论应力分布规律的。所以产生的底板裂隙体在底板岩层中空间形态呈倒"马鞍形"，这在井下工程实践及相关数值模拟中已得到验证。

底板岩层破坏深度和工作面采深、顶底板岩层结构、物理力学性质、回采工作面采高及长度等直接相关，也与顶板岩层移动的动量有关。从矿压显现的角度分析，煤层开采后，采空区上履岩层的重量将转移到采空区周围的煤体上，在工作面前方形成超前支承压力，而在工作面的两侧形成侧向支承压力，即在工作面端部由超前支承压力和侧向支承压力叠加形成尖峰压力，如图 7.5 所示。因此，煤层底板破坏最为严重位置相应是工作面两端头底板、初次及周期来压底板位置以及停采线附近等位置。

回采工作面及附近一定范围的底板岩体内，当作用其上的支承压力达到或超过岩体强度临界值时，岩体中将产生塑性变形，当支承压力达到导致部分岩体完全破坏的最大载荷时，支承压力作用区域岩体塑性区将连成一片，造成采空区底板隆起，发生塑性变形底板岩体向采空区移动，并形成一个连续的滑移面。此时，滑移界面内的底板岩层遭到严重破坏，其破坏带以拉伸破坏为主，底部以剪切、塑性破坏为主。

2. 底板岩体受力分析

1）初次来压期间底板岩体变形机理

（1）采后垂直应变能释放产生的变形。

原始状态下煤层底板岩体处于三向应力状态，在上覆岩层重力作用下，煤岩

体发生弹性变形积聚了大量的弹性能。当采面煤层开采后，底板煤岩体垂向应力被解除，弹性恢复产生向上的变形，其垂向弹性应变为

$$\varepsilon_z = \frac{\gamma H}{E} \qquad (7\text{-}4)$$

式中：ε_z 为底板岩体垂向弹性应变，m；γ 为上覆岩体的平均体积力，kN·m^{-3}；H 为工作面埋深，m；E 为底板岩体的平均弹性模量。

（2）水平应力作用下的弹性变形。

工作面煤体采出后，底板煤岩体在垂直方向上的应力被解除，但仍受到周围煤岩体水平应力作用，在水平应力作用下，煤岩体也会产生垂直方向的变形。此变形可根据功的互等定理类比于煤岩体两端受拉应力作用时的横向收缩变形，如下力学表达式：

$$\varepsilon_z = \frac{\lambda \gamma h v}{EA} \qquad (7\text{-}5)$$

式中：A 为横截面积，m^2；λ 为侧压系数；v 为泊松比；其他字母意义同式（7-4）。

（3）初次来压期间底板弹性岩梁挠度。

工作面煤层开采后，围岩应力重新分布，在工作面前方形成超前支承压力，在开切眼附近也会产生应力集中。基本顶初次来压前，工作面周边集中应力使底板岩体会向采空区鼓起。底板中关键层可看成作用在弹性地基上的基础梁，梁的两端由煤壁固支。根据弹性地基梁理论可求得底板岩体的位移量。

根据集中载荷在一侧的影响范围是否大于特征长度的三倍，可将地基梁分为三类。

若载荷与两端的距离都大于 $3L$，可看成无限长梁。

若载荷与一端的距离小于 $3L$，与另一端的距离大于 $3L$，可看成半无限长梁。

若载荷与两端的距离都小于 $3L$，可看成短梁。

特征长度 L：

$$L = \frac{1}{\beta} = \sqrt[4]{\frac{4EI}{kb}} \qquad (7\text{-}6)$$

式中：β 称为特征系数；I 为底板岩层惯性矩，（m^2）^{2}；k 为地基刚性系数；b 为岩梁宽度，m。

工作面初次来压前由于载荷在梁两端的影响还未消失，需用短岩梁模型进行计算。

根据温克尔（Winker）假设，地基表面任意点的沉降与该点单位面积上所受的压力成正比，即

$$p = k_0 b y \qquad (7\text{-}7)$$

式中：k_0 为垫层系数；b 同上。

弹性地基梁的基本微分方程：

$$\frac{\mathrm{d}^4 y}{\mathrm{d}x^4} + 4\beta^4 y = \frac{q(x)}{EI} \qquad (7\text{-}8)$$

非齐次微分方程的通解为

$$y = e^{\beta x}\left(A\cos\beta x + B\sin\beta x\right) + e^{-\beta x}\left(C\cos\beta x + D\sin\beta x\right)$$

短岩梁无载荷端各参数：

$$\left.\begin{aligned}
y &= y_0\phi_1 + \theta_0\frac{1}{\beta}\phi_2 - M_0\frac{2\alpha^2}{EI\beta^2}\phi_3 - Q_0\frac{\alpha}{EI\beta^3}\phi_4 \\
\theta &= -y_0\beta\phi_4 + \theta_0\phi_1 - M_0\frac{1}{EI\beta}\phi_2 - Q_0\frac{1}{EI\beta^2}\phi_3 \\
M &= y_0 4EI\beta^2\phi_3 + \theta_0 4EI\beta\phi_4 + M_0\phi_1 + Q_0\frac{1}{\beta}\phi_2 \\
Q &= y_0 4EI\beta^3\phi_2 + \theta_0 4EI\beta^2\phi_3 - M_0 4\beta\phi_4 + Q_0\phi_1
\end{aligned}\right\} \tag{7-9}$$

式中：ϕ_1、ϕ_2、ϕ_3、ϕ_4 为克雷洛夫函数。

$$\left.\begin{aligned}
\phi_1 &= \mathrm{ch}\,\alpha x\cos\alpha x \\
\phi_2 &= \frac{1}{2}(\mathrm{ch}\,\alpha x\sin\alpha x + \mathrm{sh}\,\alpha x\cos\alpha x) \\
\phi_3 &= \frac{1}{2}\mathrm{sh}\,\alpha x\sin\alpha x \\
\phi_4 &= \frac{1}{4}(\mathrm{ch}\,\alpha x\sin\alpha x - \mathrm{sh}\,\alpha x\cos\alpha x)
\end{aligned}\right\}$$

在均匀载荷作用时岩梁挠曲增加修正项：$\dfrac{1}{EI\beta^3}\displaystyle\int_c^x q(z)\phi_4\left[\beta(x-z)\right]\mathrm{d}z$；在三角形分布荷载作用时挠度的修正项：$\dfrac{q_1}{EI\beta^3}\displaystyle\int_c^x (z-\mathrm{c})\phi_4\left[\beta(x-z)\right]\mathrm{d}z$。式中，$c$ 为作用点距梁端的距离。

因此，可以将回采工作面初次来压前底板受支承压力的模型简化为均布载荷和三角形载荷。

$$\left.\begin{aligned}
q_1(x) &= \gamma H = q_1 x \\
q_2(x) &= \gamma H + \frac{k_1-1}{l_2-l_1}\gamma H(x-l_1) = q_1(x) + q(x-l_2) \\
q_3 &= k_1\gamma H + \frac{k_1}{l_3-l_2}\gamma H(x-l_2) = \mathrm{k}_1 q_1(x) - q_3(x-l_2) \\
q_4 &= \frac{k_2}{l_5-l_4}\gamma H(x-l_4) = q_4(x-l_4) \\
q_5 &= k_2\gamma H + \frac{k_2-1}{l_6-l_5}\gamma H(x-l_5) = k_2 q_1(x) - q(x-l_5) \\
q_6 &= k\gamma = q_1(x)
\end{aligned}\right\} \tag{7-10}$$

代入式（7-9），由于梁左端为固定端 $y_0=0$，$\theta_0=0$，所以求得梁的挠度 y：

$$y=-M_1\frac{1}{EI\beta^2}\phi_3(\beta x)-Q_1\frac{1}{EI\beta^3}\phi_4(\beta x)+\frac{1}{EI\beta^3}\int_0^{l_1}q_1(x)\phi_4[\beta(x-z)]\mathrm{d}z$$

$$+\frac{1}{EI\beta^3}\int_{l_1}^{l_2}q_2(x)\phi_4[\beta(x-z)]\mathrm{d}z+\frac{1}{EI\beta^3}\int_{l_2}^{l_3}q_3(x)\phi_4[\beta(x-z)]\mathrm{d}z$$

$$+\frac{1}{EI\beta^3}\int_{l_3}^{l_4}q_4(x)\phi_4[\beta(x-z)]\mathrm{d}z+\frac{1}{EI\beta^3}\int_{l_4}^{l_5}q_5(x)\phi_4[\beta(x-z)]\mathrm{d}z$$

$$+\frac{1}{EI\beta^3}\int_{l_5}^{l_6}q_5(x)\phi_4[\beta(x-z)]\mathrm{d}z$$

$$=-M_1\frac{1}{EI\beta^2}\phi_3(\beta x)-Q_1\frac{1}{EI\beta^3}\phi_4(\beta x)+\left[\frac{q_1}{k}[1-\phi_1(\beta x)]-\frac{q_1}{k}\{1-\phi_1[\beta(x-l_2)]\}\right]$$

$$+\left[\frac{q_2}{k}\left\{(x-l_1)-\frac{1}{\beta}\phi_2[\beta(x-l_1)]\right\}-\frac{q_2}{k}\left\{(x-l_2)-\frac{1}{\beta}\phi_2[\beta(x-l_2)]\right\}-\frac{q_2(l_2-l_1)}{k}\{1-\phi_1\beta(x-l_2)\}\right]$$

$$+\left[\frac{k_1q_1}{k}\{1-\phi_1[\beta(x-l_2)]\}-\frac{k_1q_1}{k}\{1-\phi_1[\beta(x-l_3)]\}+\frac{q_3}{k}\left\{(x-l_2)-\frac{1}{\beta}\phi_2[\beta(x-l_2)]\right\}\right]$$

$$+\left[-\frac{q_3}{k}\left\{(x-l_3)-\frac{1}{\beta}\phi_2[\beta(x-l_3)]\right\}-\frac{q_3(l_3-l_2)}{k}\{1-\phi_1\beta(x-l_3)\}\right]$$

$$+\left[\frac{q_4}{k}\left\{(x-l_4)-\frac{1}{\beta}\phi_2[\beta(x-l_4)]\right\}-\frac{q_4}{k}\left\{(x-l_5)-\frac{1}{\beta}\phi_2[\beta(x-l_5)]\right\}-\frac{q_3(l_5-l_4)}{k}\{1-\phi_1[\beta(x-l_5)]\}\right]$$

$$+\left[\frac{k_2q_1}{k}\{1-\phi_1[\beta(x-l_5)]\}-\frac{k_2q_1}{k}\{1-\phi_1[\beta(x-l_6)]\}+\frac{q_5}{k}\left\{(x-l_5)-\frac{1}{\beta}\phi_2[\beta(x-l_5)]\right\}\right]$$

$$+\left[-\frac{q_5}{k}\left\{(x-l_6)-\frac{1}{\beta}\phi_2[\beta(x-l_6)]\right\}-\frac{q_5(l_6-l_5)}{k}\{1-\phi_1[\beta(x-l_6)]\}\right]$$

$$+\left[\frac{q_6}{k}\{1-\phi_1[\beta(x-l_6)]\}\right]$$

$$\tag{7-11}$$

梁的转角：$\theta=\dfrac{\mathrm{d}y}{\mathrm{d}x}$；梁的扭矩：$M=-EI\dfrac{\mathrm{d}\theta}{\mathrm{d}x}$；梁的剪力：$Q=\dfrac{\mathrm{d}M}{\mathrm{d}x}$。

由于当 $x=l$（地基梁在 x 轴方向特定节点变量距离）时，$y_0=0,\theta_0=0$，可求得 M_1、Q_1，再由梁的对称性可求得：$M_2=M_1$，$Q_2=Q_1$。

2）正常回采期间底板岩体底鼓变形机理

工作面推进到基本顶初次来压后，可看作进入正常回采阶段，由于工作面底板煤岩体推进长度远大于采厚，可以把底板岩体看作"板梁"结构。

（1）在两侧水平应力作用下底板关键层的挠度。

采场底板变形模型如图7.8所示，设单位宽度"板梁"在轴向力作用下，当底板关键层断裂后，老底及下部岩层将继续发生挠度、鼓起，此变形是叠加变形，形状为正弦曲线，最大变形也可叠加。压杆挠曲方程 $w=w(x)$ 的关系式见式（7-12）。

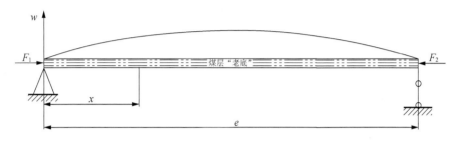

图7.8　正常回采期间底板岩体弹性板"梁"变形模型

$$w = \frac{\sigma_1 h}{6\lambda\gamma H_0}\sin(\frac{\pi x}{l}) \tag{7-12}$$

式中：w 为梁挠曲度；l 为梁长度，m；x 为梁长变量，m；λ 为侧压系数；h 为水平梁截面高度，m；σ_1 为梁弯曲应力，MPa；γ 为上覆岩体平均体积力，$kN\cdot m^{-3}$；H_0 为回采工作面埋深，m。

（2）在超前支承压力作用下底板关键层弹性岩梁的挠度。

正常回采阶段底板或底板关键层会与老顶相对应发生周期性破断，底板变形模型可看作短梁结构，梁的一端固支，另一端简支，在工作面前方受超前支承应力与原岩应力作用，在采空区后方受垮落岩层载荷作用，如图7.9所示。

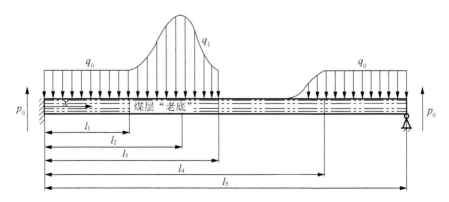

图7.9　工作面正常回采时底板弹性地基梁计算模型

底板"岩梁"的挠度 y 为

$$y = -M_1 \frac{1}{EI\beta^2}\phi_3(\beta x) - Q_1 \frac{1}{EI\beta^3}\phi_4(\beta x)$$

$$+ \left[\frac{q_1}{k}[1 - \phi_1(\beta x)] - \frac{q_1}{k}\{1 - \phi_1[\beta(x - l_2)]\}\right]$$

$$+ \left[\frac{q_2}{k}\left\{(x - l_1) - \frac{1}{\beta}\phi_2[\beta(x - l_1)]\right\} - \frac{q_2}{k}\left\{(x - l_2) - \frac{1}{\beta}\phi_2[\beta(x - l_2)]\right\}\right.$$

$$\left. - \frac{q_2(l_2 - l_1)}{k}\{1 - \phi_1[\beta(x - l_2)]\}\right]$$

$$+ \left[\frac{k_1 q_1}{k}(1 - \phi_1[\beta(x - l_2)] - \frac{k_1 q_1}{k}(1 - \phi_1[\beta(x - l_3)]\right.$$ (7-13a)

$$\left. + \frac{q_3}{k}\left\{(x - l_2) - \frac{1}{\beta}\phi_2[\beta(x - l_2)]\right\}\right]$$

$$+ \left[-\frac{q_3}{k}\left\{(x - l_3) - \frac{1}{\beta}\phi_2[\beta(x - l_3)]\right\} - \frac{q_3(l_3 - l_2)}{k}\{1 - \phi_1[\beta(x - l_3)]\}\right]$$

$$+ \left[\frac{q_7}{k}\{1 - \phi_1[\beta(x - l_6)]\}\right]$$

梁的转角：

$$\theta = \frac{dy}{dx}$$ (7-13b)

梁的扭矩：

$$M = -EI\frac{d\theta}{dx}$$ (7-13c)

梁的剪力：

$$Q = \frac{dM}{dx}$$ (7-13d)

由于当 $x=1$ 时，$y_0 = 0$，$\theta_0 = 0$，可求得 M_1、Q_1，符号意义同前。由梁的受力平衡可得

$$Q_2 = q_1 l_1 + \frac{(k_1 - l_1)}{2}q_1(l_2 - l_1) + \frac{k_1}{2}q_1(l_2 - l_1) + q_7(l - l_4) - Q_1$$ (7-14)

工作面煤体采出后，底板岩体鼓起变形主要由三部分构成：

（1）垂直应力解除后，底板岩体在垂向上的弹性恢复变形；

（2）在水平围压作用下引起垂向上的弹性变形；

（3）在工作面前、后垂直集中应力或垮落岩层载荷作用下底板煤岩体的挠度。

上述变形使工作面及采空区底板岩层发生膨胀鼓起,导致底板岩体应力减小,同时在煤岩体内部产生裂隙、缝隙,使渗透率增大。

在正常回采期间的水平应力作用下,底板变形主要由底板岩梁的压杆挠度与超前支承压力及垮落岩层载荷作用下底板的挠度组成。初采期间底板煤岩体应力分布可看作受垂直应力及水平应力作用下弹性体中开切缝后形成的应力分布;正常回采期间底板应力可看作无限体受均布载荷作用下的 "点域" 应力。

7.3.4 底板破坏带形成机理

从宏观分析,煤层底板阻水能力首先取决于底板隔水层的完整程度、厚度和承水压力;从细观看,最小主应力、裂隙类型、结构及岩性等决定裂缝扩展能力或隔水层整体阻水能力。在大采深高承压水头及下组煤开采条件下,煤层底板隐伏导(含)水构造突水多是陷落柱或较大断层与微小型断层或裂隙带组合形式造成的回采工作面或掘进滞后突水。在采动影响下,当开采扰动应力超过岩体的抗拉或抗剪极限时,岩体中开始产生裂隙,这种采动裂隙随着回采重复扰动,使得煤层底板节理、原始裂隙和微小断裂活化、张裂、延展而形成交错裂隙,这是底板承压突水的重要因素之一。采深越大,底板破坏深度、扰动强度越大。所以,开展煤层底板裂隙种类及演化,特别是贯穿型裂隙形成机理的细观试验分析,对研究煤层底板承压突水机理有重要理论指导意义。

工作面底板岩层中的裂隙演化与煤层顶板压力分区相对应可分为三区,即支承应力压缩区、应力卸压膨胀区、应力恢复区。底板裂隙演化由原始孤立裂隙—孤立及网络裂隙—网络裂隙三个发展过程,如图 7.10 所示。理论上工作面前方煤体下底板岩层由于集中应力影响,没有产生贯穿性裂隙,渗透性差;距工作面较近的煤层底板,受采动破坏影响,开始卸压但未形成贯穿性裂隙;处于工作面后

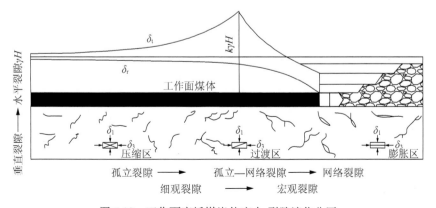

图 7.10 工作面底板煤岩体应力-裂隙演化分区

方较远的采空区下方，煤层卸压程度进一步加深，底板裂隙发育深度和程度直接决定了贯穿性裂隙发育程度及渗透性，一般底板关键层周期性断裂是引起贯穿裂隙的主因，这解释了回采工作面底板隐伏构造滞后突水的原因之一。

1. 底板原生裂隙区

该区域在纵向上为采面前方移动支承应力区和工作面上下两巷外侧侧向支承压力区以外的区域，其煤岩体应力状态为原岩应力或应力受采动影响初始波动不大，原始裂隙基本处于平衡状态，如图 7.10 所示。此区域原生裂隙形态大多为椭圆状或细条状，其长度较短、张开度小、随机分布、彼此孤立。

2. 底板次生裂隙区-底板采动破坏区

在支承应力升高或降低区域，煤岩体内原生裂隙会出现拉、压和剪切应力，原生裂隙受力及扩展形成新的次生裂隙。

（1）当煤岩体受到压应力时，裂隙扩展服从格里菲斯拉应力强度理论准则，以单轴抗拉强度 R_t 来度量，如图 7.11 所示。

原始裂隙发生扩展的力学准则为

$$
\begin{cases}
\dfrac{(\sigma_1 - \sigma_3)^2}{8(\sigma_1 - \sigma_3)} \geqslant R_t, & \dfrac{\sigma_3}{\sigma_1} \geqslant -\dfrac{1}{3} \\[4mm]
\sigma_3 = -R_t, & \dfrac{\sigma_3}{\sigma_1} < -\dfrac{1}{3}
\end{cases}
\tag{7-15}
$$

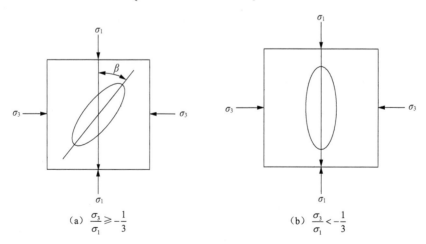

（a）$\dfrac{\sigma_3}{\sigma_1} \geqslant -\dfrac{1}{3}$ （b）$\dfrac{\sigma_3}{\sigma_1} < -\dfrac{1}{3}$

图 7.11 原生裂隙胀裂扩展模型

在采面两巷外侧侧向支承压力区压应力由原岩应力增至应力峰值区域，煤岩体竖向应力和围岩压力都增大，在该应力状态下原生裂隙可能发生弯折扩展，如图 7.12 所示。

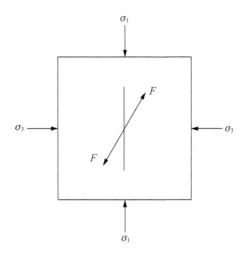

图 7.12　原生裂隙弯折扩展模型

　　在两巷外侧侧向支承压力区内的应力由应力峰值降至原岩应力区域，煤岩体竖向应力急剧减小，围岩压力变化不大，该过程围压不变，垂向应力由卸压至原始围压。原生裂隙发生扩展的主要形式为反向滑移，如图 7.13 所示。

　　在支承压力峰值附近，煤岩体受应力集中影响超过其屈服极限发生裂隙扩展甚至剪切破坏，破坏时其内部的剪应力具有对称性，内部出现"X"形的倾斜剪切裂隙，破坏的力学准则为

$$\tau = C + \sigma \tan \phi \tag{7-16}$$

式中：τ 为岩体抗剪强度，MPa；σ 为剪切破坏面的正应力，MPa；ϕ 为岩体内摩擦角，（°）；C 为内聚力，MPa。

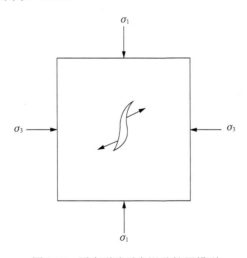

图 7.13　原生裂隙反向滑移扩展模型

此时煤岩体剪切面与其最小主应力的夹角为 $\alpha=\pi/2+\phi/2$，该角度为次生裂隙扩展方向，且通常一对"X"形剪切破坏面的锐角平分线就是最大主应力方向。如图7.14所示。

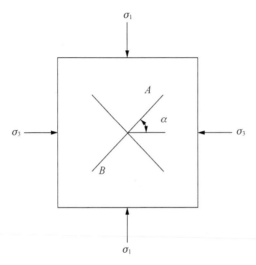

图7.14　原生裂隙发生剪切扩展模型

（2）当煤岩体受到拉应力时，裂隙发育为双向受拉型裂隙扩展模型，原生裂隙发生弯折扩展且产生次生裂隙，服从最大正应力准则，是中心斜裂隙拉伸模型，如图7.15所示。

（3）当煤岩体受到剪切应力时，原生裂隙发生剪切扩展产生新的次生裂隙，服从比应变能准则的中心原生裂隙剪切模型，如图7.16所示。

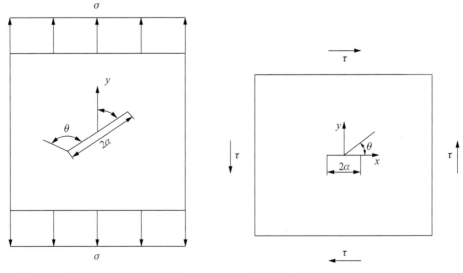

图7.15　原生裂隙弯折扩展模型　　　　图7.16　原生裂隙发生剪切扩展模型

综上所述，得到如下结论：

（1）在原岩应力区，原生裂隙大多为椭圆或细条状，长度较短，张开度小，随机分布，彼此孤立。

（2）在次生裂隙区内，煤岩体受到压、拉、剪切应力作用，使其内部原始裂隙发育扩展产生次生裂隙。在受到压应力时，原生裂隙可能发生张裂、弯折、反向滑移、剪切等扩展形式；在受到拉应力时，原生裂隙发生弯折扩展；在受到剪应力时，原生裂隙发生剪切扩展。次生裂隙区内裂隙的特点为长度较长，局部形成次生裂隙互相贯通的局部网络裂隙。但区域之间裂隙贯通性差，呈现次生裂隙密集、局部贯通、区域内裂隙呈网络化的特征。

3. 贯穿型裂隙区

在应力降低区域，围岩压力很小，底板中关键层断裂使原生裂隙受卸压影响而发育扩展程度高，煤岩体内多组次生裂隙间介质会发生三种相互贯通方式：张拉型破坏、剪切型破坏、拉剪复合型破坏，即产生次生裂隙间相互贯通，如图 7.17所示，任意原生裂隙 AB、CD 扩展产生次生裂隙 AF、CE 与张拉裂纹 EF 连通（岩桥拉剪复合破坏）而贯穿成裂隙网络。

在两巷外侧侧向支承压力区的压应力由原岩应力至 0 区域，裂隙以张开型或扩展型为主，如图 7.18 所示。

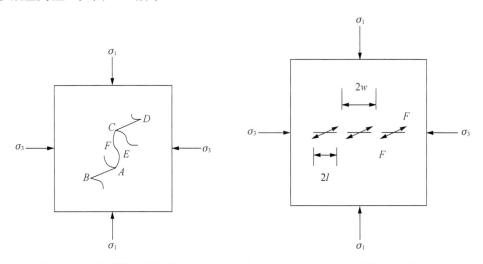

图 7.17　次生裂隙间贯穿模型　　　　　图 7.18　原生裂隙扩展模型

综上所述，回采工作面前方附近底板岩体虽受采动影响，但没有产生贯穿型裂隙；距工作面后方较远处，随卸压程度进一步加深，这一区域是贯穿型裂隙重点发育区，即老底及关键层断裂使采空区底板裂隙发育程度高，煤岩体内次生裂隙间可能发生拉剪复合型破坏而相互贯穿；任意两局部裂隙网络通过上述扩展形式发育，贯通形成裂隙网络，裂隙分布、角度等无规律性，裂隙间相互作用影响关系复杂。贯穿型裂隙区内裂隙的特点是裂隙长度较大，张开度较大，互相切割，呈网络化特征，贯通性好；岩层的连续性彻底破坏，失去了隔水能力；承压水沿该带突出所消耗的能量仅用于克服突水通道中的沿程阻力。这从细观上揭示了底板破坏裂隙带形成的机理。

4. 新增损伤带

上述采动"底板破坏带"是指矿山压力对底板的破坏作用显著，底板岩石的弹性性能遭到明显破坏的层带。其下面的"新增损伤带"是指受矿山压力破坏的影响作用明显，岩石弹性性能发生了明显改变的层带。其特点为：底板岩层的原有抗压强度明显降低，但岩层的弹性性能尚未完全失去，仍处于弹性残留状态；岩层的原有裂隙得到了明显扩展，但尚未相互贯通；岩层具有一定的连续性和隔水能力；承压水要沿该带突出，其消耗的能量主要用于贯通裂隙。但在大采深高承压和高突水系数下组煤开采条件下，可将新增损伤带视作底板破坏带底部的一部分，如图 7.6 所示。

7.3.5　原位张裂带形成机理分析

工作面在推进方向上分为三区，如图 7.6 所示：超前支承应力压缩区（Ⅰ）、应力卸压膨胀区（Ⅱ）和采后应力恢复稳定区（Ⅲ）。

当Ⅰ区底板岩体承受工作面超前支承应力及围压作用而呈现整体受压状态时，底板不形成破坏带；大量现场观测数据表明，集中支承应力传递深度为超前支承应力宽度的 1.1～1.5 倍，应力传递深度为底板全厚时，在上部集中支承应力和隔水层下高承压水的耦合作用下，Ⅰ区内底板呈现上半部受水平挤压，下半部受水平引张的力学状态，岩体中部形状呈上凹形。中部形成虚拟中性层，在其下界面产生张裂隙，并沿着原岩节理裂隙发展扩大，但不发生岩体之间较大的相对位移，仅在原位形成张裂隙。同一岩性的张裂度大小与底板承压水的水压渗透力、采动应力场作用强度密切相关[7]。

原位张裂发生在底板影响带内，起于Ⅰ区中部底面的超前支承压力峰值附近，在Ⅱ区基本保持稳定，Ⅱ区向Ⅲ区过渡时恢复和闭合，各区长度见表 7-6；根据大量现场实测表明，底板破坏、扰动，影响深度见表 7-7。

表 7-6　回采工作面推进方向"三区"宽度　　　　　　　（单位：m）

岩体类型	超前支承应力压缩区（Ⅰ）	应力卸压膨胀区（Ⅱ）	应力恢复稳定区（Ⅲ）
坚硬	+50～+3	+3～-25	-25～-50
中硬	+35～+4	+4～-20	-20～-40
软弱	+25～+5	+5～-10	-10～-30

表 7-7　底板采动影响深度　　　　　　　　　　　　　（单位：m）

岩体类型	直接破坏深度	影响深度	微小变化深度
坚硬	11～20	30～35	40～80
中硬	10～17	24～40	50～70
软弱	8～12	15～25	30～45

原位张裂产生形成后，在Ⅱ区内基本保持稳定，在Ⅱ向Ⅲ区过渡开始恢复闭合，原位张裂的恢复与闭合由 β_1（恢复角）、β_2（闭合角），R（闭合距）三个参数衡量。原位张裂带与底部含水层之间的完整岩体是主要抗渗压岩层。底板岩体由Ⅰ区向Ⅱ区过渡引起其结构状态的质变，靠近工作面+3.0～−5.0m 范围内，破坏基本上达到一次性的最大深度，形成采动底板破坏，这已在 7.3.4 节阐述。如图 7.19 所示。

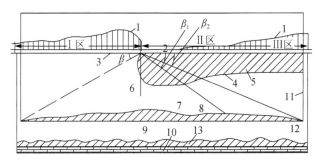

图 7.19　底板岩体原位张裂与底板破坏示意图

1-应力分布；2-采空区；3-煤层；4-底板破坏线；5-底板破坏带；
6-空间剩余完整岩体（上）；7-原位张裂线；8-原位张裂带；9-空间剩余完整岩体（下）；
10-含水层；11-采动应力场空间范围；12-承压水运动场空间范围；13-原始导升带

工作面底板破断基本与煤层基本顶周期破断同步，工作面回采结束后，由于切顶线深入采空区而造成冒顶不充分影响，在切眼、停采线、上下两巷等固定煤柱边缘底板中形成的底板破坏带下方，相应产生一原位张裂"环形"带，宽度一般在 12～45m，其中伸出外侧 3～5m，如图 7.7 所示。基本顶初次来压时，在工作面和开切眼处产生双向外伸底板破坏，形成两条剪切破坏带，是非常危险的薄弱区域。

7.4　底板整体地质力学结构"分带"机制与突水模式

7.4.1　底板阻水"分带"机制分析

通过对邯邢矿区所发生的底板承压突水实例进行分析，突水类型可分为两大类：一是大采深高承压水采上组煤厚隔水层条件下，其底板突水基本以组合型隐伏构造为主，如导水陷落柱或导水大型断层为主的组合型构造底板突水等；二是在较大采深高突水系数下组煤开采条件下，以较薄隔水层的隐显微、小型断裂构造及裂隙带组合底板为主。鉴于上述分析，以上组煤 2 号煤底板至奥灰顶面之间的薄层灰岩野青、山伏青、大青等 3 个含水层为界，划分 4 个隔水地质单元。在此基础上，考虑到各类采动破坏、损伤及原始导升带等因素，按阻水能力构建了煤层底板岩体 11 个阻水带，分别用 $h_1 \sim h_{11}$ 表示，如图 7.20 所示。h_1 为底板破坏带，消耗水头小，基本是沿程阻力消耗；h_2 为新生损伤带，有一定阻水能力；h_3 为原位张裂带距新生损伤带间阻水带，原位张裂带高度与基本顶来压强度密切相关，厚度小且变化大，有一定阻水能力，可视同薄层导水界面；h_4 为原位张裂带与野青灰岩间阻水带；h_5 为野青灰岩含水层，弱富水且很不均一；h_6 为野青灰岩与山伏青灰岩间阻水带；h_7 为山伏青灰岩含水层，弱富水且很不均一；h_8 为山伏青与大青灰岩间阻水带；h_9 为大青灰岩含水层，中等富水，不均一；h_{10} 为大青灰岩与原始导升带间阻水带；h_{11} 为原始导升带，有一定阻水能力。

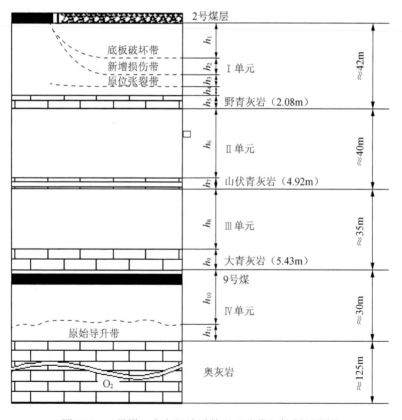

图 7.20　2 号煤～奥灰间地质单元"分带"机制示意图

分带依据基于以下两点。

（1）薄层灰岩是裂隙含水层，是各地质单元的关键层，一般带内其他岩层力学参数小于石灰岩，新贯穿裂隙一般止于此界面。

（2）由采动影响而产生的各类破坏损伤和原始导升带，阻水能力被削弱甚至基本丧失阻水能力。

煤层开采引起底板中关键层的周期性断裂，直接造成底板破坏带；反复采动的动量对新生损伤带产生向下递进效应，当传递到原位张裂带时，会增加原位张裂带张度；在采动和高压水共同作用影响下，对原始导升裂隙产生张裂递进等演化。上述由采动引起的底板破坏带、新增损伤带及原位张裂带在 I 单元内（采 2 号煤）；原始导升带位于Ⅳ单元底部。

需要说明是，h_1 基本无阻水能力；h_6、h_8、h_{10} 是主要阻水带，后面所述"分带"是指具有较大阻水能力的分带，即 h_6、h_8、h_{10}、h_4、h_3、h_2 等 6 带。如果没有原始导升带，则 $h_{11}=0$，h_{10} 厚度即是Ⅳ隔水地质单元厚度。

对于邯邢矿区的本溪灰岩，由于厚度薄，属极弱含水层，只是在邢台矿区葛泉井田较厚（7.0m），与奥灰水力联系密切，组成双层复合含水层，原始导升高度高于本灰层位，所以没有参与划分。另外，需要注意底板破坏带、新增损伤带、原位张裂带、原始导升带等在现场实测中的代表性问题，需要一定数量的区域测量数据。

7.4.2　底板"分带突破"突水模式

当导水断层落差（H_f）或陷落柱发育高度（h_x）超过煤层底板总厚度（h 指开采煤层至奥灰顶面之间厚度，以下同）时，阻水"分带"数 $n=0$；当导水断层落差（H_f）或陷落柱发育高度（h_x）小于底板总厚度（h）时，则属于隐伏式构造，底板阻水"分带"总厚度与断层落差或陷落柱发育高度大小有关，如图 7.21 所示。

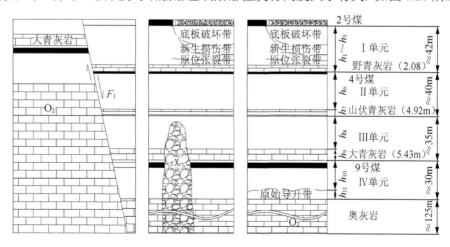

图 7.21　2 号煤～奥灰含水层间"分带"数目变化示意图

采下组煤 8 号 9 号煤时，可视为较薄阻水带；当"分带"h_{10}、h_8=0 时，一般视为相对较厚组合阻水带；如果 h_{10}、h_8、h_6、h_4、$h_3 \neq 0$ 时，可视为组合式厚阻水带。

下面分析邯邢矿区煤层底板突水模式。采上组 2 号煤时，如果导水陷落柱发育高度超过开采煤层或导水大型断裂构造落差超过煤层底板岩层总厚度，则"分带"数 $n=0$，没有所谓阻水 6"分带"，会发生直通式突水，如东矿 2903 下巷掘进导水陷落柱突水；如果是隐伏组合地质构造，底板突水有以下 6 种模式：

（1）采 2 号煤，底板发育有导水隐伏陷落柱与小型断裂构造或裂隙带组合构造，如图 7.21 所示。相当于减少了Ⅲ、Ⅳ单元中 2 个主要阻水 h_{10}、h_8"分带"，如再减去Ⅰ单元"h_1"底板破坏带深度，这就大大地减小了底板隔水层有效厚度，如黄沙矿 2106 工作面、梧桐庄矿 2306 工作面等隐伏导水"陷落柱+小断层"组合构造滞后突水就是该类型。

（2）如果采 4 号野青煤保护层，或受采动影响底板破坏深度大于Ⅰ单元"$h_1 \sim h_5$带"厚度，则减少了第Ⅰ隔水地质单元，如九龙矿 15423 野青保护层工作面底板"导水陷落柱+裂隙带"型突水。

（3）如果采下组煤 9 号煤，则变成Ⅳ隔水地质单元 1 个主要阻水"h_{10}"分带，其突水类型基本是不同隐、显性微小型构造组合型突水，如图 7.22 所示。

例如，临城矿下组煤 0915 工作面底板突水属于图 7.22（c）型组合。

（4）断裂构造带是造成底板突水的主控因素之一。对于导水的大、中型（落差大于 1 个隔水地质单元或阻水"分带"厚度）断层，一般分为以下两种。

① 对接式：如图 7.22 所示，断层下盘奥灰含水层与上盘的山伏青和大青薄层灰岩含水层之间的关系是下对接式。

② 错位式：如图 7.22 所示，断层下盘奥灰含水层与上盘的薄层野青灰岩含水层之间的关系是下错位式。

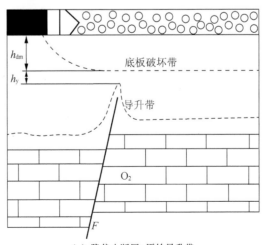

（a）隐伏小断层+原始导升带

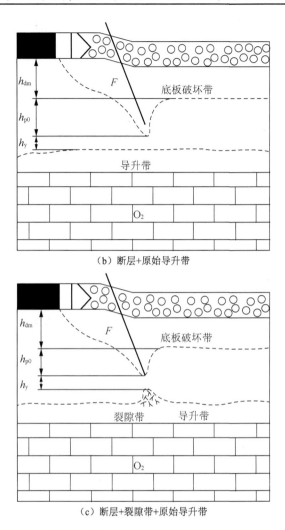

（b）断层+原始导升带

（c）断层+裂隙带+原始导升带

图 7.22　采 9 号煤底板各种突水示意图

对于开采煤层底板的薄层灰岩含水层，虽然其富水性不均一，但因大型断裂构造原因，其与下盘奥灰含水层因对接或近距错位而有水力联系时，可能形成侧向补给条件，如上盘大青灰岩含水层与下盘的奥灰含水层发生水力联系时，相应减少了底板第Ⅳ隔水地质单元，如图 7.22 所示，如黄沙矿在大型断层（$H_f > 110$m）附近的 2 号煤 2124 工作面下巷掘进底板突水。

（5）如果Ⅳ隔水地质单元底部原始导升带高度较大，会造成底板"h_{10}带"隔水层厚度减小，可能与采动底板破坏带及损伤带贯通就会发生突水，如葛泉矿东井采下组 9 号煤，原始导升界面距 9 号煤底板只有 8.0m 左右，所以只有全面改造其底板的薄层本溪灰岩含水层，才能避免底板突水。

（6）采上组主采 2 号煤时，如果Ⅱ～Ⅳ单元的主要阻水分带"h_{10}、h_8、h_6"中隐性（所谓下断上不断裂构造）微、小型断裂构造及裂隙非常发育，造成底板各"分带"岩层完整性隐性破坏，高渗压和采动裂隙就可能贯穿到底板原位张裂、新生损伤乃至破坏带而形成渗流通道，如邢东矿 2127 和梧桐庄矿采 2 号煤 2201 综采面底板出水等，如图 7.22（c）所示。

7.5　底板突水通道"四时段"形成机理及阻渗能力分析

煤矿地下水系统是液、固两相构成的，液相充填于固相骨架空隙中，固相骨架空隙组成含水介质系统，地下水属于液相流体系统。固相静平衡状态储存应变能，地下水属于动态平衡，具有动（势）能，两者构成相互依存及作用的统一有机总体。从高承压水条件下底板突水通道形成演化进程看，可分为底板岩层底界面水压裂及原始导升时段—始渗非 Darcy 流—导渗 Darcy 流—管道流突水 4 个时段。

7.5.1　底界面水压裂及原始导升时段

地下水对岩体裂隙的力学作用表现为渗透静水压力 P_0 和动水压力 t_w（面力），前者对裂隙产生扩展作用。根据水力致裂原理，当奥灰裂隙水压力 P_0 大于底板岩体底界面起裂压力 P_{nf} 时，底界面发生水压裂，压裂部位基本沿岩层节理、裂隙等薄弱部位切入形成裂隙，即

$$\begin{cases} (a) P_0 \geqslant P_{nf} \\ (b) P_w \geqslant T_c + \sigma_3 \\ (c) P_j - P_0 = \sigma_2 / \sigma_1 (\text{垂向}/\text{水平破裂}) \end{cases} \tag{7-17}$$

式中：P_j 为底板裂隙内水压力，MPa；σ_2 为最大水平主应力，MPa；σ_1 为垂直主应力，MPa；P_w 为Ⅳ单元或阻水带底界面承受水压，MPa；T_c 为岩体抗拉强度，MPa；σ_3 为最小水平主应力，MPa。

式（7-17）（a）是抗静水压裂能力评判表达式；式（b）表述了在高承压水力作用下发生劈裂时，一般是岩体结构整体并未达到屈服或破坏条件，只是结构弱面的局部发生了应力集中现象，使岩体扩展产生裂隙，并沿裂隙面继续发生应力集中，导致裂隙扩展，严格讲该式是阻水带底界面破裂后并形成一定导升裂隙的力学表达式；式（c）表达由于高压水的流动性，当新的裂隙出现时，立即被水充满，并将高承压水压力传递到裂缝面上。如果裂隙内流体通过渗透不断得到补充并保持压力，使裂隙持续扩展而形成原始导升带平衡。需要说明的是该时段与采动影响无关。

从式（7-17）看出，其特点是突水通道发生的始点，取决于阻水带底界面某弱面的抗水压裂能力，阻水带的厚度虽不是关键因素，但隔水层越厚，底部受采动影响越小，抗水递进张裂能力越大；隔水层岩石结构及岩性不同，初始水压裂压力也不同。初始水压裂压力确定可采用现场抗水压裂试验或室内伺服机试验获得。如果底界面没有铁、铝质泥岩，一般可能发展为原始导升裂隙带，如果是隐

伏组合构造型，如导水陷落柱（或大型断层）+小型断层（或裂隙带），其周边及顶部由裂隙带包裹围成，如果与底板含水层连通，一般已形成原始导升裂隙带。

7.5.2　高渗压条件下非 Darcy 流裂隙岩体渗透时段

渗流对岩体应力场的力学作用，宏观上是动态变化的渗透体积力，须经渗流场分析后确定，计算裂隙系统变形时，应采用有效应力。煤层底板渗水通道是产生奥灰水害的必要条件，通道形成初期一般是高阻渗流通道。通道基本以不同成因、性质、结构状态的裂隙为主。裂隙导渗性对于奥灰突水强度、过程具有关键影响。裂隙岩体是非均质、各向异性和非连续的导渗介质，特别是在高渗压条件下，隔水层底板始渗高承压弱渗流是非 Darcy 流，此时段在形成 Darcy 流前的关键时段，该时段如用 Darcy 流求解煤层底板岩体渗透系数不符合现场实际情况，要采取非连续介质方法研究裂隙岩体的初始导渗问题。下面用 Izbash 提出的渗流速度与水力梯度之间的非线性方程分析如下：

$$v = k\left(-\frac{\partial p}{\partial r}\right)^{\frac{1}{m}} \tag{7-18}$$

式中：k 为岩体的渗透系数；m 为经验常数，与流体流态有关；p 为孔隙水压力；r 为钻孔压水点的半径。

水流流态由雷诺数 Re 确定，在煤层底板裂隙岩体中，Re 采用下式计算：

$$Re = \frac{2v_{\mathrm{j}}e}{\upsilon} = \frac{2Q}{Nw\upsilon} \tag{7-19}$$

式中：v_{j} 为压水试验过程中达到稳定状态下岩体内裂隙水流流速；e 为裂隙开度；w 为垂直于水流方向的裂隙椭圆面的周长；N 为每一试验阶段中裂隙条数，由钻孔录像资料获取；υ 为水的运动黏度，（当温度 $T=20℃$ 时，$\upsilon = 1.006 \times 10^{-6}\,\mathrm{m}^2 \cdot \mathrm{s}^{-1}$）。

底板岩体渗透系数公式的推导基于以下三点假定：

（1）边界无穷远；

（2）钻孔中水流从试验段中心点以对称径向（球形扩散）方式流出；

（3）对于试验段中的某一微元段 L 的渗流量与总渗流量 Q 成正比。

以钻孔轴线方向为 z 轴方向，以垂直于 z 轴的试验段底部水平向为 x 方向，由上述假设可得

$$q = 4\pi r^2 v$$
$$\frac{q}{Q} = \frac{\mathrm{d}z}{L} \tag{7-20}$$

由式（7-18）和式（7-20），可得流出 $\mathrm{d}z$ 段的流量为

$$q = 4\pi r^2 k\left(-\frac{\partial p}{\partial r}\right)^{\frac{1}{m}} \tag{7-21}$$

　　大量的现场压水试验结果表示，从压水试验孔孔壁开始，随着距离的增大，底板岩体中的孔隙水压将急剧衰减，其衰减规律与岩体的完整性、裂隙发育程度以及连通性等因素有关。基于此，可假设钻孔周围岩体的水头分布如下：

$$p = \begin{cases} P \ (0 \leqslant r \leqslant r_w) \\ \dfrac{c}{r^n} \ (r_w \leqslant r \leqslant L_e) \\ 0 \ (L_e \leqslant r < \infty) \end{cases} \tag{7-22}$$

式中：c 为经验常数；n 为常数，通常由压水孔周围的观测孔压力观测值拟合得到；L_e 为高压压水试验影响半径，取值大于 REV 边长尺寸。

　　当 $r_w \leqslant r \leqslant L_e$ 时，可得

$$-\frac{\partial p}{\partial r} = cnr^{-n-1} \tag{7-23}$$

经上述几式推导得出

$$p = \frac{1}{n}\left(\frac{Q}{4\pi kL}\mathrm{d}z\right)^m r^{1-2m} \tag{7-24}$$

对于任一点 (z,ρ)，$r = \sqrt{\rho^2 + \left(z - \dfrac{L}{2}\right)^2}$，有

$$p = \frac{1}{n}\left(\frac{Q}{4\pi kL}\mathrm{d}z\right)^m \left[\rho^2 + \left(z - \frac{L}{2}\right)^2\right]^{\frac{1-2m}{2}} \tag{7-25}$$

采用式（7-25）计算时，需将压力 p 转化为水头值（以 m 计）。

　　当 $\rho = r_w$ 时，可得非 Darcy 流条件下岩体的渗透系数计算公式为

$$k = \frac{Q}{4\pi (Pn)^{\frac{1}{m}} L} A \tag{7-26}$$

式中

$$A = \int_0^L \left[r_w^2 + \left(z - \frac{L}{2}\right)^2\right]^{\frac{1-2m}{2}} \mathrm{d}z$$

从式（7-26）可看出，岩体的渗透系数 k 只受到 $n^{-\frac{1}{m}}$ 项的影响；对于非 Darcy 流态单孔高压压水试验，可取 $n=1$。此外，当 $m=1$（即水流流态为层流）时，式（7-22）退化为 Hvorself 公式，该公式即为常规钻孔压水试验规程采用的渗透系数计算公式：

$$k = \frac{Q}{2\pi PL}\ln\left[\frac{L}{2r_w} + \sqrt{1 + \left(\frac{L}{2r_w}\right)^2}\right] \tag{7-27}$$

当 $m > 1$ 时，A 值通过高斯-勒让德法求解：

$$A = \frac{L}{2} \sum_{i=1}^{N'} \left[r_w^2 + \left(\frac{L}{2} \sigma_i \right)^2 \right]^{\frac{1-2m}{2m}} \omega_i$$

式中：σ_i、ω_i 分别为高斯-勒让德求积节点和求积系数；i 为积分点个数。当 $N' = 8$ 时，计算精度满足工程应用要求。

上述推导式（7-26）是底板岩体初始导渗或高阻弱渗阶段力学表达式，如果考虑采动影响，渗透系数为 $k' = \xi_1 \cdot k$，式中 ξ_1 为动载增扩增渗系数（1.0～2.0）

对分析底板阻合型构造导致的高渗压始渗时段有理论指导意义。

7.5.3　Darcy 渗流时段

此时段是渗流通道中充填物颗粒溶蚀、迁移流失变质量增渗关键时段。

1. 岩石渗透率-应力关系

7.2 节对岩石渗透性试验做了深入分析，岩石破坏前渗透率-应力关系的普遍特点为：在较低的应力水平时随其孔隙被压密而渗透性略微下降，而后渗透性随应力提高而增强，在渗透性增强的过程存在一明显的突变点，其前后渗透性差异较明显，反映在渗透率-应力曲线上，该突变点（k_m，σ_m）前后曲线斜率发生明显变化，之后的渗透率-应力近似于线性关系。峰后岩石的渗透率普遍大于峰前，渗透率的最高值点位于峰后软化段，而最低值点位于弹性阶段，如图 7.23 所示。

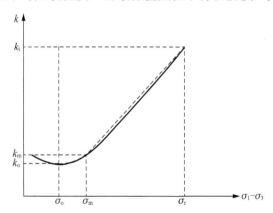

图 7.23　岩块渗透率-应力关系曲线基本模式

总体上，压渗试验过程的渗透性变化可以分为两个阶段，即初始阶段的弱渗（第 I 时段）过程到导通后的急剧增强过程。高渗压初始阶段的渗透性普遍较小，渗透系数与水压增加的关联性不是太明显，但当水压增大至一定幅度后，渗透系数出现急剧变化。

2. 压渗实验过程

对于一定的底板裂隙发育条件，岩层的导渗性与水压力密切相关。因此，可以根据实测的注水压力和测渗孔水压换算取得测试段压渗过程的渗透系数。如图 7.24 所示，假定测试段渗透性各向同性，且压渗水流呈层流状态。

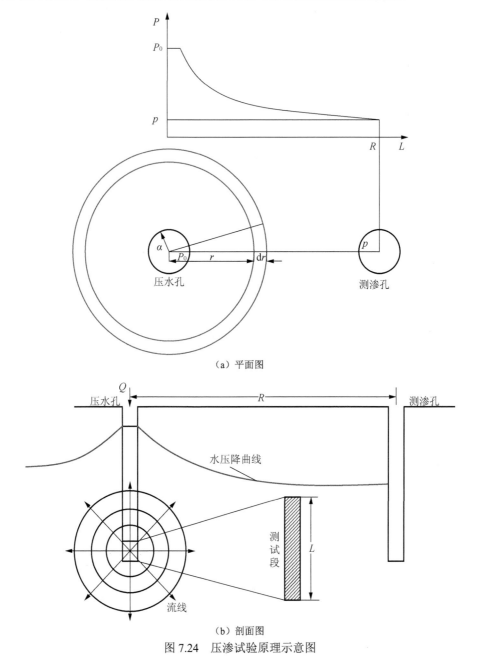

（a）平面图

（b）剖面图

图 7.24　压渗试验原理示意图

3. 岩层压渗渗透系数

大量岩石渗透性试验得出在渗透性增强过程中存在一明显突变点，其前后渗透性差异明显，峰后岩石的渗透率普遍大于峰前，渗透率最高值点位于峰后软化段，而最低值点位于弹性阶段。

渗流进入第二阶段 Darcy 流状态，压水流量和压力均达到相对稳定状态，根据任意过水断面上的总流量均相等的条件，可求得渗透系数计算公式[也可参考式（7-27）]：

$$k = \frac{Q(\ln R - \ln r_0)}{2\pi L (H_{p0} - H_p)}$$ （7-28）

式中：k 为测试段渗透系数；Q 为压水孔流量，L·min^{-1}；R 为压水孔、测渗孔间距，m；r_0 为压水孔半径，m；L 为测试段长度，m；H_{p0} 为压水水压，m；H_p 为观测孔水压，m。

大采深高承压水及开采下组煤矿井所发生的底板突水实例表明，当 Darcy 流通道形成后，一般会有充填物迁移和增渗变质量相互作用过程，并最终可能发展成"管涌"。压渗试验表明，底板导渗通道并不能与突水通道等同，渗流通道由渗透破坏导致低阻导渗性。

当 Darcy 流通道形成后，一般会稳定一段时间"平衡"，其时间长短有随机、突发性特点。如表 3-1 中九龙矿 15423 野青保护层工作面底板出水后，停采较长时间，后来恢复回采，受到采动影响，其通道内的充填物颗粒不断迁移流失，扩展成"管涌"而进入第 4 时段。试验表明，重复压渗水可模拟采动应力对底板阻渗性的影响程度，如周期性多次来压使得地应力减小了对裂隙张裂度制约作用，削弱了底板阻水能力。如表 3-1 所示的九龙矿 15423 野青工作面、邢东矿 2127 工作面、梧桐庄矿 2326 工作面底板滞后突水等。回采面突水一般滞后采面后方距离是 15~45m。

4. 现场阻渗强度测试举例

对岩层的阻渗性进行分析时，需对岩层的抗渗能力进行评价，其中最关键的是确定岩层的抗渗透破坏强度。从渗流力学和压水试验所反映的岩层导渗水压力强度与岩块伺服渗透试验所反映的临界抗渗强度具有相同的力学意义。因此，岩石压水试验中测试段的起始渗透水压作为抗渗透破坏强度考虑。一般情况下，采动破坏带、构造破坏带属低阻贯通导渗型；比较正常的地段基本属于高压致裂导渗型。

这里以华北地区某矿为例进行阐述。采用压水试验取得的阻渗强度参数对深部煤层底板采动后的阻渗能力进行量化，采用每米岩柱所能抵抗的压力水头作为底板岩层阻水能力的量化参数。如第一次试验铝质泥岩、灰岩测试段初次压水时间分别为 105min 和 130min，压水流量和测试水压均发生突变，其对应的注水压力即为起始导渗水压力，分别为 16.5MPa、13.8MPa；重复压水时在 70min 和 65min 压水流量和测试水压均发生突变，其对应的起始导渗水压力为 9.5MPa、10.8MPa。

阻水强度计算结果如表 7-8 所示，两测试段初次压水阻渗强度分别为 3.3 MPa·m^{-1}、2.8 MPa·m^{-1}，重复压水阻渗强度分别为 1.9 MPa·m^{-1}、2.2 MPa·m^{-1}。

表 7-8   阻水强度计算结果

试 段		导渗水压 /MPa	测试段距 /m	阻渗强度/MPa·m^{-1}
铝质 泥岩	初次压水	16.5	5	3.3
	重复压水	9.5	5	1.9
灰岩	初次压水	13.8	5	2.8
	重复压水	10.8	5	2.2

从表 7-8 中数据可看出，两测试段在原始状态均不导渗，阻渗性较强，直至压裂导通才形成导渗；底板岩层重复压水过程测渗孔水压力与注水孔水压力的关联变化与初次压水过程的趋势大致相同。但二者的渗透压差有变化，初次压水的起始导渗水压力明显高于重复压水，表明在初次压水后岩层的阻渗能力降低，更易形成导渗；两测试段岩层压裂破坏后形成导渗条件，铝质泥岩测试段初次压水阻水强度为 3.3 MPa·m^{-1}，重复压水强度为 1.9 MPa·m^{-1}；灰岩测试段初次压水阻渗强度为 2.8 MPa·m^{-1}，重复压水强度为 2.2 MPa·m^{-1}。两测试岩层均表现出明显的高阻弱渗的正常地段的完整底板特点。

7.5.4 "管涌"至突水时段

渗流发展成底板突水两个条件，一是第三时段渗流通道平衡受到足够的扰动而失稳；二是渗流水动力大，即高渗压且补给水量充足，能够把渗流通道中的骨架结构失稳溃落的较大块充填物等迁移搬走。所以，克服通道充填物阻力的是高渗透水压力，其产生增扩机构"管涌"而进入管道流，如下表达式：

$$P_s \geqslant \xi_1 \gamma_w \Delta H \tag{7-29}$$

式中：P_s 为低阻素流高渗透水压力，kN·m^{-3}；γ_w 为管涌两相流容重（>1.0），kN·m^{-3}；ξ_1 为动载增扩增渗系数（1.0~2.0）；ΔH 为通道水位差，m；其他符号同上。

该式表达一旦构成了上述两个条件，就会酿成了底板突水，瞬间达到突水高峰值，如东庞矿 2903 下巷突水冲出的充填物总量达到 3000m^3 以上。待补给量与突水量达到相等时，形成稳定的一定降深漏斗，底板突水又达到新的平衡。

7.6   大采深高承压水条件煤层底板 "分时段分带突破"突水机理

通过以上深入分析邯邢矿区 8 起较为典型的底板突水实例，并做相关试验，从时空演化角度给出渗流通道"时段"性形成原理和底板"分带"形成机制。下面主要阐述建立在上述时空基础上岩体力学模型的底板突水机理。

7.6.1　底板承压突水理论分析

邯邢矿区煤矿底板承压突水实例表明，突水具有突发性、随机性和模糊性。对于底板突水过程属于哪种机制突水，应看哪种"机制"先达到其极限，隐伏构造突水一般是多种"机制"共同作用。底板突水一般有以下两个基本要素：第一是底板岩体结构特点、工程地质岩层组合特征及物理、力学、水理特性；二是地应力场（重力及构造应力场）、工程应力场（与开采设计工艺有关）、地下水流场（岩体水动力学）相互作用特性，构成了井下工程背景。采动影响是底板承压突水的诱因，相应要产生底板破坏及新生损伤、原位张裂带，以及在采动影响下原始损伤带向下递进，原始导升裂隙向上递进等，其作用结果必然导致底板有效隔水层减小及阻水能力降低。在此条件下，如果是"导水陷落柱（或大型断层）+小断层（或裂隙带）"等组合构造类型，一般没有第 1 时段，即已形成一定高度导水裂隙，在采动影响下，进入第 2 非 Darcy 渗流和第 3 导渗 Darcy 流时段。如果是Ⅳ单元底部没有原始导升 h_{11} 带，基本是高承压水沿节理等弱面压裂，然后进入后续裂隙扩展及导升递进流程，进而突破阻水"分带"与原位张裂、新生损伤带及底板破坏带贯穿而形成渗流通道，最后惯性扩展成第 4 时段"管涌"而发生底板突水，其突水通道形状在空间上类似所谓"肠子"。

这诠释了突水系数法计算结果核心内涵，揭示了在采动影响下，底板产生底板破坏、新增损伤、原位张裂带等以及原始导升带的工程背景下，在岩水应力学说基础上强渗流通道形成机制的非线性动力学复杂过程。

7.6.2　底板阻水"分带"岩层高渗透细观分析

煤层底板突水是一个相互关联的动力系统，对每一阻水"分带"突破来讲，其原理是一样的，可转为一个阻水分带内各岩层结构与水动力学的细观分析。在地下水长期作用下，渗流通道形成机制有 4 个效应：①结构面法向减压效应；②剪切塑变强化效应；③剪切扩容效应；④增渗管涌效应。各种效应在渗流通道形成的不同时段发挥相应的主要作用。

对于底板岩层的抗渗透破坏强度，主要考虑底板岩层结构条件。根据水力压裂力学原理，当导升裂隙形成后，只要有足够的压裂液及使裂隙延伸的压力，那么裂隙就会沿阻力最小的方向导升；同时在水压裂扩容作用下，在主裂隙周围出现"翼"状等次生裂隙，形成局部剪切贯穿裂隙带，使底板破坏沿最薄弱方向进一步扩展形成剪切面。对于各阻水"分带"内不同岩体结构的界面性质与裂隙扩展导升有较大关系，如果界面连接弱或上一岩层弹性模量、内摩擦角、黏结系数（E_n、ϕ_n、C_n）小于下一岩层弹性模量、内摩擦角、黏结系数（E_{n+1}、ϕ_{n+1}、C_{n+1}），压裂液沿界面扩展而进入上一岩层；如果是地质单元薄层灰岩含水层界面，裂隙导升会通过其含水层裂隙进入上一阻水带而开始新一轮裂隙递进循环，如图 7.25 所示。

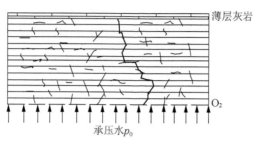

（a）底界面高渗通道形成原理图

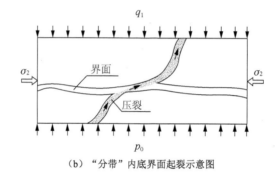

（b）"分带"内底界面起裂示意图

图 7.25　"分带"隔水层底界面高承压水压裂及裂隙通道示意图

若是残余水压小于最小水平主应力，就不会产生递进。这里需注意的是，单纯的压剪破坏是不可能形成突水通道的，只有张破坏才可能形成突水通道。

7.6.3　底板"分时段分带突破"机理

煤层底板突水实际是高承压水的"始渗—导渗—管道流"接力放大过程。下面结合图 7.23 及图 7.24 突水模式和底板突水时段进程阐述"分时段分带突破"突水机理。

1. 底板突水时段转折点

1）第 1 与第 2 时段转折点——始渗

底板突水 6 种模式中，只要是阻水带底部与地质构造有联系或者奥灰顶面以上没有铝或铁质泥岩，一般存在原始导升裂隙带，第 1 时段早已在高静水压下完成；在高承压水条件下，如果没有原始导升带，则第 1 与第 2 时段连续发生，受采动影响可能发生裂隙上、下递进突破各阻水分带而形成始渗。据勘查，邯邢矿区大部分矿井奥灰顶界面上不同程度地存在原始导升带。

2）第 2 与第 3 时段转折点——导渗

在第 2 时段，渗流通道中的充填细小颗粒在水流的冲刷作用下不断地溶蚀、迁移流失，受采动影响形成贯通性裂隙，使裂隙带中的渗流通道渗透性不断增强，底板出水量不断增大；渗透性增强反过来加大水的流速和携带能力，使得渗流通道中更多的颗粒随水流迁移流失，这样一个不断相互作用的变质量过程，增加了渗流通道的渗透能力，直至剩下骨架和难以迁移的较大充填物颗粒，渗透率和涌水量趋于相对稳定。如九龙矿 15423 野青保护层综采面随周期来压，其底板曾出现裂缝张开、闭合的断续性出水现象；又如邢东矿大采深 2127 综采面底板随顶板周期断裂来压出现忽大忽小出水量同步变化。

该关键转折点与阻水段数关系密切，阻水段数多则阻水能力大，相应渗流通道形成难度大，如 7.4.2 节中第（6）模式。如果掘进期间超前钻探发现钻孔出水，则表明渗流通道可能进入第 2 时段；如底板发现出水则渗流通道已进入第 3 时段；若是回采期间发现出水则受采动影响，进入第 3 时段，如不采取有效措施，则可能发生 "管涌"，如 7.4.2 节中突水模式（1）（2）（3）（5）隐伏组合构造型底板突水。

3）第 3 与第 4 时段转折点—— "管涌"

受反复采动影响，可能使高压渗流通道的骨架构成体系中某一 "关键结构块" 失稳，发生系统性结构失稳垮落，使渗流通道进入第 4 时段—— "管涌"。在第 4 时段，已形成所谓管道流雏形。反复采动助使 "管涌" 通道持续向上扩展而完成由裂隙流不可逆止地转为管道流，最后发生底板突破突水。阻水带越多，底板突水滞后采面距离越远，如 7.4.2 节中（1）（2）（4）（6）模式；阻水带越少，滞后采面越近甚至即时突水，如 7.4.2 节中（3）（5）模式。

底板出水浊度一般分 "清—浊—清" 三阶段，其第一阶段是渗流阶段，出水量不大且携带物颗粒少，水流较清；一旦转换成 "管涌" 后，在反复采动和高承压水作用下，发生系统结构失稳型突水，瞬间突水量达到峰值，这时是水固两相流，水非常浑浊；待一段时间后，突水量从峰值回落并形成稳定的一定降深漏斗，水流开始逐渐变清。

2. 底板突水综合判式

采动破坏、底板高承压水渗流和通道中细小颗粒迁移三者之间存在复杂的非线性耦合关系，根据非线性动力学理论，非线性系统的控制参量满足一定条件时，系统会发生结构失稳，这是渗流发生突变的内在原因，而充填物颗粒流失则是引发裂隙带中渗流通道转换的关键因素。

对于岩体裂隙渗透性，需建立裂隙网络物理概念模型。下面是利用 Monte-Carlo 方法原理，在概率统计基础上构建一种等效裂隙网络模型，其渗透系数 K 为

$$K = \frac{g}{12\mu} \frac{b^3}{S} \qquad (7\text{-}30)$$

式中：g 为重力加速度，m·s^{-2}；μ 为渗流动力黏度系数；b 为结构面导水通道空隙度，mm；S 为裂隙平均间距，mm。

需说明的是，该式是"管涌"形成前的渗流表达式，一旦渗流转成"管涌"，就需要用紊流原理阐述。从式（7-30）可看出，渗透系数与渗流通道的空隙度立方成正比，渗流能否转换为"管涌"——管道流，其空隙度是关键因素。

始渗—导渗—"管涌"转换临界流速与充填物不同粒度关系参见表7-9。

表 7-9　断裂及裂隙带充填物转变"管涌"流临界流速

充填物颗粒成分/mm	粉颗粒 0.005～0.05	细颗粒 0.05～0.25	中颗粒 0.25～1.00	粗颗粒 1.00～3.00
管涌临界渗流速度/mm·s^{-1}	0.40～0.50	0.50～0.80	0.80～1.40	1.40～1.60

上述时空"分时段分带突破"底板突水机理，其实质是在基本顶周期来压影响下，分带的临界能量节点突破。以岩石结构、地下水动力及线弹性断裂等为出发点，在分析阻水岩体发生破坏及因此不断强化增渗效应的基础上，判断其是否能够诱发形成底板突水的强渗乃至突水通道，为综合评价底板岩体抗突水性能提供了理论依据。结合式（7-17）(b)、式（7-29）、式（7-30）等转折点表达式，给出以下底板突水综合判别简式：

$$\begin{cases} \text{(a)} P_w \geqslant \zeta_{0i} T_c + \sigma_3 \\ \text{(b)} K_1 \geqslant \xi_1 K \\ \text{(c)} P_s \geqslant \gamma_w I \end{cases} \qquad (7\text{-}31)$$

式中：P_w 为阻水带底界面水压，MPa；T_c、σ_3 同式（7-10）；ζ_{0i} 为岩层阻渗能力的结构效应平均折减系数，见表7-10；K_1 为第 2 时段转第 3 时段渗透系数；ξ_1 为动载增扩增渗系数（1.0～2.0），主要作用是增扩，与基本顶破断来压强度（分Ⅳ级）密切相关，数据由现场矿压观测获得，也可做重复压渗试验模拟基本顶周期来压获取；来压强烈取上限，来压显现不明显取 1.0；I 为通道水力梯度；其他字母意义同式（7-30）。

底板突水综合判断式物理意义如下。

（1）式（7-31）(a) 为始渗通道形成关键点。实际是在式（7-17）(b) 的基础上考虑底板岩体结构折减系数引申而来的，表达了第 2 时段在采动影响下，底板损伤带裂隙张裂向下递进；在高承压水和采动影响下，新生破裂面沿最小阻力方向导升贯穿各阻水带而形成始渗通道内涵。其渗流通道发育高度可由现场打超前探孔测定。

表 7-10　岩层阻渗能力的结构效应折减系数 ζ_{0i}

结构类型	正常结构			构造/采动	
	块状结构	层状结构	层碎裂结构	构造破碎带	采动破坏带
RQD/%	≥85	85～75	75～50	50～25	<25%
折减系数	0.95～1.0	0.9～0.95	0.85～0.90	0.6～0.85	0.20～0.50

注：断裂构造原始状态不导渗。

（2）式（7-31）（b）为始渗转 Darcy 流关键点。该式表达了第 3 时段裂隙带渗流通道中 K 值达到表 7-9 数值时，通道内颗粒进入迁移流失的平衡导渗过程。此时段可在现场进行水质化验和检测水中颗粒度判断渗流通道的形成程度。

（3）式（7-31）（c）为低阻导渗转"管涌"关键点。该时段不能用渗流有关原理阐述，所以该式表达了第 4 时段在反复采动影响下，机构"管涌"不断增强直至形成一强径流通道内涵，即能量累积达到渗流通道骨架失稳临界值，发生整个系统结构失稳型突水，现场可根据底板出水浊度和水文观测孔水位变化估判突水状况。

综上所述，根据邯邢矿区煤层底板突水实例及相关试验，从出水通道形成的时空演化规律进行全面系统的深入分析，阐述了大采深高承压水底板突水机理，为防控底板突水提供了区域治理防控底板突水理论指导及依据。

阻断底板突水通道形成"时段"链。从源头上消除底板原始导升裂隙带和产生递进效应的物质基础。在采区准备前，要采取区域超前治理防治水指导原则，对设计区域进行物、钻探及注浆治理水害，超前注浆治理奥灰水害，消除各类地质缺陷，实现先治后掘后采；改造薄层灰岩或奥灰顶部含水层为相对隔水层，增加隔水层厚度；加固底板改善岩体力学参数（E、ϕ、C），提高底板整体强度。阻断底板"分时段分带突破"突水进程。消除渗流通道形成的条件，减弱反复采动效应强度，阻断渗流通道形成进程。井下掘进坚持见水必注原则，阻断渗流通道形成；发现底板出水立即停采治理，查清原因，消除突水隐患，并采取区域隔离措施；对隐性的微、小断裂和裂隙带要进行区域超前注浆加固，阻断形成渗流突变进程，即"分时段分带突破"扩大接力链，防控底板突水。加强研究超前物探方法及仪器，提高物探准确程度；研究底板突水预警方法，保障作业人员安全。

第8章 大采深 4.0~5.0m 煤层开采底板采动破坏深度测试

8.1 初次来压时工作面底板破坏深度理论计算

随着回采工作面自切眼向前不断推进，采空区老顶的悬顶长度不断增加，工作面四周的煤壁中形成集中应力及老顶断裂"动载冲量"。该集中应力传递到底板岩层中，相应引起采空区底板关键层周期断裂，产生次生裂隙和贯穿型裂隙等，由此形成底板岩层一定深度范围内的采动破坏带。

8.1.1 工作面初次来压时底板岩体破坏深度理论分析

由弹性力学理论的主应力公式，可求得采场边缘的主应力：

$$\sigma_1 = \frac{\sigma}{2}\sqrt{\frac{L_x}{r}}\cos\frac{\theta}{2}\left(1+\sin\frac{\theta}{2}\right)$$

$$\sigma_2 = \frac{\sigma}{2}\sqrt{\frac{L_x}{r}}\cos\frac{\theta}{2}\left(1-\sin\frac{\theta}{2}\right) \qquad (8\text{-}1)$$

$$\sigma_3 = 0$$

采场边缘破坏区计算采用 Mohr-Coulomb 破坏准则，即

$$\sigma_1 - k\sigma_3 = R_c$$

式中：R_c 为岩石抗压强度；$k = \dfrac{1+\sin\varphi_0}{1-\sin\varphi_0}$，其中 φ_0 为岩石内摩擦角度。

根据式（8-1）和 Mohr-Coulomb 破坏准则，令 $\theta = 0$，可得采场边缘水平方向破坏区的长度 r_0：

$$r_0 = \frac{\sigma^2 L_x}{4R_c^2} \qquad (8\text{-}2)$$

式中：$\sigma = K\gamma H_0$，MPa；K 为应力集中系数；γ 为煤层上覆岩层平均容重，$kN\cdot m^{-3}$；H_0 为煤层埋深，m。

由式（8-2）绘出采场边缘由应力集中造成的破坏区形状，如图 8.1 所示。

下面求解煤层边缘底板岩层最大破坏深度，图中 θ 角可由弹性力学中平面问题推导得知：$\theta = 78.84°$。通过图 8.1 几何关系可知垂直于煤层的岩体破坏深度 h 为

$$h = r\sin\theta$$

经推导可得采场边缘底板岩层最大破坏深度 h_m 为

$$h_m = \frac{1.57\sigma^2 L_x}{4R_c^2} \qquad (8\text{-}3)$$

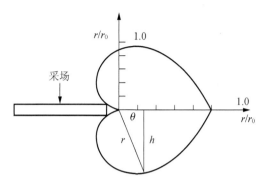

图 8.1　采场岩体边缘区破坏形态示意图

由图 8.1 的几何关系可求出底板采动最大破坏深度距采面端部的距离 L_m：

$$L_m = h_m \cot\theta = \frac{0.42\sigma^2 L_x}{4R_c^2} \qquad (8\text{-}4)$$

8.1.2　工作面初次来压底板破坏深度计算举例

如某矿 9202 工作面底板至奥灰顶界面距离为 31~36m，9 号煤直接底板主要由泥岩、细粒砂岩、铝土质泥岩、灰岩所组成，底板各岩层主要力学参数见表 8-1。

利用工作面底板岩层最大破坏深度 h_m 计算公式，将 9202 工作面底板岩层各物理力学参数代入其中，式中：$\sigma = K\gamma H$，K 取 2.4，$\gamma = 25\text{kN/m}^3$；$H = 270\,\text{m}$（煤层埋深）；L_x 为工作面初次来压步距 36m（实测值）；$\overline{R}_c$ 为底板岩层的抗压强度，采用加权平均法获得，计算得到

$$\overline{R}_c = \frac{\sum\limits_{i=1}^{n} h_i R_i}{\sum\limits_{i=1}^{n} h_i} = 16.05\text{MPa}$$

把以上各参数代入计算式（8-3），得工作面底板受初次来压影响产生的最大破坏深度 h_m 为

$$h_m = \frac{1.57 K^2 \gamma^2 H^2 L_x}{4R_c^2} = 14.40\text{m}$$

表 8-1　9202 工作面底板各岩层主要物理力学参数

岩层厚/m	名称	抗压强度/MPa	内摩擦角/(°)	抗拉强度/MPa	抗剪强度/MPa	泊松比
4.13	泥岩	24	26	3.4	4.0	0.26
4.44	细砂岩	11.7	29	2.53	10	0.23
12.85	铝土质泥岩	15	26	3.5	4.0	0.26

　　计算结果表明，初次来压前后，工作面底板岩层最大破坏深度达到 14.4m。随工作面继续推进，工作面底板破坏深度呈现周期性变化。

8.1.3　周期来压时工作面底板破坏深度计算及影响因素

　　底板破坏深度可根据太沙基地基极限承载力公式推导得到。如果基础底面是粗糙的，并形成延伸至基底平面高程处的连续滑动面，基底以下有一部分岩体，通常称为弹性楔体，将随基础底面一起移动并且始终处于弹性状态，如图 8.2 所示。

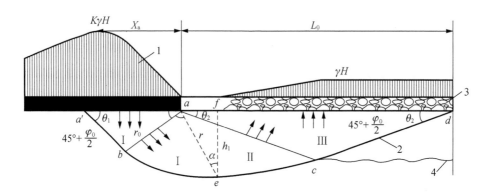

图 8.2　煤层底板采动破坏深度示意图

1-超前支承压力分布图；2-底板采动破坏带相对滑移边界；
3-回采工作面采空区；4-底板破坏带中拉伸破坏区下边界

　　由于工作面受采动支承压力影响，在工作面前方煤壁中形成一定范围的极限平衡区。按照滑移线场理论，受该极限平衡区影响，工作面底板岩体在一定范围内处于塑性状态。底板岩体塑性区可分为三个区，即图中 Ⅰ 区为弹性楔体，为主动极限区，最大主应力垂直向下，破坏面与水平面的夹角为 $\theta_1 = \dfrac{\varphi_0}{2} + \dfrac{\pi}{4}$，$ab$ 为滑动边界的一部分，并假定与水平面的夹角为 θ_1；Ⅱ 区为过渡区，是形成底板零位破坏的最大深度区边界；Ⅲ 区为被动极限区，煤柱顶板支承压力通过 Ⅰ 区，并经过渡 Ⅱ 区的压张传递作用，传递到Ⅲ区。由于采空区的存在，应力作用转向采空区垂直向上，其破坏面与水平面夹角为 $\theta_2 = \dfrac{\varphi_0}{2} - \dfrac{\pi}{4}$。需要说明的是，Ⅲ区 ac、cd 两滑移线是底板破坏带中的相对滑移线，是应力卸压区和应力恢复区两区之间区域；而底板破坏带上部是拉伸破坏，底部剪切破坏部分由于缝隙相对小，岩石呈镶嵌规整式破坏，所以其应力恢复速度比拉伸破坏部分要快。

根据图 8.2 中的几何尺寸有如下关系。

在 $\triangle aef$ 中：$h = r_0 \mathrm{e}^{\theta \tan \varphi_0} \cos\left(\theta + \dfrac{\varphi_0}{2} - \dfrac{\pi}{4}\right)$。

令 $\dfrac{\mathrm{d}h}{\mathrm{d}\theta} = 0$，得 $\theta = \dfrac{\pi}{4} + \dfrac{\varphi_0}{2}$。

得到极限支承压力条件下最大破坏深度 h_1：

$$h_1 = \frac{Bx_a \cos(\varphi_0)}{2\cos(\frac{\pi}{4} + \frac{\varphi_0}{2})} \mathrm{e}^{\left(\frac{\pi}{4} + \frac{\varphi_0}{2}\right)\tan\varphi_0} \tag{8-5}$$

式中：h 为底板塑性区最大破坏深度，m；φ_0 为底板岩层平均内摩擦角，(°)；x_a 为工作面前方煤体塑性区屈服长度，m；B 为底板岩石强度系数（或称安全系数），取 1.5～2.5。

在实际工程应用中工作面前方煤体塑性区长度 x_a 可通过现场实测得出，也可通过理论分析计算得出。

$$h_1 = \frac{BM}{2K_1 \tan\varphi} \ln\frac{K\gamma H + C_m \cot\varphi}{K_1 C_m \cot\varphi} \cdot \frac{\cos\varphi_0}{2\cos(\frac{\pi}{4} + \frac{\varphi_0}{2})} \mathrm{e}^{\left(\frac{\pi}{4} + \frac{\varphi_0}{2}\right)\tan\varphi_0} \tag{8-6}$$

式中：K_1 应力集中系数；一般取 1.5～3.0；φ_0 为底板岩层内摩擦角，一般取 20°～30°；C_m 为煤体内聚力，取 1.0～1.3MPa。

从式（8-6）可知影响煤层底板破坏深度主要因素有：

（1）底板最大破坏深度随岩体单轴抗拉强度增大而减小，这说明通过增强煤体单轴抗拉强度可以减小破坏深度；

（2）底板最大破坏深度随底板岩层内摩擦角增大而增大，这说明在煤体屈服区范围一定的情况下，改变底板岩层内摩擦角可以影响支承压力在底板中传递的范围及深度；

（3）随工作面宽度增加，底板破坏深度呈线性关系增加。这说明减小工作面宽度或采用条带法开采有利于减小底板破坏深度；

（4）随开采深度增加，底板破坏深度也相应增加；如果每隔一定深度测得底板采动破坏深度值，可获得底板破坏深度梯度。

8.2　邢东矿大采深 2225 综采工作面底板采动破坏深度实测

8.2.1　监测内容及目的

2225 综采工作面采用全部垮落法开采，采高 4.5m，平均采深 906m，工作面斜长 56~126m，为阶梯式采面。通过在采场巷道围岩中埋设监测仪器，监测采场矿压及来压规律，为分析顶底板岩层破断和工作面应力场分布规律以及对比全部垮落法和全部充填法矿压显现规律的差异提供依据。

监测主要内容及目的如下：

（1）工作面顶板岩层位移监测。

（2）工作面底板破坏深度监测；研究全部垮落法开采对底板破坏深度的影响，并为分析全部垮落法开采与高水材料充填开采采面矿压显现比较提供依据。

（3）由于该工作面长度有显著变化，可观测分析工作面长度与矿压显现的关系。

8.2.2　顶底板破坏深度监测方案

（1）测站布置。2225 回采工作面整个监测站布置如图 8.3 所示，布置了三个监测站，第四号监测站位于 2225 工作面运输巷，距 2225 切眼 100~120m，第五号监测站位于 2225 运输巷与 2225 探巷交叉点处，第六号监测站位于 2225 探巷中间。

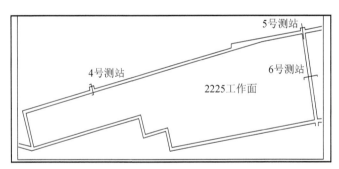

图 8.3　2225 工作面测站位置分布图

（2）监测仪器。底板监测仪采用振弦式埋入型专用岩石混凝土裂隙计；底板监测最大深度值由 25.0m 增加到 45.0m，监测点 6 个，其监测深度分别为 7.0m、13.0m、19.0m、25.0m、35.0m 和 45.0m。

（3）监测内容。第 4 号监测站主要对该处的底板进行监测，测站处底板岩层内安装 6 个专用裂隙计，整个监测站底孔仪器安装深度以及编号见表 8-2。

第 5 号监测站主要对该处的顶、底板岩层进行监测，测站处顶板岩层上安装 7 个深基点多点位移计，底板内安装 6 个专用裂隙计，整个监测站顶孔、底孔仪器安装深度以及编号见表 8-3。

第 6 号监测站主要对该处的顶板岩层进行监测，测站处顶板岩层上安装 6 个深基点多点位移计。

表 8-2　第 4 号监测站顶、底孔仪器安装特征表

监测位置	仪器标号	埋深/m	备注
底板	1	7	（1）底孔垂直向下 （2）垂深为裂隙计探头距 孔口距离
	2	13	
	3	19	
	4	25	
	5	35	
	6	45	

表 8-3　第 5 号监测站顶、底孔仪器安装特征表

监测位置	仪器标号	埋深/m	备注
顶板	1	3	（1）顶板孔尽量竖直 （2）埋深为位移计距孔口 距离
	2	5.5	
	3	9	
	4	12	
	5	11.5	
	6	15	
	7	25	
底板	1	7	（1）底孔垂直向下 （2）垂深为裂隙计探头距 孔口距离
	2	13	
	3	19	
	4	25	
	5	35	
	6	45	

8.2.3　监测数据分析

结合工程实际情况，主要对第 4、5、6 号测站进行监测，其中第 4 号测站处底板监测数据较为完整，包括工作面推进前后的监测数据，而顶板监测只有工作面推进到测站处的数据。

根据工作面推进速度和现场生产情况，监测工作自工作面距监测点 236.5m 开始，历时 251 天。监测数据分别以测点处为原点，考虑工作面向测点推进及推过测点后整个过程中顶底板不同深度测试的位移变化情况。

1. 4 号测站监测数据分析

图 8.4 是第 4 号测站底板观测孔内各测点位移随工作面推进的变化图。由图可以看出，各测点变化规律相同，测点之间位移差别不明显。当工作面距测站

40.5m 以前时，各测点均无明显位移，底板岩层活动不明显。工作面距测站 40.5～10m 时，各测点开始产生微小位移，底板岩层开始活动。随着工作面推进，各测点位移斜率逐渐增加，底板岩层活动愈加强烈。当工作面距测站-32～-42.8m 时，位移变化尤为明显，此时位移斜率达到了 4mm·m^{-1}。当工作面距测站-49.3m 时，位移增加逐渐变缓，有趋于平稳的态势。分析认为，工作面底板最大破坏深度已经超过 45m。当工作面距测站 40.5m 左右时，底板开始受工作面采动影响，前方采动影响范围约 40.5m。

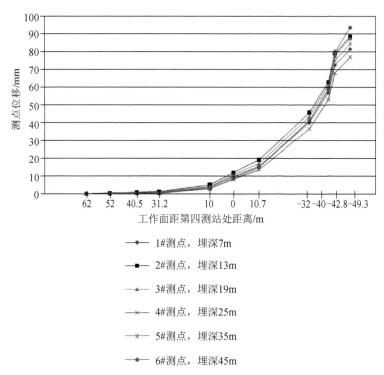

图 8.4　第 4 号测站底板各测点位移随工作面推进变化图

2. 五号测站监测数据分析

图 8.5 是第 5 号测站顶板观测孔内各测点位移随工作面推进的变化图。由图可以看出，当工作面距测站 73.4m 之前时，各测点位移值变化规律并不明显，数据波动较大。当工作面距测站 73.4m 时，巷道顶板各测点开始产生较有规律的位移突变，其中 5 号测点位移较大，其余各测点位移相对较小，说明工作面前方 73.4m 处顶板岩层受到影响。分析认为，当工作面距测站 73.4m 时，测站处顶板开始受到工作面采动影响，顶板岩层活动产生位移。因此，顶板岩层受工作面采动影响，前方采动影响范围在 73.4m 左右。

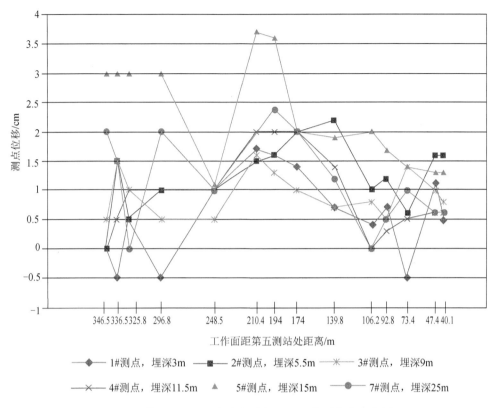

图 8.5　第 5 号测站顶板各测点位移随工作面推进变化图

图 8.6 是第 5 号测站底板观测孔内各测点位移随工作面推进的变化图。由图可以看出，各测点变化规律相同，测点之间位移差别不明显。在工作面距测站 248.5m 以前，各测点均无明显位移，底板岩层活动不明显。工作面距测站 248.5~92.8m 时，各测点开始产生较小位移，底板岩层开始受到采动影响，此时位移速率仅为 0.5mm·m^{-1}。随工作面推进，各测点位移速率逐渐增加，底板岩层活动愈加强烈。当工作面距测站 92.8~40.1m 时，位移变化较为明显，此时位移速率达到了 4mm·m^{-1}。当工作面距测站 40.1 以后时，由于测试仪器损坏，数据不全，但从现有数据可发现，测点位移仍在急剧增加，没有趋于平稳态势。并且当工作面距测站 40.1m 时，测点位移已达 300mm 左右，远远超过四号测站最后 90mm，这充分说明工作面长度对底板岩层影响的差异。分析认为，工作面底板最大破坏深度已经超过 45m。当工作面距测站 92.8m 时，底板开始受工作面采动影响，前方采动影响距离约为 92.8m，这与顶板观测结果是比较一致的。

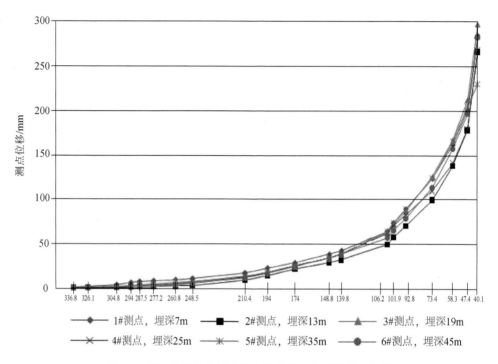

图 8.6　第 5 号测站底板各测点位移随工作面推进变化图

8.2.4　2225 综采工作面监测数据分析

　　2225 综采工作面 4 号测站处工作面长度为 50m，5 号和 6 号测站处工作面长度为 126m。因此，可以结合 2225 工作面三个测站监测结果，分析工作面长度对顶底板岩层活动的影响。由 4、5、6 号测站监测数据可以看出，当工作面长度为 50m 时，底板受工作面采动影响，前方扰动距离约为 40.5m，底板最大破坏深度已经超过 45m。当工作面长度为 126m 时，受工作面采动影响，前方扰动距离约为 92.8m，底板最大破坏深度也已超过 45m。

　　可以看出，工作面长度的大小，直接影响了回采工作面前方扰动距离。分析发现，2225 工作面左侧相邻采空区；2225 短工作面右侧为一宽煤柱，而长工作面右侧为一窄煤柱，较长工作面相当于一个孤岛工作面，因此工作面长度对前方顶底板岩层采动影响范围有显著影响。

8.3　1128 综合机械化充填开采底板破坏深度测试

8.3.1　监测内容及目的

　　邢东矿 1128 综采工作面采用高水全部充填法倾斜长壁仰采，工作面长度为

60m，采高 4.5～5.5m，采深 815～969m。通过在工作面巷道围岩中埋设监测仪器，监测工作面生产过程中充填效果及工作面来压规律，为分析底板岩层破断和工作面应力场分布提供依据。监测主要包括以下内容。

主要监测目的如下：

（1）通过监测工作面顶板岩层位移，掌握充填开采采场顶板压力随采掘推进变化及顶板移动规律，为研究高水材料充填开采厚煤层长壁高架综采面的采场矿压显现及顶板岩层破坏规律提供依据；

（2）通过对 1128 充填工作面在回采过程中底板破深度观测，研究高水材料充填开采对底板应力分布规律及裂隙破坏范围。

8.3.2　顶底板破坏深度监测方案

1．测站布置

1128 充填工作面监测站布置在工作面运料巷 1 号测站和 2223 探巷 2 号测站，整个监测测站布置及监测流程如图 8.7 和图 8.8 所示。

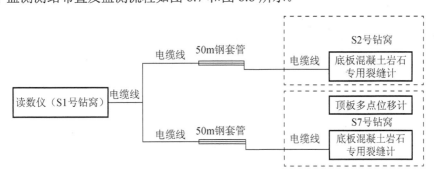

图 8.7　顶、底板监测流程图

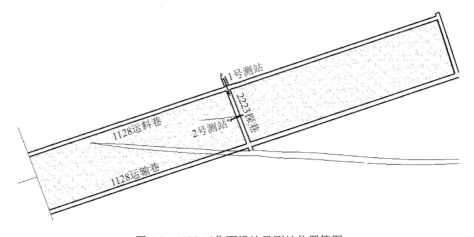

图 8.8　1128 工作面设计及测站位置简图

2. 监测仪器

底板监测仪采用振弦式埋入型专用岩石混凝土裂隙计，如图 8.9 所示。该监测系统由监测站、埋设信号传输电缆线、多点位移计、专用裂隙计等硬件以及相应软件组成。

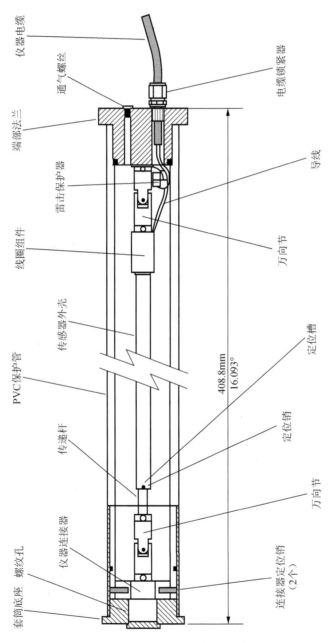

图 8.9　混凝土岩石专用裂隙计示意图

3. 监测程序

整个监测项目布置两个监测站,位置如图 8.8 所示。第 1 号监测站主要对顶、底板进行监测,测站处顶板岩层上安装 7 个深基点多点位移计,底板内安装 4 个专用裂隙计,整个监测站顶孔、底孔仪器安装深度以及编号见表 8-4。

表 8-4　第 1 号监测站顶、底孔仪器安装特征表

监测位置	仪器标号	埋深	备　注
顶　板	1	3m	
	2	6m	
	3	9m	(1) 顶板孔尽量竖直;
	4	12m	(2) 垂深为位移计距孔口距离
	5	15m	
	6	20m	
	7	25m	
底　板	1	7m	
	2	13m	(1) 底孔垂直向下;
	3	19m	(2) 垂深为裂隙计探头距孔口距离
	4	25m	

注:第 2 号监测站主要对该处的顶板岩层进行监测(略)。

4. 监测数据分析

结合工程实际情况,并根据工作面推进速度,主要对第 1、2 号测站进行了监测,其中第 1 号测站处底板监测数据较为完整,包括工作面推进前后的监测数据,顶、底板活动规律监测采用深基点多点位移计和岩石混凝土裂隙计,多点位移计监测原理是利用顶部基点与孔口之间的相对位移作为该基点的变形总量。岩石混凝土裂隙计监测原理是利用埋置于底板中不同深度裂隙计变形量来判断底板受采动影响产生的破坏程度。

根据工作面推进速度和现场生产情况,监测自工作面距监测点距离 236.5m 到工作面采过监测点 46m,监测推进距离 282.5m。监测数据分别以测点为原点,监测考察工作面向测点推进及推过测点后整个过程中,顶底板不同深度测试的位移变化情况。

图 8.10 是第 1 号测站顶板观测孔内各测点位移随工作面推进的变化图。从图

中可以看出，受工作面采动影响，前方扰动距离为 27.7m。由于 2、3、6 号测点中途断裂，此处仅将保留的数据绘制图中。当工作面推到距测站 6.5m 后，巷道顶板下沉，测站损坏无法再继续观测。

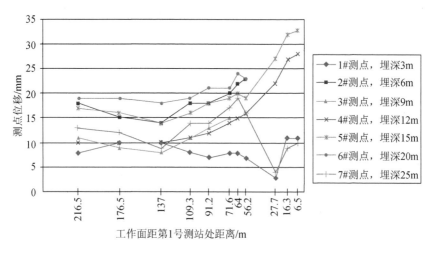

图 8.10　第 1 号测站顶板各测点位移随工作面推进变化图

图 8.11 是巷道底板位移随工作面推进的变化曲线。从图中可以看出，巷道底板 1、2、3 号测点保持了相同的变化趋势，与 4 号测点的变化趋势区别较大。当工作面距离测站 27.7m 时，巷道底板 1、2、3 号测点开始产生较明显的位移，4号测点直到工作面推过测站 6m 时，才开始出现位移。从位移速率上分析，当工作面距测站 27.7～6m 时，1、2、3 号测点位移曲线斜率（工作面每推进 1.0m 引起的位移量）为 0.7mm·m^{-1} 左右，三者速率相近，此时 4 号测点位移速率几乎

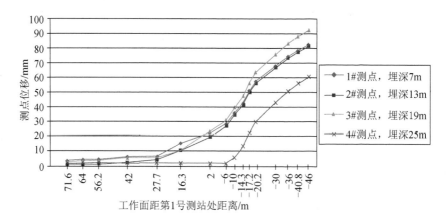

图 8.11　第 1 号测站底板各测点位移随工作面推进变化图

为 0；当工作面距测站-6～-20.2m 时，4 个测点位移均显著增加，斜率约为 2.2mm·m^{-1}；当工作面距测站-20.2～-46m 时，4 个测点位移增加变缓，有逐渐平稳的趋势，此时斜率约为 0.8mm·m^{-1}；并且工作面推过测站越远，位移增加速率越小，说明工作面推过测站46m 后，底板位移逐渐减小直至平稳。从底板破坏深度分析，由于 1、2、3 号测点出现相同的变化规律，而 4 号测点位移值明显偏小，说明底板深度 7m、13m、19m 均出现了破坏，位移峰值在底板深度为 19m 处，深度为25m 未出现破坏，分析认为，此时工作面底板最大破坏深度为 22m 左右。

图 8.12 为第 2 号测站顶板观测孔内各测点位移随工作面推进的变化图。分析认为，当工作面距测站 56.2m 时，测站处开始受到采动影响；当工作面距测站 27.7m 时，测站处受到采动影响显著，位移产生突变，随工作面推进，位移逐渐增大。因此，受工作面采动影响，前方扰动距离约为 27.7m，该图所反映的顶板岩层活动规律与第 1 号测站顶底板监测得出的规律一致。

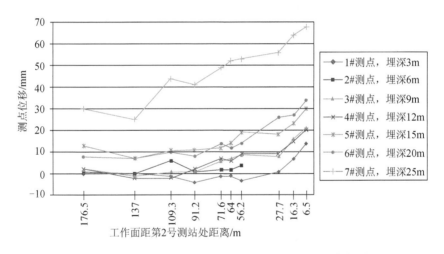

图 8.12　第 2 号测站顶板各测点位移随工作面推进变化图

结合第 1 号测站顶、底板各测点位移和第 2 号测站顶板位移，三者监测得到了一致的结论，即受工作面采动影响，充填开采工作面前方约 27.7m 处，顶、底板岩层开始显著活动；工作面底板最大破坏深度为 22m 左右，而距其 180m 采深大致相同的 2225 综采面（见 8.2 节），没采用充填开采，经测试底板最大破坏深度已达到45m。

第9章　采场底板隔水层阻水性评价方法

十多年来，在煤层底板突水危险性评价研究方面取得了较好进展，从水文地质学、渗流力学、岩体力学、采矿工程、地球物理等方面进行了系统理论分析和富有成效的现场测试，对底板突水机理认识进一步深入，预测结果得到了一定提高。随着矿井向深部开采，岩体的力学性质有很大的改变，水压越来越高，各种应力场与渗流场的非线性耦合作用越来越突出，以致预测突水的难度越来越大。浅部或中等深度煤层开采常用的临界突水系数值是经验统计值，反映的是浅部断裂构造等薄弱地带突水条件，40多年应用证明，唯象化突水系数对突水机理认识还是较接近实际的。

煤层底板突水危险性客观上取决于含水层、隔水介质和各种地质断裂构造，所以应从煤层底板岩性和结构分析入手，建立煤层底板突水危险性科学评价方法，并提出针对性防治水措施。

9.1　煤层底板隔水层结构及性质对底板突水影响

9.1.1　隔水层力学性质与阻水作用

（1）由强度较大岩石组成的岩层，抵抗水压、矿压破坏能力强。

（2）由刚性岩层和柔性岩层互层组成的隔水层组，虽然整体强度不如刚性岩层大，但软岩层以塑性变形吸收刚性岩释放出的能量，能降低刚性岩层的破坏，抵抗水压能力较好，具有较强的隔阻水性能。

9.1.2　隔水层不同岩性组合阻水能力分析

工作面底板突水不仅和下覆承压水压大小、隔水层厚度有关，还与隔水层岩层组合方式相关。抗拉强度和抗压强度都很高的石灰岩、砂岩等，在承压水的作用下形成裂隙时候，是很好的导水通道；反之，铝土泥岩、铝质泥岩及页岩等，抗拉、抗压强度都很小，但是阻隔水能力较强。

1. 不同岩性岩层组合类型阻水能力分析

假设煤层底板隔水层的各层岩性基本相同，层与层之间的黏结力很小，可忽略不计，由弹性力学理论可知"板"弹性曲面方程为

$$\omega = \frac{12(1-\mu^2)}{Eh^2}q \tag{9-1}$$

式中：ω 为岩层弯曲挠度；E 为岩石弹性模量；h 为岩层厚度，m；μ 为岩石泊松比；q 为岩石渗流量。

即板弯曲挠度（ω）与其厚度（h）平方成反比，即岩层厚度越大，挠度越小；反之，挠度越大。根据底板岩层不同组合分三种形式：

（1）直接底板自上而下层厚逐渐增加，导致各层的挠度由上而下逐渐减小，各层弯曲（底鼓）相互独立，层间均形成离层裂隙。这种情况使得底板隔水能力降低，对工作面回采最不利。

（2）当某一层或几层岩层厚度很小时可以看成静止在较厚的岩层上，其作用效果相当于一层岩层。如第 3 层较厚，其弯曲（底鼓）挠度小于第 2 层挠度，它们之间产生离层裂隙。

（3）直接底板隔水岩层是自上而下逐渐变薄，则下部任一岩层产生弯曲（底鼓）挠度均大于上一层，因此，几层岩层像一层完整岩层一样，由于同步弯曲而不产生离层裂隙，这种层序排列可增大底板隔水层阻水能力。

2. 等厚岩层组合阻水性能分析

根据底板每层软硬程度不同且厚度大致相当的底板岩层组合，分为下列三种形式：

（1）当底板隔水岩层自上而下由软变硬，则直接底板的弯曲（底鼓）挠度自上而下逐渐变小。故每岩层之间均形成离层裂隙。这种岩性组合排序使得底板隔水层隔水能力降低；

（2）底板隔水岩层自上而下由硬变软，则上部较硬岩层挠度小，下部岩层弯曲（底鼓）将终止于上部岩层，整个岩层作用结果相当于一层岩层，层间不产生离层裂隙，这种岩性组合可增加底板隔水能力。

由上可知，隔水岩层的层序组合方式不同将产生不同的离层裂隙。防止承压水导升较优岩层组合形式是（自下而上）：承压含水层—软岩层—较硬岩层—软岩层组合。它能阻抗承压水致裂、采动裂隙扩展及阻止承压水导升，形成对承压水突出有较强的阻隔作用。软硬岩层组合的层序越多，隔水层越厚，阻水效果就越好。例如，当底板最上部一层岩层很厚且强度很大时，它将抑制下部岩层上鼓，从而底板上鼓量及离层裂隙最少，可以增强底板隔水层隔水能力，对工作面回采很有利。当工作面底板由上到下逐渐变薄时，岩性由硬变软，这种组合方式对隔水层隔水能力也很有利，能有效抑制底板突水发生；反之，增加底板突水风险性。

从试采区本溪组岩性来看，大部分地区自下而上沉积层序为泥岩、砂质泥岩、砂岩、砂质泥岩、灰岩相互交替的循环沉积建造，且交替程序多，厚度大，该隔水层岩性组合，对防止奥灰承压水突入有利。

9.1.3　煤层底板隔水介质条件分析

煤层底板突水危险性受控于含水层、隔水介质和导水通道，其中隔水介质是控制突水发生的关键因素，底板突水与其隔水层厚度、岩性和结构密切相关。

1. 煤层底板隔水层的岩性

在水文地质学中一般将钻孔单位涌水量小于 $0.001\mathrm{L}\cdot(\mathrm{s}\cdot\mathrm{m})^{-1}$ 的岩层视为隔水层。隔水层的抗水压能力与隔水层的岩性密切相关，隔水层岩性主要有泥岩、粉砂岩和砂岩。受沉积环境的控制，隔水层岩性在垂向上旋回变化，不同岩性岩层呈现有规律的组合，称层组岩体。一般采用泥岩百分比含量 K 来表示隔水岩层岩性特征：

$$K = \frac{h}{H} \times 100\% \qquad (9\text{-}2)$$

式中：h 为煤层与主要充水含水层之间各泥岩层厚度之和，m；H 为煤层与主要充水含水层之间总厚度，m。

根据 K 值的大小将煤层底板隔水层岩性分为三类：泥岩为主型、砂岩为主型，砂泥岩复合型，见表 9-1。

表 9-1　煤层底板岩性类型

顶板岩体岩性类型	K 值/%	主要岩性	主要岩相	抗水压能力	隔水性能
泥岩为主型	≥65	砂泥岩、粉砂质泥岩和煤层	主要为泛滥平原、沼泽相和泥炭沼泽相、泻湖海湾相沉积等	弱	好
砂泥岩复合型	35~65	粉砂岩、粉砂质泥岩和泥岩	主要为分流间湾、泛滥平原和天然堤相沉积等	中等	中等
砂岩为主型	<35	砂岩、粉砂岩和石灰岩	主要为分流河道、河口沙坝和决口扇及小型水道相或浅海相沉积等	强	差

2. 煤层底板隔水层断裂结构

根据煤层、底板断裂构造发育程度和工程规模，将煤层底板岩层划分为完整结构、块裂结构、碎裂结构和松散结构四类，见表 9-2。

Hoek-Brown 岩体强度经验准则描述了岩体岩性-结构对岩体力学性质的影响，把不同岩体结构的岩体分为六类，即完整岩体、质量极好岩体、质量好岩体、中等质量岩体、质量低岩体和极差岩体。并提出了岩体破坏的经验强度准则公式：

$$\sigma_{1s} = \sigma_3 + (m\sigma_c\sigma_3 + s\sigma_c)/2 \qquad (9\text{-}3)$$

式中：σ_{1s} 为峰值强度时最大主应力，MPa；σ_3 为最小主应力，MPa；σ_c 为完整岩石材料单轴抗压强度，MPa；m、s 为经验常数，取决于岩石性质和承受破坏应力前岩石已破裂的程度。

系数 m 总是一个有限的正值，其变化范围从 0.001（高度破碎岩体）到大约 25（完整岩体）。系数 s 值的变化从 0（节理化岩体）到 1（完整岩石材料），根据煤层及顶底板岩性特征 m 和 s 的取值见表 9-3。

当 $\sigma_3=0$ 时，由式（9-3）得到岩体的单轴抗压强度为

$$\sigma_{1s} = \left(s\sigma_c\right)/2 \qquad (9\text{-}4)$$

同样，当 $\sigma_1=0$ 时，由式（9-3）得到岩体单轴抗拉强度为

$$\sigma_3 = \left(s\sigma_c\right)/\left(2+m\sigma_c\right) \qquad (9\text{-}5)$$

表 9-2　煤层底板断裂结构分类依据及其力学特征

岩体结构类型	断裂发育程度	结构体特征	断裂面特征	地质构造特征	岩体变形破坏特征	力学模型	抗水压能力和隔水性能
完整结构	结构面不发育，1 组和 2 组，规则，结构面间距 ≥2m，RQD 为 75%~100%，或 K_v 值为 0.75~1.0；Hoek-Brown 经验系数 $m=7.0\sim15$，$s=1$	巨块状，结构体尺寸大于或相当于工程尺寸	无 或 偶见 III、IV 级和 V 级 结构面，结构面闭合，粗糙无充填	地质构造变动小（轻微），节理不发育，断裂构造复杂程度为 I 类，最大主曲率小于 $1.0\times10^{-4}\mathrm{m}^{-1}$	脆性破坏和剪切破坏，少量沿沉积结构面分离	连续介质	抗水压能力和隔水性能好
块裂结构	结构面较发育，2 组和 3 组，呈 X 型，较规则，结构面间距 1~2 m，RQD 为 50%~75%，或 K_v 值为 0.50~0.75；Hoek-Brown 经验系数 $m=0.7\sim7.5$，$s=0.004\sim0.1$	大块状，结构体尺寸小于工程尺寸，但属于同一量级	II、III 级结构面为主，IV、V 级不太发育，至少有一组以弱结构面，张开，粗糙，有充填	地质构造变动较大（较重），位于断层或褶曲轴的邻近地段，可有小断层，节理较发育，断裂构造复杂程度为 II 类，最大主曲率为 $(1.0\sim2.0)\times10^{-4}\mathrm{m}^{-1}$	压缩变形量大，沿弱面剪切破坏	非连续介质	抗水压能力和隔水性能取决于断裂结构面封闭性
碎裂结构	结构面发育，3~5 组，不规则，呈 X 形或米字形，结构面间距 0.1~1m，RQD 为 25%~50% 或 K_v 值为 0.25~0.50；Hoek-Brown 经验系数 $m=0.14\sim0.3$，$s=0.0001$	碎块状，结构体尺寸远小于工程尺寸，属于次一量级	II、III、IV、V 级结构面都存在，且 IV、V 级发育，结构面张开或闭合，光滑不一	地质构造变动强烈（严重），位于褶曲轴部或断层影响带内，软岩多见扭曲拖拉现象，小断层，节理发育，断裂构造复杂程度为 III 类，最大主曲率为 $(2.0\sim4.0)\times10^{-4}\mathrm{m}^{-1}$	压缩变形量大，整体强度低，岩体塑性变形强，时间效应明显，沿弱面剪切破坏和塑性破坏	似连续介质	地下水作用较强烈，抗水压能力和隔水性能较差
松散结构	结构面很发育，5 组以上，杂乱，结构面间距 ≤0.1m，RQD 为 0~25%，或 K_v 值为 0~0.25；Hoek-Brown 经验系数 $m=0.001\sim0.08$，$s=0\sim0.00001$	碎屑状和颗粒状	断层破碎带内岩体或采动冒落带岩体，裂隙密集，无序块状夹泥，呈松散状	地质构造变动很强烈，位于断层破坏带内，岩体破碎呈块状，碎石角粒状，有的粉末泥土状，节理很发育，断裂构造复杂程度为 IV 类，最大主曲率大于等于 $4.0\times10^{-4}\mathrm{m}^{-1}$	压缩变形量大，时间效应明显，似土状，结构体张裂破坏和滚动，主要表现为塑性破坏	松散连续介质	地下水作用更为强烈，抗水压能力和隔水性能极差

3. 煤层底板隔水层厚度

煤层底板隔水层厚度是指开采煤层底板至含水层顶面之间隔水岩层的厚度。煤层底板抗水压能力除与煤层底板岩性-结构有关外，还与煤层底板隔水层厚度有关。

国内一些矿井和矿区总结以往承压水体上开采过程中突水和未发生突水工作面底板承受的极限水压 P 与底板隔水层厚度 h 的关系为 2 次幂函数关系。

$$P_t = ah^2 + bh + c \qquad (9-6)$$

式中：P_t 为含水层突水前水压，MPa；h 为底板隔水层厚度，m；a、b、c 为与突水地质条件相关的回归系数见表 9-3。

表中数据表明，煤层底板抗水压能力与煤层底板隔水层厚度呈正相关关系。

表 9-3 a、b、c 系数的取值

位置	系数 a	系数 b	系数 c	备注
淄博矿区黑山矿	0.00177	0.015	-0.43	底板泥岩和砂岩层
淄博矿区石谷矿和夏庄矿	0.0016	0.015	-0.30	底板泥岩和砂岩层
淄博矿区洪山矿和寨里矿	0.0010	0.015	-0.158	底板泥岩和砂岩层
淄博矿区双山矿和阜村矿	0.0008	0.015	-0.168	底板泥岩和砂岩层
峰峰矿区	0.0006	0.026	0	底板泥岩和砂岩层
焦作矿区	0.0010	-0.025	0.33	底板泥岩和砂岩层
开滦范各庄矿	0	0.157	1.124	完整底板泥岩层
开滦范各庄矿	0	0.134	-0.465	含裂隙底板泥岩层
开滦范各庄矿	—	—	—	
开滦范各庄矿	—	—	—	

4. 水压与隔水层厚度比

开采煤层承受水压与煤层到主要含水层间相对隔水层厚度之比，即突水系数法，就是单位隔水层所能承受的极限水压值。当水压与隔水层厚度比值小于突水系数时，可以安全回采，否则应采取防治水措施保证安全生产。突水系数在数值上相当于"相对隔水层厚度"的倒数。由于原始导升高度受不同构造与岩性影响而变化，要实际探测确定。根据底板突水实例分析，我国部分矿区按照突水系数公式得出了临界突水系数值见表 9-4。在上述突水系数概念指导下，淄博、肥城、井陉、邯郸、峰峰、焦作等矿区采用带压开采方法采出了大量受承压水威胁煤炭资源。

表 9-4　我国部分矿区临界突水系数经验值

矿区	临界突水系数值/MPa·m^{-1}
峰峰	0.066～0.076
邯郸	0.066～0.100
焦作	0.060～0.100
淄博	0.060～0.140
井陉	0.060～0.150

9.1.4　软岩与阻水性能关系

以邯邢矿区本溪组薄层石灰岩水文地质特征为例进行说明。本溪组隔水层底部普遍存在一层铝质泥岩，厚度一般都大于 6m，其上以泥岩、矿质泥岩等柔性岩石为主，比例最高达 96%，最低为 37%，平均含量 74%；本溪组中还夹有层数不多、厚度不均、分布不稳定的灰岩和砂岩，岩溶、裂隙不发育，含水层极弱。

本溪组底部铝质泥岩具有很强的消压性能（削减承压水头能力），可以用消压系数 C_i（或称带压系数）表示，其值等于 i 类隔水层单位厚度阻抗水头的能力，即

$$C_i = \frac{(P_y - P_0)}{M_i} \tag{9-7}$$

式中：C_i 为 i 类岩石消压系数，MPa·m^{-1}；P_0 为自然水头压力，MPa；P_y 为消压后水头压力，m；M_i 为 i 类岩石厚度，m。

经邯邢矿区某矿现场测定，试采区内本溪组底部铝质泥岩消压系数为 32，即每米铝质泥岩隔水层可以阻抗奥灰水头压力 32m，而底部粗粒砂岩的消压系数小于 1.0，两者相差几十倍，说明铝质泥岩的消压作用很强。

9.2　下组 9 号煤开采底板隔水层阻水性能分带及评价方法（Ⅰ）

以东庞矿下组煤 9103 工作面带压开采为例，对底板隔水层阻水能力进行深入分析。9103 工作面上巷底板标高-110～-147m，下巷底板标高-124～-153m，9 煤底板至奥灰顶面厚度 30～42m，工作面探查奥灰孔实测奥灰水位标高+59～+63m。9 煤隔水层底板承受奥灰水压 2.25～2.58MPa，则该工作面突水系数为 0.064～0.129MPa·m^{-1}，大于突水系数临界经验值 0.06MPa·m^{-1}。因此，9103 工作面属于突水危险区，回采过程中存在发生奥灰突水的可能性。

9.2.1　底板扰动深度及应力分布规律

1．9 号煤底板岩层物理及力学参数

9 号煤底板岩层岩性和物理及力学参数见表 9-5 和表 9-6。

表 9-5　9103 工作面隔水岩层结构

岩石名称	层厚/m	岩性特征
9 号煤	7.8	由 9_1、9_2、9_3 煤层组成
泥岩	4.1	含植物化石、中下部为铝土泥岩
细粒砂岩	7.6	含黄铁矿
石灰岩	1.7	隐晶质、质不纯
10 号煤	0.4	镜煤
泥岩	1.2	含铝土质，结构致密
粉砂岩	7.2	上部为细砂岩，下部为粉砂岩，含铝土质及氧化铁
铝土质泥岩	7.8	致密、鲕状结构，含铁质

表 9-6　9103 工作面底板各岩层主要物理、力学参数

岩层厚/m	名称	抗压强度/MPa	内摩擦角	抗拉强度/MPa	抗剪强度/MPa	泊松比
4.1	泥岩	24	26.54′	3.4	4.0	0.26
7.6	细砂岩	11.7	29	2.53	10	0.23
7.8	铝土质泥岩	15	26.54′	3.5	4.0	0.26

其中，泥岩及铝土质泥岩占隔水层总厚度的 45%，粉砂岩、细砂岩与本溪灰岩占总厚度的 55%，这种软硬相间具有一定厚度的隔水层结构在未受构造破坏的情况下，具有较好的阻水性能。同时，奥灰顶面"风化壳"为含铁质铝土质泥岩，具有一定的阻水能力，提高了煤层底板隔水层抗渗透能力。

2．模型设计及模拟结果分析

采用 FLAC^{3D} 模拟软件。根据东庞矿北井地质及钻孔资料，结合下组煤赋存特征，建立 9 号煤层走向长壁开采 FLAC^{3D} 数值计算模型，模型基于充分采动开采条件，模型长×宽×高=300cm×200cm×250cm。

边界条件及开采方案：北井二采区，最大主应力与垂直应力的比值平均为 1.3，最小主应力与垂直应力比值平均为 0.7，模型前后施加 1.3 倍的上覆岩层重力，以模拟最小主应力的作用，并以正梯形的加载方式模拟沿垂向的应力梯度；模型左右施加 0.7 倍的上覆岩层重力，以模拟最小水平主应力的作用，以正梯形的加载方式模拟沿垂直方向的应力梯度。

　　数值模型进行应力平衡后进行开挖，每次开挖步距 8m，共开挖 25 次，采面推进 200m。按照表 9-5，选取细粒砂岩、10 号煤、粉砂岩、铝土质泥岩四个层位，进行不同深度的扰动数值模拟实验，即各层位垂向膨胀应力分布描述，如图 9.1 所示。

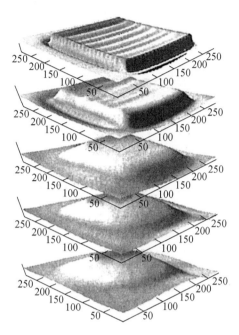

图 9.1　9 号煤开采底板扰动深度数值模拟图

　　从图 9.1 中不同深度垂直应力分布可看出，距 9 号煤最近的直接底泥岩及老底细砂岩已经受到破坏，属底板破坏带范围，其余 3 层距开采煤层底板越远，采动影响对底板产生的扰动影响越弱；但是所产生的底板扰动，对原始导升带有较大的扰动影响，根据扰动能量（大青灰岩顶板断裂强度）大小，可能产生裂隙活化、引张作用，使原始导升有"递进"现象，即增加了原始导升带高度。底板岩层下部原始导升带一般可分为两带，这在邢台矿区长期开采下组煤已得到了证实，如图 9.2 所示为下组煤带压开采底板垂向分带示意图。

　　（1）下导水带。阻水能力极差，其原始状态与采矿活动无关。由于其导水性很好，具有同下伏奥灰承压含水层相同的水压力，并构成含水体一部分。底板中若存在导水带，采掘靠近或揭露就会发生直通式突水，其危害性很大。

　　（2）上显水带。阻水能力相对较好，渗透性较差，其功能是从其下界至顶界将奥灰水头从最高削减至零。显水带特点是带内充满水，顶面的水压为零，离导水带越近，水压越大，直至其底面水压等于导水性很强的统一含水体水压。在采动影响作用下，显水带下部分有可能转化为下导水带，致其顶面若在底板破坏带以上时，就会发生大面积渗透性突水灾害。

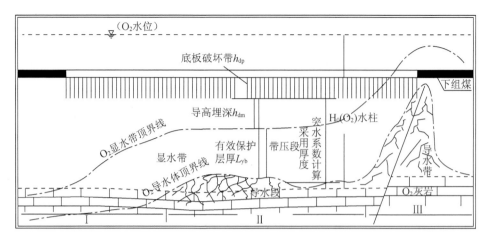

图 9.2　下组煤带压开采底板垂向分带示意图

当奥灰顶部存在古风化充填带或相对阻水的灰岩层段时，可将其看成相对隔水层的一部分。所以也将其中削减奥灰水头部分定义为显水带范围。同样，导水带由于无阻水能力，又同奥灰含水层连成一体，可将其看成含水层的一部分。

处于显水带和底板采动破坏带之间的部分，由于其未参与阻水削减奥灰水头任务，不妨将其定义为阻水储备段。而显水带和阻水储备段由于主要担负抵抗奥灰水压突水作用，故将其统称为有效保护层。

煤层底板若不存在阻水储备段就处于渗透性突水的临界，如果没有有效保护层就有直通式突水危险；但如果显水带在奥灰顶部风化壳内，实际上增加了阻水储备段厚度，即有效保护层厚度，因而就没突水危险。

带压开采煤层底板隔水层水文地质条件分界性较强，其形态多种多样且复杂。但不少采场并非是所有分带同时存在，不同条件、不同采场隔水层阻水性能存在差别。隔水层抗渗性能，即阻水性能，除了与含水层水压大小有关，还与隔水层中裂隙发育程度和岩性有关。当隔水层仅发育微细裂隙时，其下伏奥灰承压岩溶水受采动影响在煤层底板裂隙中扩展、上升运移，就必须克服细微裂隙中结合水的抗剪强度而削减承压水头。裂隙越窄则结合水的抗剪强度就越大，其阻水能力也就越强，削减承压水头就越大，需要削减承压水头的隔水层厚度就越小；而当隔水层中发育的裂隙宽度较大时，其阻水能力变小，因此要削减同样的奥灰水头值，所需要的隔水层厚度就会增大。因此，不同岩性及结构隔水层对承压水头削减能力不同，即阻水能力不同。

9.2.2　底板隔水层阻水能力测试与量化方法

1. 阻水能力测试技术要求

利用井下试验钻孔方法进行。在试验钻孔施工过程中，测试水压、水量和水温数据，即所谓"三量测试"。然后对所测数据进行分析，计算出不同层段的带压系数，评价底板隔水层阻水性能。

整个测试项目是在钻探过程中断续完成的，数据见表 9-7 和表 9-8。其底板测试层段取在孔口有出水时（即孔内循环水有微量增加时）开始。在清水钻进过程中，通过循环水消耗量解决这一问题。根据要求，"三量"测试层段不大于 3.0m，即进尺最长 3.0m 时测 1 次；若遇到水量增加或突变时则加密观测，每进尺 1.0m，观测 1 次，进尺最短不应小于 0.5m；水量每 5min 测 1 次，共测 4 次，计 20min。若每次水量之差较大（即超过 5%），则延长至 30min，并进行详细记录；水压：每 5min 测 1 次，共测 3 次，计 15min；若相邻两次之压力无变化，即告完成；若有变化时，再延长 10min，测 2 次，并作出详细记录；水温：在测水量时，即可在孔口测水温，每 5min 测一次，共测 2 次。

表 9-7　底板隔水层阻水性试验奥灰孔资料

钻孔	隔水层厚/m	进入层位/m	三量观测			水源判别
			水量/m³·h⁻¹	水压/MPa	水温/℃	
原位₆钻窝试₁	30.50	本溪灰岩	0.04	0.4	18.5	本灰水
		穿过 10 号煤粉砂岩	0.075	0.4	18.5	含砂岩水
		进奥灰 2.93	0.075	0.4	18.5	含砂岩水
		进奥灰 7.08	0.100～0.140	0.4	19.0	砂岩水
		进奥灰 14.60	40～50	1.9	20.0	奥灰水
探固₁钻窝探₁	31.70	铝土泥岩底	0.037	测不出	18.0	砂岩水
		进奥灰 6.89～10.48	1.28	1.65	20.0	奥灰水
		进奥灰 11.11	1.50	1.65	20.0	奥灰水
		进奥灰 12.64	50～60	1.72	20.0	奥灰水
原位₄钻窝试₃	31.78	粉砂岩	0.20	测不出	18.0	砂岩水
		进奥灰 5.94	0.25	水压不显	18.0	砂岩水

表 9-8　底板隔水层阻水性试验煤系孔资料

钻孔	底板隔水层			三量观测			阻水段长度
	垂深/m	出水层位与深度/m	含水层类型	水量/m³·h⁻¹	水压/MPa	水温/℃	
探固₃钻窝固₂₁	21	粉砂岩 0.5	奥灰水	40～50	1.2	20	15.5
探固₆钻窝固₂₈	26.9	粉砂岩 2.5	奥灰水	5	1.0	20	13.1
	34.9	粉砂岩底	奥灰水	15	1.2	20	—
探固₆钻窝固₂₇	34.6	粉砂岩底	奥灰水	10	1.2	20	8.1

钻孔	底板隔水层			三量观测			阻水段长度
	垂深/m	出水层位与深度/m	含水层类型	水量/m³·h⁻¹	水压/MPa	水温/℃	
补探固₃钻窝固₂₄	26.8	粉砂岩 3.0	奥灰水	4	1.4	20	12.5
探固₆钻窝固₁₄	25.9	粉砂岩上部	奥灰水	2	1.2	20	11.5
	33.8	粉砂岩底	奥灰水	10	1.36	20	—
探固₇钻窝固₁₅	27.2	粉砂岩 3.0	奥灰水	13	1.27	20	12.8

2. 底板阻水性量化新方法——带压系数法

通过煤层底板的阻水能力现场试验发现，当测试钻孔尚没有揭露奥灰含水层时就出现了承压水位，说明底板保护层厚度变薄；当进入奥灰含水层顶面以下时，尚未显示承压水位，则说明奥灰含水层顶部有相对隔水层存在，且具一定的阻水能力。这些资料对带压开采的安全评价是很重要的。为了进一步说明带压开采评价标准，在此基础上，通过相关测试数据，求出带压系数，然后应用带压系数进行带压开采安全性评价。底板保护层阻水性能可通过带压系数体现。

分段测试带压系数：

$$D_{wi} = \frac{(P_{w(i+1)} - P_{wi})}{h_{i+1} - h_i} \tag{9-8}$$

整个测试段平均带压系数：

$$\overline{D_w} = \frac{(P_{wn} - P_{w1})}{h_n - h_i} \tag{9-9}$$

平均（显水带）带压系数：

$$\overline{D_{w0}} = \frac{H_0}{h_{dy}} \div 100 \tag{9-10}$$

式中：D_w 为分段带压系数，MPa·m⁻¹；$\overline{D_w}$ 为整个测试段平均带压系数，MPa·m⁻¹；$\overline{D_{w0}}$ 为平均（显水带）带压系数，MPa·m⁻¹；P_{wi} 为第 i 分段测定的水压值，MPa；$P_{w(i+1)}$ 为第 h_{i+1} 分段测得的水压值，MPa；h_i 为第 i 次测定的垂直煤层法线钻孔深度，m；h_{i+1} 为第 $i+1$ 次测定的垂直煤层法线钻孔深度，m；i 为测试次数（i=1,2,3,…,n）；H_0 为底板导水带顶水（压水标高），m；h_{dy} 为阻水带压段（显水带）厚度，m。

9103 工作面底板带压系数计算成果及带压阻水试验成果见表9-9。

表 9-9 9103 工作面底板带压阻水试验成果汇总表

项目 \ 地段	探固1号钻窝	原位6号钻窝	原位3号钻窝	探固3号钻窝	补探固3号钻窝	探固5号钻窝	探固6号钻窝	探固7号钻窝	探固8号钻窝	备注
9_2—O_2^1	31.70（探1孔）	30.50（试1孔）	32.091（应7）	30.89（探5）	39.627（探7）	39.627（固13）	43.124（固14）	42.00±（依据补固14，补固18推算）	37.322（补固18号孔）	垂直煤层底面沿线厚度
带压阻水段顶界埋深 H_{su}/m	<33.427m（探1）（埋深定义大）	<36.886m（试1）（埋深定义大）	<19.582m（固11）（埋深定义大）	<17.97m（固9）（埋深定义大）	<24.211m（固23） <24.089m（固24）（埋深定义大）	<38.095（后检2）（埋深定义大）	<25.981m（固14）（埋深定义大）	<18.366m（补固4）（埋深定义大）	<18.113m（固18）（埋深定义大）	均以垂直地层板下法测深度计
取样位置	终孔（入O_2 3.956m）	终孔（入O_2 14.47m）		固9孔终孔（O_2上0.209m以浅）｜固21孔终孔（O_2上0.209m以深 铝土岩）｜固21孔终孔木深板深26.889m处			固14号孔O_2以上9.349m以浅｜固14号孔O_2以上9.349m以深		固18号孔终O_2以上1.851m细砂岩	底板本水一般特点（与奥灰水所有区别）
水型	HCO_3-Ca·Mg型（典型O_2水质）	HCO_3-Ca·Mg型（典型O_2水质）		HCO_3-Ca·Na型｜HCO_3-Ca·Mg型｜HCO_3-Ca型			HCO_3-SO_4-Ca·Na型｜HCO_3-SO_4-Ca·Na型		HCO_3-SO_4-Ca·Na型	
矿化度/mg·L⁻¹				509.79｜502.40｜485.28			525.07｜531.09		572.55	
K^++Na^+ 毫克当量%	16.61	16.67		25.20｜15.69｜24.76			26.05｜27.31		29.27	K^++Na^+毫克当量百分含量>30%
Ca^{2+}	58.21	57.59		52.61｜57.13｜55.60			50.42｜51.09		59.39	Ca百分含量当量<50%
Mg^{2+}	25.18	25.74		22.18｜27.17｜19.63			23.52｜21.59		11.33	
Cl^-	11.25	10.93		10.37｜10.70｜9.87			11.76｜10.46		11.96	Cl百分含量毫克当量>20%
SO_4^{2-}	19.46	20.65		22.54｜22.99｜22.46			26.75｜26.30		27.30	
HCO_3^-	67.50	66.67		67.08｜66.29｜67.40			61.47｜63.22		60.73	
计算段	1.0MPa入O_2上1.727m ~ 1.7MPa入$O_2$3.398m	0.4MPa入$O_2$0.496m ~ 1.9MPa入$O_2$14.471m	固11孔 >0MPa（O_2上12.509m）~ 0.7MPa入（O_2上5.389m）	固9：1.10MPa入O_2上0.209m；固21：1.10MPa入O_2上0.209m；1.2MPa入O_2上4.001m	探7孔 1.10MPa入O_2上1.463m；1.40MPa入O_2上2.274m		固14：1.0MPa入O_2上17.143m；固28：1.0MPa入O_2上15.265m；~1.5MPa入O_2上9.349m；~1.2MPa入O_2上6.766m	补检4：0.25MPa入O_2上23.634m；~0.85MPa入O_2上19.209m；11.391m	固18：>0MPa（O_2上19.209m）；~1.25MPa入O_2上1.851m	均以垂直地层的沿线方向计量
带压系数 D_w/MPa·m⁻¹	0.419	0.188	<0.09831461	D_w（固9）=0.0315；D_w（固21）=0.080；$\overline{D_w}$=0.039	0.043		D_w（固14）=0.064；D_w（固28）=0.024；$\overline{D_w}$=0.043	0.049	<0.072	

续表

项目＼地段		探固1号钻窝	阮位6号钻窝	阮位3号钻窝	探固3号钻窝	补探固3号钻窝	探固5号钻窝	探固6号钻窝	探固7号钻窝	探固8号钻窝	备注
隔水层底板标高/m		-150.4	-155.8	-151.6	-159.8	-167.8	-181.4	-191.5	-189.7	-188.3	底板破碎深度取12m(h_{ap})
隔水层承受水压/MPa		2.09	2.19	2.12	2.20	2.28	2.41	2.52	2.497	2.483	O_2水位深1(+59.01)，试1(+63.0)，其余O_2水位取+60m
带压系数 T_s/MPa·m⁻¹		0.11(探1)	0.19(试1)	0.11(阮7)	0.12(探5)	0.08(探7)	0.09(固13)	0.08(补固14)	0.083(补检4)	0.098(固18)	
带压开采安全性评价及防治水对策	①$D_w>T_s$②根据已测试带压系数(O_2风化壳穿阻）风化壳穿高3.398m可阻水压0.419MPa·m⁻¹×3.398m=1.423MPa，本化壳内D_w处水压尚余水压1.7-1.423=0.277(MPa)根据国家工业性试验一期研究报告，此处残余阻水带有一定程度采影响破碎带残余值最低是水压计算，剩余需h_{ap}0.015MPa·m⁻¹水头余0.277MPa×0.015回采无危险，故h_{ap}推算本处=31.70m，回18.467m>13.233m>h_{ap}(12m)，可回采无水危险底板，此地段符合合模型II-I	①$D_w>T_s$②据固11孔处$h_{ap}=19.582$m<17.97m按改换算0.841m水压换算O_2成水位-61.00，风化壳具有一定程度近-34.955m此处接近采水形式进入采区此区故底板需行底板注浆须加固处理，提高有效保水层带(水)压能力，使导高顶界下移	①$D_w<T_s$②根据固9孔资料h_{ap}<17.97m按改算出h_{ap}推算2.277m山此看米②地段符合合模型II-III-I型，回采时底板需要行渗水大渗改进入采区故须进行底板注浆加固，以提高有效保护水层带(水)压能力，使导高顶界下移	②$D_w<T_s$②据固7孔计算的带压冷却深推算固7孔资料换算24孔带$h_{ap}=24.089$m(固24根改推算24孔冷却推算$h_{ap}=39.627$m~1.60MPa÷0.043MPa·m⁻¹=2.277m<h_{ap}(12m)	实际情况：①试4号孔底板下埋深12~46.118m，平均须阻水压0.03MPa②后检2孔底板下埋深12~38.095m，平均须阻水压0.038MPa③固13号孔底板下埋深12~45.156m，平均须阻水压0.030MPa分析该地段一般情况下无突水危险，此处应符合II-I-I模型。O_2风化壳有一定的阻水作用	②A以补检4号孔补检系数最小处深18.366m以上，还需0.25MPa÷0.049MPa·m⁻¹水头=5.10m削减至h_{ap}（h_{ap}=13.266m）B推算固15扎孔$h_{ap}(7.275m)<h_{ap}$(12m)固28号孔以上还需1.27MPa÷0.049MPa·m⁻¹=25.914m28推算深27.89m以上需1.0MPa÷0.024MPa·m⁻¹=42.495m米看，此地段符合II-III-I，此处可知此地段模型回采时底板有渗透性出水的可能，此处应造有效的加固保护层	①$D_w<T_s$②$D_w=0.072012$9MPa·m⁻¹<T_s区推固7钻孔补检4（补检4计算的带压系数补检35.471m以上需1.25MPa÷0.049MPa·m⁻¹水头=28.339m以上还需1.27MPa÷0.049MPa·m⁻¹=25.506m<h_{ap}(12m)故此段应符合模型II-III-I，底板有效保护层加固，以提高其性能力，保证有效的井下生产不塌
效果		回采安全	回采安全	该地段共注水泥14.3t，回采安全。	探固 3 号注浆，共注水泥17.65t，回采安全	该地段注浆进行注浆，共注水泥25.5t，回采安全	底板补注水泥4.5t，回采安全。	通过固14、固27、固28，后检固4，补检4等孔注浆，共注水泥41.4t。回采顺利通过	通过固15、补检4等孔共注水泥71.1t、注浆顺利通过灵顺利通过	通过固16、固18、补固18等孔共注水泥10.50t，顺利回采完毕	

9.2.3　底板隔水层阻水能力判别模型

带压开采关键是保护层薄厚及其带压阻水能力问题，若不能满足带压开采，根据经济技术合理性决定是否采取疏水降压或注浆加固底板等技术方案。

在底板隔水层阻水性能分析中提出原始导升高度（或称越潜）可再划分为阻水能力相差较大的上、下两个分带，如图 9.2 所示。根据带压开采煤层底板隔水层充水性分带特点，提出以下 6 种带压开采判别模型。根据每种模型充水特点，对采场危害程度提出相应防治对策。

1）Ⅰ级判别

有效保护层厚度 $L_{yb}=0$，底板将发生突水，采掘空间一旦揭露该地段时，就会发生直通式突水，如图 9.3 所示，这时突水量大小很难预测，主要与导水通道的过水能力和充水含水层富水性及水头大小有关。

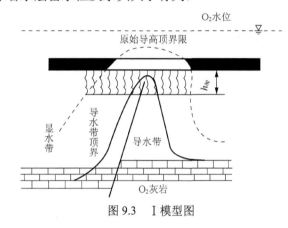

图 9.3　Ⅰ模型图

2）Ⅱ级判别：（有效保护厚度 $L_{yb}>0$）

（1）D_w（带压系数）$>T_s$（突水系数）时。

① h_{dp}（底板破坏带深度）$<h_{dm}$（O_2 顶界原始导升高度），$D_w>T_s$ 这时底板应该无突水危险，如图 9.4 所示。

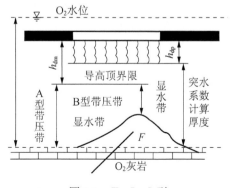

图 9.4　Ⅱ-Ⅰ-Ⅰ型

② $h_{dp} > h_{dm}$，$D_w > T_s$ 底板至少应该渗透性出水，具有渗透性出水危险，如图 9.5 所示。

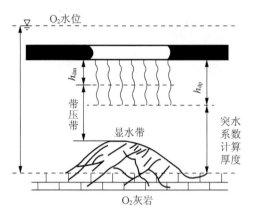

图 9.5　Ⅱ-Ⅰ-Ⅱ型

（2）$D_w = T_s$ 时。

① $h_{dp} > h_{dm}$ 底板应该有渗透性出水，底板破坏越深渗水量越大，越具突水危险，如图 9.6 所示。

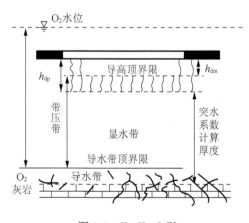

图 9.6　Ⅱ-Ⅱ-Ⅰ型

② $h_{dp} < h_{dm}$ 底板应该无突水危险，如图 9.7 所示。

（3）$D_w < T_s$ 时（$L_{yb} > 0$）。

① $h_{dp} > h_{dm}$，底板破坏深度范围内见 O_2 水压，这时底板肯定要渗透性突水，突水量视底板破坏深度大小，越深水量越大，如图 9.8 所示。

② $h_{dp} < h_{dm}$，这时候 O_2 风化壳起一定阻水作用，应判断底板不存在突水危险，如图 9.9 所示。

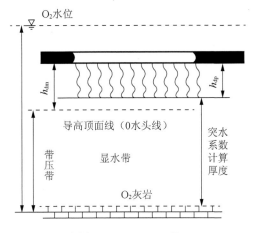

图 9.7 Ⅱ-Ⅱ-Ⅱ型

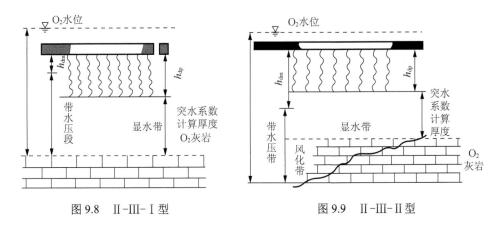

图 9.8 Ⅱ-Ⅲ-Ⅰ型 图 9.9 Ⅱ-Ⅲ-Ⅱ型

9103 工作面带压开采底板隔水层充水性分带性赋存特点，通过采前底板综合水文地质勘探，其成果资料说明符合Ⅱ-Ⅰ-Ⅰ和Ⅱ-Ⅲ-Ⅰ两种底板隔水层阻水能力判别模型，具有渗透性出水危险，应针对导水带及显水带部位进行注浆加固及改造，提高隔水层完整性及阻水能力，防止底板突水。

9.3 原位地应力测试评价方法（Ⅱ）

本节仍以东庞矿下组煤 9103 工作面为例进行阐述。

9.3.1 原位地应力测试理论基础

"岩-水应力关系"学说把复杂的煤层底板突水问题，归纳为岩（底板隔水岩体）水（底板承压水）应力（采动应力与构造应力）关系，将煤层底板突水过程解释为底板突水是由采动矿压和底板承压水高水压共同作用的结果,采动矿压造成了岩体应力场与底板渗流场的重新分布,二者相互作用的结果,使底板岩体的最小主应力小于承压水水压时,产生压裂扩容而发生突水,其突水判据为

$$I = \frac{P_{\mathrm{w}}}{\sigma_3} \tag{9-11}$$

式中:I 为突水临界指数;P_{w} 为底板隔水岩体承受的水压;σ_3 为底板隔水岩体的最小主应力。

I 为无量纲因子,$I<1$ 时,不突水;$I>1$ 时,突水。对于一个回采工作面,底板承水压一般是已知的,关键是利用岩体原位测试技术测定煤层底板隔水岩体中最小主应力 σ_3 的大小及采动效应所引起的 σ_3 的变化。

9.3.2　测试工程设计

1. 采动应力测试技术要求

(1)测试钻孔布置原则:测试钻孔一般考虑布置在受采动效应明显,底板受到扰动深度较大处;根据顶板初次来压一半距离经验值设第一孔,其余各孔的布置以初次来压与周期来压的步距经验值为依据,结合底板构造情况依次布置。

(2)钻孔结构及施工技术要求:采动应力测试孔一般设计为斜孔,在施工条件允许的情况下钻孔俯角应在 30°～40°,且垂直下巷,垂深必须大于底板采动破坏深度的经验值,一般在 20～25m。孔径应在 59mm 左右,钻孔偏中距在 5mm 之内。

(3)孔数:采动应力测试孔一般为 3 或 4 个,旨在通过多个测试孔的测试,真实反应采动效应特征。

(4)测点布置:采动应力测试孔所布测点应以能探测到采动效应相关参数为宜,一般在最大破坏深度上、下 1.0m 范围之内,布设 3 或 4 个测点,并兼顾底板隔水层中相对薄弱部位。

2. 地应力普查测试

(1)地应力普查孔的布置范围应尽量控制普查目的的区域,均匀分布。

(2)普查孔依据施工条件可以设计为直孔或斜孔,其深度以能够探测到地层原始地应力参数为宜,一般垂深在 20～25m。

(3)地应力普查孔应布置在构造地应力异常地段,如断层及裂隙带、背斜、向斜的轴部等。

(4)地应力普查孔应尽量布置在隔水层变薄的区域。

(5)地应力普查孔所布测点应以控制隔水关键层为宜。

9.3.3 9100采区及9103工作面地应力测试

测试钻孔参数见表9-10和表9-11，位置如图9.10所示。

表9-10 9103工作面应力测试钻孔设计表

孔号	位置距切眼前方/m	俯角	孔径/mm	孔深/m	方位
1#	15	40	59	22	垂直巷道走向
2#	45	25	59	35	垂直巷道走向
3#	70	30	59	30	垂直巷道走向
4#	45	25	59	35	垂直巷道走向

注：终孔位置距煤层深约15～17m，向工作面内水平延伸17～32m。

表9-11 9100采区应力普查钻孔设计表

孔号	位置	俯角	孔径/mm	孔深/m
5#	9103工作面下巷	垂直	59	15
6#	9103工作面下巷	垂直	59	15
7#	9103工作面上巷	垂直	59	17
8#	9100石门与皮带巷之间联络巷	垂直	59	19
9#	9100石门与皮带巷之间联络巷	垂直	59	19

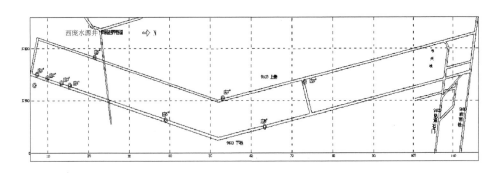

图9.10 9103工作面原位地应力测试孔平面布置图

9.3.4 底板原位地应力测试成果

1. 9103工作面原位应力测试成果分析

根据原位地应力表9-12测试结果；结合岩石力学及物理试验结果，见表9-13。

表9-12　9103工作面原位地应力测试结果表

测孔	测点	深度/m	最大主应力/MPa	最小主应力/MPa	临界破裂应力/MPa	压力位移测试斜率	与采线距离/m	测试时间
1	Don111	17.935	9.376	5.555	7.291	0.88	12.30	2/12
	Don112	15.785	10.041	6.136	8.368	0.77		
	Don113	12.605	6.411	4.525	7.165	0.79		
2	Don211	11.29	9.575	5.585	7.181	0.78	25.30	8/12
	Don221	11.61	8.213	5.034	6.888	0.74	15.80	15/12
	Don222	10.56	7.935	4.827	6.545	0.75		
	Don223	9.38	7.802	4.818	6.443	0.76		
	Don224	9.32	7.791	4.761	6.331	0.76		
	Don231	11.46	8.179	5.002	6.684	0.69	12.35	16/12
	Don232	10.32	8.179	4.801	6.523	0.70		
3	Don311	18.785	4.453	4.562	6.234	0.90	63.00	28/11
	Don312	17.285	6.093	4.080	6.146	0.91		
	Don321	23.15	6.531	4.493	6.948	0.85	42.35	16/12
	Don322	20.29	6.528	4.519	7.030	0.87		
	Don331	20.705	7.900	5.777	8.431	0.84	30.00	19/12
	Don332	20.85	9.643	6.027	8.438	0.84		
	Don333	20.185	9.442	5.770	7.868	0.83		
	Don334	19.235	8.545	5.493	7.935	0.85		
	Don341	22.35	6.804	4.375	6.320	0.75	16.60	22/12
	Don342	21.735	6.711	4.201	6.222	0.76		
	Don343	20.805	6.252	4.311	7.001	0.76		
	Don344	20.285	6.028	4.731	6.987	0.78		
	Don351	22.455	8.400	5.200	7.200	0.69	12.10	23/12
	Don352	21.715	8.327	5.081	7.176	0.68		
	Don353	20.195	8.960	5.464	7.430	0.70		
	Don354	18.715	8.775	5.216	7.417	0.71		
4	Don411	6.785	7.261	4.300	5.910	0.65	18.00	26/12
	Don412	5.785	7.103	4.214	5.792	0.67		
	Don413	2.053	4.877	4.194	4.706	0.68		
	Don414	2.055	4.197	4.002	4.011	0.66		

综合分析，9103工作面在采动过程中，其地应力变化具有如下特征：

（1）随工作面推进，压力-位移曲线斜率逐步变小，如图9.11所示。说明底板隔水层由于受采动影响，在超前支承压力作用下，刚性下降，逐步软化。

（2）随着工作面的推进，最小主应力σ_3在逐渐变小，局部数据出现反常，但总体趋势仍以下降为主。最小主应力σ_3始终在4.0MPa以上，大于底板最大承压水压力2.58MPa。

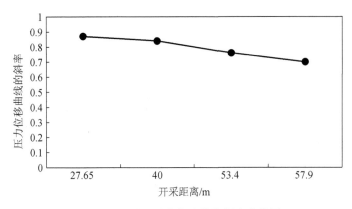

图 9.11　3 号孔压力位移曲线斜率变化图

（3）初次来压的距离 25～30m。

表 9-13　东庞矿岩石力学及物理试验数据表

孔号	取样深度	岩样性质	物理试验		力学试验									
			比重	容重	抗压/MPa		抗拉/MPa		抗剪强度		弹性模量		
					平均	变异范围	平均	变异范围	内摩擦角	凝聚力系数	切向模量/MPa	变形参数	泊松比
$\phi108$	9 号煤底板 2～5m	泥岩	2.53	2.52	24.0	28.1～23.5～20.4	1.13	1.20～1.50～0.70			0.22	0.19	0.26
监 1#	本溪灰岩底板	粗砂岩	2.81	2.79	35.0	35.7～34.7～34.7	1.83	2.50～1.50～1.50	20°54′	10.00			
监 1#	本溪灰岩顶板	中砂岩	2.66	2.66	32.3	37.2～29.1～30.6	3.73	3.30～4.30～3.60			0.58	0.63	0.21
固 1#	9 号煤底板 22～22.6m	泥岩	2.67	2.62	14.9	12.7～16.8～15.3	2.70	3.40～3.20～1.50	28°50′	4.00	0.17	0.26	0.35
固 1#	9 号煤底板 18m	中砂岩	2.68	2.65	20.0	17.3～22.4～20.4	3.70	4.00～3.80～3.30					
固 1#	9 号煤底板 15.5m	细砂岩	2.48	2.48	11.70	12.2～12.7～10.2	2.53	2.80～2.40～2.40					
固 1#	9 号煤底板 14.5～15.4m	泥岩	2.64	2.63	22.4	25.5～19.4～22.4	3.40	2.90～3.90～3.40	26°54′	6.50	0.60	0.52	0.26
固 1#	9 号煤底板 14m	泥岩	2.52	2.47	10.5	10.2～11.2～10.2	0.90	0.70～1.00～1.00	21°54′	4.00			
固 1#	9 号煤底板 25～25.6m	粗砂岩	2.65	2.65	73.1	59.3～58.7～71.4	6.13	8.00～3.30～7.10	10°06′	23.00	1.03	0.94	0.39
固 1#	9 号煤底板 28.8m	粗砂岩	2.65	2.64	69.5	70.9～65.3～72.4	7.87	7.10～8.50～8.00	11°13′	21.00	0.78	0.71	0.33

2. 9100 采区应力普查成果分析

根据应力普查结果见表 9-14。

表 9-14　9100 采区应力普查测试结果表

测孔	测点	深度/m	最大主应力/MPa	最小主应力/MPa	临界破裂应力/MPa	测试时间（月/年）
5#	Don511	10.285	9.347	6.231	9.347	
	Don512	9.915	8.956	5.656	8.013	3/2012
	Don513	9.645	8.764	5.433	8.012	
	Don514	8.855	8.369	5.317	7.440	
6#	Don611	11.135	7.619	4.953	7.238	
	Don612	10.845	7.555	4.731	7.134	7/2012
	Don613	9.700	9.218	5.447	7.123	
	Don614	9.085	7.762	4.851	6.792	
7#	Don711	10.845	5.991	4.493	7.489	
	Don712	9.800	7.868	4.245	7.868	7/2012
	Don713	8.740	9.035	4.162	6.453	
8#	Don811	10.620	5.500	4.196	7.525	
	Don812	9.655	5.346	4.277	7.485	8/2012
	Don813	8.260	5.605	4.312	7.330	
9#	Don911	10.100	5.608	4.112	7.668	
	Don912	9.810	5.422	4.071	7.451	9/2012
	Don913	8.680	5.338	4.102	7.211	

结合数值模拟，9100 采区底板应力分布呈现以下特征：

（1）各测试孔应力值均表现出不同程度的应力异常，且 P_w 的 σ_1 和 σ_3 由深及浅依次降低，这与岩体应力垂直分布规律相吻合。

（2）P_w、σ_1、σ_3 的值在空间上的分布与构造展布吻合，即在背斜轴部各应力值较小，而在背斜两翼各应力值较大，应力较为集中，如图 9.12～图 9.14 所示。

（3）P_w、σ_1、σ_3 值在应 4# 孔附近显示最小值，在 5# 孔附近显示最大值，如图 5.19～图 5.21 所示，这与采煤采动有关。

（4）巷道拐点与第二联络巷之间为应力相对薄弱地段，但 σ_2 值仍大于奥灰最大水压力。

（5）随工作面推进，上述应力分布特征出现规律性变化，主要表现为采线附近底板应力场出现周期性的应力集中与松弛，相应出现周期来压与顶底板应变能释放，周期来压步距在 25～30m。

9.3.5　9103 工作面突水危险性评价

（1）根据"岩-水应力关系"理论，对于 9103 工作面底板承受奥灰最大水压

2.58MPa，各孔测试结果中最小 σ_3 值为 4.0MPa，$I=P_w/\sigma_3<1$，因此，9103 工作面正常地段不会发生奥灰水突出。

（2）分析本次测试结果可以发现，虽然 σ_3、σ_1、P 值均表现为不同程度的负异常，但该面除底板存在的三个异常地段外，小裂隙不太发育，这说明 9103 工作面底板隔水岩层完整性较好，阻水性能较强。

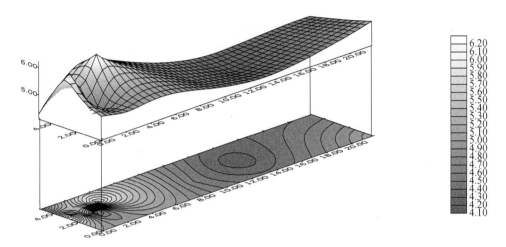

图 9.12 9 号煤底板细砂岩最小主应力等值线分析图

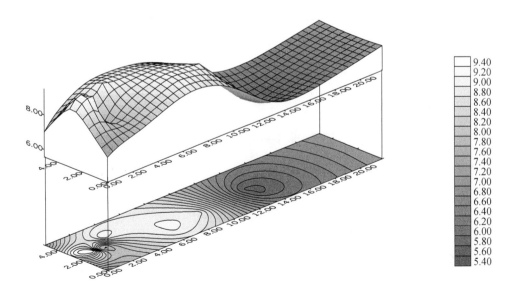

图 9.13 9 号煤底板细砂岩最大主应力等值线分析图

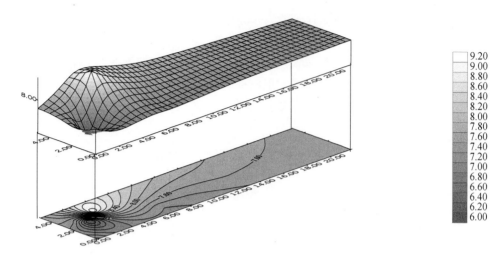

图 9.14　9 号煤底板细砂岩临界破裂应力（*P*）等值线分析图

（3）由于本区水文地质条件复杂，采动过程对岩体原始应力场有较强的扰动，底板由于应变能释放，压裂扩容作用明显，初次来压对底板破坏深度达 15m，因此扰动引起的底板破裂带与隔水层下部小裂隙影响带及渗透软化深度相沟通的可能性仍然存在。因此，对关键区段的探查，注浆改造和突水危险区实时监测很必要。

（4）应力普查结果反映，巷道拐点与第二联络巷之间为应力分布相对薄弱地段，因此应该作为探查和注浆改造的重点区段。

总之，从原位地应力测试结果可看出，在工作面推进过程中，最小主应力 σ_3 在 4.0MPa 以上，大于煤层底板最大承压水压力 2.58MPa，$I=P_w/\sigma_3<1$，所以在相对比较完整的地层条件下不会发生突水。地应力普查结果反映出巷道拐点与第二联络巷之间为应力分布的薄弱地带，应进一步探查。

9.4　下组煤底板隔水层阻水能力评价方法（Ⅲ）

9.4.1　测试原理简介

本次压水测试采用双孔测渗技术，装置如图 9.15 所示，布设两个钻孔，一个钻孔用于压水，另一个钻孔用于测渗。在测试孔中测试段深度位置布设水压传感器，通过电缆与水压检测仪连接，并在孔口安装压力表辅助记录；在压水孔接入压水泵、流量计、压力表。当钻孔施工到测试岩层中一定深度时，测试岩层以上安装套管，并对其进行固管、试压，然后继续钻进至压水段，孔口采用法兰盘密封，当在压水孔中注入高压水时，水流只能作用在测试岩层上。

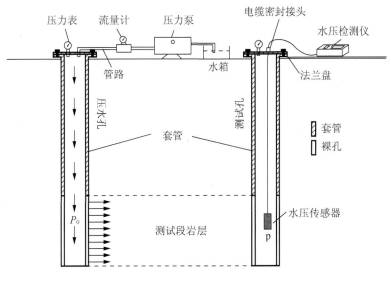

图 9.15　现场压水实测过程示意图

9.4.2　测试设备

测试设备包括钻孔设备、压水设备及测渗系统三部分。

（1）钻孔设备。

目前井下配备的常用坑道钻机可满足测试孔施工要求。

（2）压水设备。

采用 2ZBQ-3/21 高压气动注浆系统，该系统为本质安全型，压水泵无级变速，流量可调范围 5~80L·min^{-1}，额定泵压 22MPa；注浆管路耐压不低于 12MPa。

（3）测渗系统。

采用振弦式水压传感器，该传感器计数精度高，测试范围可调幅度大；采用 GSJ-2A 型智能检测仪进行数据采集，该仪器可直接显示水压值并可存储；体积小、质量轻，集成化程度高；耗电省，携带方便。阻渗性实测针对不同岩性结构分类进行，测试段包括原始结构状态的厚层泥岩、砂岩、互层段及断层破碎带、采动破坏带等五种类型。

（4）过程控制。

压渗过程重点控制测试岩层的两个渗透性变化节点：一是测试岩层的起渗点，即控制测试段岩层起始导渗水压、流量及其初始状态的渗透性；二是测试层段稳态阻渗性，重点控制压渗通道处于导通状态的水压、流量及渗透性。

参照水压致裂法试验要求，现场压渗试验的所有测试段均采取重复测渗方式；压渗过程的注水压力采用梯度递增方式，起始水压控制为 0.5MPa，然后按 0.5~1.0MPa 的压力梯度增压，每一压力梯度稳压时间控制在 10min 左右，连续记录压水过程的流量及压力变化；如果连续二级压力梯度下测渗孔的压力响应无明显变化，则再增高测试压力梯度即可停止试验。

9.4.3　底板导渗条件

1. 起始导渗条件

为量化评价测试段的起始渗透条件，取测渗孔水压和压渗流量明显显现时，随注水压力同步变化的点作为起始渗透特征点，如图 9.16 所示，将该点对应的注水压力定义为起始导渗水压 P_{w0}（简称为导渗水压）。从渗流力学的一般意义角度，所谓导渗水压是指岩土形成导渗条件的最低压力水头；而对于压渗试验，起始导渗水压则对应于导致测试段岩层处于渗流状态的注水压力。在压渗过程曲线上，可将测渗孔水压或压渗流量开始明显变化的起始点所对应的注水压力确定为起始导渗水压力，与其相应的测渗孔水压差值则对应于起始导渗状态的渗透阻力，可作为测试段原始状态隔水性的量化依据，该阶段渗流属于非 Darcy 流。

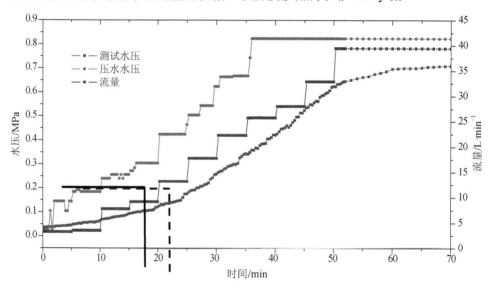

图 9.16　压渗过程的起始导渗点示意图

2. 阻渗条件关联参数分析

通过压渗试验取得了底板起始导渗条件和稳态压渗条件参数，即相关反映底板阻渗条件的量化参数。

1）原始状态底板隔水性

底板隔水与导水是相对的概念。通常界定断层或岩层是否导水是基于实际含水层的水动力条件，如果水动力条件发生变化，则断层或岩层可能会由隔水转化为导水。因此压渗过程的起始导渗水压可以作为界定底板隔水能力的量化依据，即对于一定的充水含水层水压条件，可以根据起始导渗水压大小确定岩层或断层带是否隔水。

2）奥灰原始导升高度

原始导升是天然水动力环境底板含水层水顺顶部覆岩裂隙渗流上升的距离，通常根据钻探揭露出水情况确定，原始导升高度大小既受制于覆岩的裂隙发育程度，也与水压大小有关。因此，原位压渗过程起始导渗条件对应的水压梯度可作为确定原始导升高度的间接依据，依据不同原始结构测试层段起始导渗水压梯度的实测结果，结合岩溶裂隙承压含水层的承压条件，可对其原始导升进行基本判断。

3）断层破碎带的临界导通条件

实际上，在距离充水含水层较远情况下揭露断层，由于渗透阻力因素而显现无水状态，而如果相邻含水层间隔厚度较小，断层带很可能因其低压导渗特点而成为导渗通道。压渗试验取得的断层带起始渗透水压和稳态渗流阻力可作为判断奥灰含水层是否通过断层发生水力联系的条件依据，这一点对于确定下组煤底板带压开采的奥灰突水危险性很重要。

9.4.4　裂隙导渗通道

稳态压渗状态并不意味着测渗段岩层发生了结构性的破坏，实际上多数情况下裂隙导渗并非形成有贯通性通道，而是由局部压裂损伤而形成的裂隙渗流网络，具有高渗流阻力。即便是构造破碎带，其原始状态的起始导渗也是在较高的渗透阻力下实现的，具有较高的阻渗性，在较高的水压梯度下才形成了实测的渗流状态。

1. 导渗通道类型

1）低阻贯通导渗

工作面底板采动破坏带、构造破碎带受到重复扰动，二者均属岩层结构性破坏导渗，压渗过程特点表现为压渗开始测渗孔水压、压渗水量即基本随注水压力同步变化，变化幅度也大致相同，且起始渗透阻力很低，底板采动破坏带测点在 $0.11 \sim 0.2 \ \mathrm{MPa \cdot m^{-1}}$，表明渗流通道畅通，为低阻贯通性渗透；二者稳态渗流的水压梯度分别只有 $0.06 \sim 0.11 \ \mathrm{MPa \cdot m^{-1}}$ 和 $0.03 \ \mathrm{MPa \cdot m^{-1}}$。

2）高压致裂导渗

高水压致裂导渗共同的特点表现在以下两方面：

（1）岩层原始状态的透水性微弱，初次压渗过程注水压力达到较高水平时测试段被压裂导通，但显现较高的渗透阻力，压裂导渗的标志是注水压力达到一定水平时测渗孔水压骤升，渗透压差呈大幅度降低。

（2）重复压渗过程渗透阻力虽较初次压渗大幅降低，但大都仍保持较高阻渗水平，且有的测试段渗流量始终较小，表明虽然高压致裂形成裂隙渗流通道，但裂隙网络开张度低、连通性差，由此导致其渗流不畅。

高压致裂导渗的测试段中，尽管都显示高阻渗透特点，但底板原始状态的结构性对导渗性影响较大。构造破碎带致裂水压要比正常底板低得多，且重复压渗会导致渗透阻力大幅降低。原始状态下，正常底板透水性微弱，高水压下起始渗透显现高渗透压差及高阻渗等特征，且重复压渗过程仍保持高渗透压差、高阻渗状态，表明测试段没有产生压裂导通效果。

2. 底板突水的通道条件

对于底板带压开采条件，突水通道是底板突水的前提要素，而压渗试验结果表明，底板导渗通道并不能与突水通道相提并论，突水通道的基本特点是渗流通道由渗透破坏导致的低阻导渗性。

图 9.17 所示为不同结构岩层重复水压作用下水压梯度变化的实测结果。由图可以看出，原始状态较完整的岩层重复压渗三次后，其水压梯度未显现明显变化，表明重复高水头作用未产生明显的渗透破坏，间接反映出正常结构底板岩层具有较强的抗渗透破坏能力；而与其相比，断层带、采动破坏带测试段重复压渗的水压梯度明显降低，且降低幅度随次数增加而大幅度增大，表明重复高水头渗流作用产生了明显的渗透破坏效应，从而导致渗流通道的连通性增强、阻渗性下降。综合对比分析，正常结构底板岩层产生渗透破坏的前提条件是发生结构性破坏。

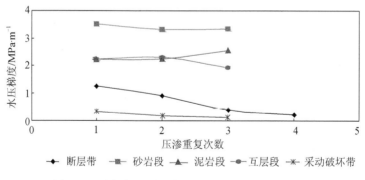

图 9.17　重复高压渗流作用对阻渗性的影响示意图

9.4.5　采动底板阻渗能力评价模型

1. 建模思路分析

从实际压渗试验结果看，完整结构底板测试段与构造部位测试段的抗渗阻力差异是比较明显的，而完整结构不同岩性的抗渗阻力差别不大，其主要原因是原位结构状态岩层的阻渗能力主要受制于其结构条件，与岩性强度的关系不大，但总体上厚层砂岩测试段的起始导渗水压力相对较高，互层测试段较低，厚层泥岩测试段的起始导渗水压力介于二者之间。因此，对于正常结构底板岩层的抗渗透破坏强度的分层段取值，比较合理的方法是主要考虑结构条件，兼顾岩性差异。

从物理意义角度，突水系数反映的是底板岩层阻水能力与充水含水层水头压力的对比关系。为使底板阻渗能力评价成为临界突水系数的确定要素，采动底板阻渗能力评价模型所考虑的底板阻渗层既包括具有阻渗能力的有效隔水层，也考虑了采动破坏带的残余阻渗能力，因此，上述阻渗强度可作为底板突水系数评价的基本依据。

2. 评价经验公式模型

采动底板岩层的实际阻水能力评价参数为抗渗强度 P_z，为真实反映底板隔水岩层平均阻水能力的指标，物理意义为：煤层与底板充水含水层间隔岩层所具有的阻水抗压能力，单位为 MPa，具体表达为

$$P_z = \sum_{i=1}^{n} h_i p_{0i} \qquad (9\text{-}12)$$

式中：h_i 为第 i 层段岩层厚度，m；P_{0i} 为第 i 层段的单位厚度所具有的抗渗强度，MPa·m^{-1}，其大小主要受岩性及结构状态影响，可通过式（9-13）确定；M 为所采煤层至奥灰含水层顶面距离，m。

1）阻水岩层有效厚度 h

煤层底板阻水岩层厚度是指开采煤层与充水含水层间隔层段厚度：$h=M-h_{dp}-h_{dm}$（M 为煤层底板至含水层顶界面厚度，m；h_{dp} 为底板破坏带深度，m；h_{dm} 为 O_2 顶界原始导升高度，m。其中采动破坏带可作为一个层段，其厚度可根据相近地质条件工作面的实测数据类比确定，或依据相关开采条件参数通过底板破坏深度预测模型确定；原始导升高度则主要依据钻探揭露资料分析确定。

2）平均抗渗强度 P_{0i}

底板平均阻渗强度 P_{0i} 依据底板隔水层的结构类型分层段确定（以钻探资料为依据），基于室内伺服渗透试验所揭示的岩块变形过程的渗透性演化特点，根据岩层结构类型或裂隙发育程度对阻渗能力量化赋值方法提出下式：

$$P_{0i} = a_i \frac{(P_{si} - \bar{\gamma} H \cdot \lambda_i)}{M_i} \qquad (9\text{-}13)$$

式中：P_{si} 为第 i 分层起始导渗水压力，MPa；λ_i 为第 i 分层侧压力系数；$\bar{\gamma}$ 为第 i 分层覆岩的平均重度，kN·m^{-3}；H 为第 i 分层上部覆岩厚度，m；M_i 为第 i 分层厚度，m；a_i 为结构效应折减系数，取值主要考虑结构类型和裂隙发育程度；P_{si}、λ_i 一般可分别通过现场原位压渗和室内试验取得，P_{wi} 如没有实测数据，则可依据原

位压渗实测结果类比确定；h_i 划分确定主要依据其结构状态。

鉴于华北型煤田太原组煤系底板的岩层结构特点，参考目前岩体结构类型划分观点，将底板岩层结构类型分成完整性较好的块状结构、层状结构（互层及层状破裂结构）、破裂结构（厚层）、采动破坏带、原始状态不导水的构造破碎带等五类，并从安全角度结合裂隙发育程度对结构效应折减系数 a 进行取值，建议参考值见表9-15。

表 9-15　岩层阻渗能力的结构效应折减系数 a

结构类型	正常结构条件			构造/采动扰动条件	
	块状结构	层状结构	破裂结构[②]	构造破碎带[①]	采动破坏带
RQD/%	≥85	85～75	75～50	50～25	<25
折减系数	1	0.95	0.9	0.85	0.7

① 原始状态不导渗；
② 层状破裂结构同。

表 9-16 为底板岩层结构类型及其对应平均阻渗强度（P_0）推荐表。考虑到华北型煤田的沉积环境具有一定的相似性，太原组煤系岩层的岩性及其组合结构具有可比性，该推荐值对于其他相近条件矿区的底板岩层阻渗性评价具有重要的参考价值。在缺少实测结果的情况下，可视裂隙发育程度乘以结构效应折减系数 a，以适当提高安全程度。

表 9-16　底板岩层结构类型及其对应平均阻渗强度（P_0）取值推荐表

结构类型	量化指标/RQD	定性特征/钻探揭露	平均阻渗强度/MPa·m⁻¹
块状结构	≥85%	完整性较好，裂隙不发育 冲洗液不渗漏或消耗不明显	厚层砂岩：0.56 厚层泥岩：0.32
层状结构	75%～85% 50%～75%	薄层状互层，裂隙不发育 裂隙较发育，冲洗液消耗明显，但量小	灰岩/互层：0.40 碎裂结构：0.13
碎裂结构	50%～75%	厚层裂隙发育，冲洗液渗漏量大	0.07 0.08
构造破碎带	25%～50%	原始状态不导渗	
采动破坏带	<25%	结构性破坏，初始状态导渗	0.03

3. 评价方法

评价方法如图 9.18 所示，首先确定底板有效隔水层厚度，然后根据钻孔揭露的岩层结构条件统计分层段厚度，并按表 9-16 对平均阻渗强度赋值，最后 P_z 值按式（9-12）计算确定底板阻渗能力。

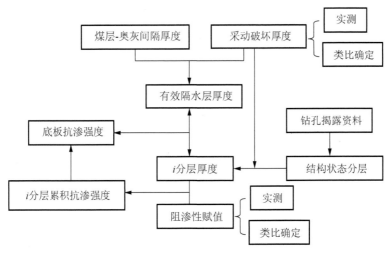

图 9.18　底板阻渗能力评价流程图

4. 评价示例

本节以华北地区具有代表性的某矿区一、二、三矿压渗试验地点附近的钻孔柱状为例进行阐述，计算钻孔位置下组煤底板的阻渗能力，条件参数及计算结果见表 9-17。

如以表 9-17 中评价点底板阻渗强度与相应地段奥灰含水层水压进行对比，D_2钻孔位置（二矿）奥灰含水层水压接近于下组煤原状结构底板的阻渗强度，其他评价点下组煤底板阻渗强度不同程度地高于相应地段奥灰含水层的水头压力，底板阻渗强度高出奥灰含水层水压 1.5~2 倍，反映出正常结构底板的阻渗强度对于下组煤底板带压安全开采的保障程度。

当然，如果阻渗能力条件达不到评价技术要求，要进行区域底板岩层注浆加固，或将奥灰顶部含水层注浆改造为相对隔水层。

表 9-17　现场压渗地点及附近下组煤底板阻渗强度评价值

底板层段		评价矿别					
		一矿 （L_1孔）		二矿 （D_2孔）		三矿 （Y_8孔）	
		Σh/m	P_0/MPa	Σh/m	P_0/MPa	Σh/m	P_0/MPa
采动破坏厚度		16	0.48	20	0.6	10	0.3
块状 结构	厚层砂岩					7.0	3.9
	厚层泥岩	14.2	4.5	6.4	2.1	7.3	2.3
	互层	7.5	3.0	18	7.2	4.4	1.8
层状碎裂结构		9.1	1.2	3.0	0.4	10.1	1.3
间隔层厚度		46.8		47.4		38.8	
底板抗渗强度		9.3		10.3		9.6	

第 10 章　裂隙含水层水平孔注浆"三时段"浆液扩散机理与数值模拟

区域超前治理的目的一是消除煤层底板中的陷落柱、断裂及裂隙等各种地质缺陷；二是将含水层改造成相对隔水层，增加隔水层厚度。为满足大采深高承压水矿井及下组煤安全带压开采要求，逐步稳妥地延伸安全开采上限，邯邢矿区近年来积极开展多分支近顺层定向钻探技术，采取井上和井下相结合的方式，开展了区域超前注浆改造奥灰顶部含水层，以改变其充水条件。由原来局部的"一面一治理"转变为主动的"区域超前治理"奥灰岩溶裂隙水害新技术。

关于注浆机理以往研究很多，但基本是以垂向注浆孔水平裂隙为基础建立的浆体扩散物理模型；对水平孔注浆机理研究，作者查阅了大量文献，基本没有这方面的研究。因此，对裂隙含水层中水平注浆孔浆液扩散机理进行研究，以指导区域超前注浆治理矿井水害具有重大的现实指导意义。

10.1　水平注浆孔浆液扩散机理

在大采深高承压水开采条件下，将奥灰顶部岩溶裂隙含水层改造成相对隔水层，其具有采深大，静水压力高，注浆压力高的特点。

10.1.1　垂向裂隙中水平孔注浆浆液扩散形态

在裂隙含水层内注浆实质是驱水注浆。在垂向裂隙中，浆液扩散是以水平注浆孔为中心的径向辐射环状扩散，考虑到水压差及浆液重力的作用，以邯邢矿区某矿的实际有关参数进行模拟分析垂向裂隙与水平裂隙中浆液扩散形态差异，有关参数见表 10-1。

表 10-1　水平孔注浆数值模拟参数表

项目	水平孔深度 h_0 /m	浆液密度 ρ_g /10^3kg·m^{-3}	水平注浆孔距隔水层距离/m	地下水密度 ρ_w /10^3kg·m^{-3}	注浆直径/m	浆液运动黏滞系数 υ_g /m^2·s^{-1}	水平孔距/m
参数	950~1050	1.35	5.0~10.0	1.000	0.152	7.0~20	60

水平孔内的注浆压力推动浆液向周围岩体径向扩散，而含水层内的水压阻碍浆液扩散。在水平注浆孔垂向截面上、下浆液扩散际线存在一高差，所以与水平裂隙中浆液扩散形状相比是有差异的。在水平裂隙注浆过程中，浆液扩散际线处

压力等于所在深度的静水压力，即

$$P_{ff} = \rho_g g h_0 \tag{10-1}$$

式中：P_{ff} 为浆液扩散际线处压力；g 为重力加速度；其他符号见表 10-1。

在竖直裂隙注浆过程中，浆液扩散际线处压力与其所在的相对位置有关。当注浆孔处于 h_0 深度，浆液扩散际线到注浆孔距离 y_f 时，际线点的压力可表示为

$$P_f = \rho_g g (h_0 - y_f) \tag{10-2}$$

同时要考虑在竖直裂隙中注浆浆液自重的影响。基于注浆过程 Hele-Shaw 模型假设，应用 CVFEM 方法进行数值模拟，按表 10-1 给出的工程参数，分别计算水平裂隙和竖直裂隙中浆液扩散际线形状，如图 10.1 所示。

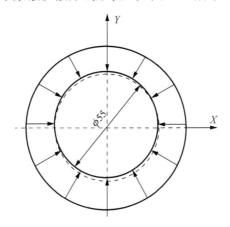

图 10.1　垂向裂隙中浆液扩散形状对比图

图 10.1 中虚线是水平裂缝浆液扩散的形状，实线是竖直裂隙浆液扩散形状。以水平裂隙中的浆液扩散形状作为参照，从图中可以看出竖直裂隙浆液扩散形状略向 Y 轴正向偏移。这是因为在竖直裂缝注浆过程中，浆液扩散际线存在深度差，处于较深位置的际线所受静水压力相对较大，而在较浅位置的际线所受静水压力相对较小。在保持一定注浆压力的条件下，浆液将往阻力压力梯度大、阻力小的方向扩散流动。在模拟中，浆液自重促使浆液往 Y 轴负向流动。图 10.1 中对比差异是静水压力差和浆液重力综合作用的结果，即竖直裂隙中浆液扩散形状不是纯圆形。以注浆孔为原点，按如下公式计算浆液扩散半径的相对误差：

$$\varepsilon = \frac{|R_h - R_v|_2}{|R_h|_2} \tag{10-3}$$

式中：R_h 为水平裂隙中浆液扩散际线距注浆孔距离；R_v 为竖直裂隙中浆液扩散际线距注浆孔距离。

经计算，两种注浆方式的浆液扩散最大半径相对差异为 2.28%，不影响实际工程应用。为便于计算，垂向裂隙中水平孔注浆浆液扩散形状可近似为圆形。

10.1.2　裂隙岩体中注浆"三时段"划分

灰岩含水层注浆改造是高压注浆,考虑到浆材与水趋向于 Newton 流体,浆液的扩散符合有关地下水动力学规律,水平孔注浆浆液扩散形状在钻孔轴横截面上是圆环形辐向流扩散,浆液的注入过程是水渗流的逆向过程;在轴向剖面上,由于绝大部分裂隙面与水平钻孔相交,这里假设钻遇裂隙面均垂直于钻孔轴向,建立的水动力学物理模型如图 10.2 所示。

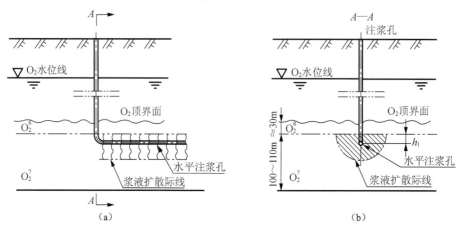

图 10.2　水平注浆孔浆液扩散剖面示意图

水平孔注浆采取边钻边注的单孔注浆方式,一般采用"定压变质量"方式,保持设置(设计)注浆压力(＞90%),注浆量由大到小进行变挡;每一档内,注浆压力是由低到高的"定量升压"式。

在灰岩含水层中,将含水层注浆改造成相对隔水层,浆液扩散是驱替水的置换作用。一般设计注浆总压力 $P_0=1.5\sim2.5P_e$(P_e 为静水压力,MPa),根据水平孔高压注浆的浆液形态,可将注浆进程分三个时段。

(1)第一时段——充填注浆。在灰岩裂隙体坚持"逢漏必注"原则,当钻遇岩溶裂隙较大,含水层渗透流速大于或等于 2000m·d^{-1} 时,是"充填"式注浆,靠浆液自重充填注浆,一般注浆泵口是无压状态的自吸状态,当达到含水层静水压力的启压时,向上充填扩散。该时段的特点是注浆三时段中时间最长,吃浆量最大。

(2)第二时段——升压渗透注浆。在浆液基本充满裂隙后,注浆压力逐渐升高;当注浆进浆量＜150L·min^{-1},注浆压力较高,但压力上升速度大于 0.005MPa·min^{-1} 时,稠度适当降低。该时段特点是注浆时间较长,吃浆量较小,浆液渗透以近似圆环式扩散。

(3)第三时段——高压扩缝注浆。该时段是注浆终压结束阶段,注浆时间短,注浆压力最高,岩体裂隙被不同程度地扩张,主要是扩缝效应,没有浆液扩散渗透行为。高压注浆产生适度的扩缝效应，即裂隙扩张和回弹有利于对浆液的排水固结，可提高注浆质量。

需要说明是，上述的三个注浆时段的注浆方法是定量注浆（Q=const），注浆压力逐步升高。所以各阶段注浆时间长短与所注的异常体裂隙的范围大小密切相关；注浆扩散距离大小取决于注浆总压力与注浆孔之间水压差的大小。第一、二注浆时段的裂隙 δ 开度是恒定的，第三高压注浆时段 δ 是增大的。注浆压力升至设计压力时，稠度是否合理，应视吸浆量减少速度而定，一般来说在 0.8～1.0L/min 区间变化较合适，如果递减速度快，浆液应予变稠；反之，则适当变稀。

10.1.3 裂隙岩体中浆水分区模型

假设浆液在裂隙内辐射流动是层流，钻遇裂隙均布且与钻孔轴向垂直，裂隙面浆液呈圆环渗透扩散。根据在灰岩裂隙含水层中注浆为驱水注浆的原理，浆液区和水流区是连续的，按单相浆液渗流考虑，满足分界面内外条件及初始条件，由此建立岩水分区物理模式如图 10.3 所示。

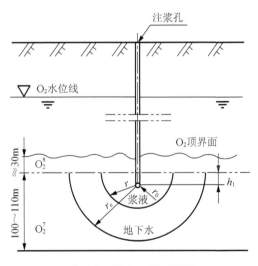

图 10.3 浆水分区示意图

事实证明，除溶蚀溶洞、断裂构造外，岩体裂隙缝隙较小，裂隙中液体流动基本是层流。另外，矿井深部奥灰含水层是煤系基底，不含有瓦斯等气体，所以含水层饱和度 100%。

10.1.4 水平孔注浆"三时段"与浆液扩散机理

1. 充填注浆时段

当钻遇溶蚀溶洞或较大裂隙时，多表现为素流，流速较高，由于浆液自重影响，开始呈无泵压而自吸状态，直至下半部充满，然后起压至上半部扩散充满，称之为充填注浆。该时段注浆量用洛米捷公式表达：

$$q = 4.76 \left(\frac{g^4}{\upsilon_g} \delta^5 J^4 \right)^{\frac{1}{7}} \tag{10-4}$$

式中：q 为流体的单宽流量，$m^3 \cdot h^{-1}$；J 为水力梯度；δ 为裂隙张开度，m；其他符号同前。

2. 升压渗透注浆时段

裂隙面视为粗糙裂隙，水和浆液在粗糙裂隙内层流区的路易斯渗流系数为

$$K_w = \frac{g\delta^2}{12\upsilon_w \left[1 + 8.8 \left(\frac{\omega}{\delta} \right)^{1.5} \right]} \tag{10-5}$$

$$K_g = \frac{g\delta^2}{12\upsilon_g \left[1 + 8.8 \left(\frac{\omega}{\delta} \right)^{1.5} \right]} \tag{10-6}$$

式中：ω/δ 为裂隙表面相对粗糙度，取 0.033~0.5；ω 为裂隙表面绝对粗糙度；δ 为粗糙裂隙的张开度；υ_g 为浆液运动黏性系数，$MPa \cdot s$；υ_w 为水运动黏性系数，$MPa \cdot s$。

这里先假设在承压含水层内存在一垂直于轴向的二维粗糙裂隙，在注浆过程中，浆液推动地下水向外径向辐射流动，这样在这两个区域分别建立流动方程。

在浆液流动区：

$$q_g = -2\pi\zeta\delta k_g \frac{\mathrm{d}p_g}{\mathrm{d}\zeta} \quad (r_0 < \zeta < r) \tag{10-7}$$

在水流区：

$$q_w = -2\pi\zeta\delta k_w \frac{\mathrm{d}p_w}{\mathrm{d}\zeta} \quad (r < \zeta < r_e) \tag{10-8}$$

为计算简便，在界面处可忽略浆液与水之间毛细力的交换作用，即地下水对浆液的稀释作用，因此边界条件有

$$\begin{cases} \zeta = r_0, P_g = P_0 \\ \zeta = r_e, P_w = P_e \\ \zeta = r, P_g = P_w, q_g = q_w \end{cases} \tag{10-9}$$

式中：P_g 为浆液区注浆压力，MPa；P_w 为水流区的水压力，MPa；P_0 为注浆孔底压力，MPa；P_e 为含水层水的静水压力，MPa；q_g 为浆液流量，$m^3 \cdot s^{-1}$；q_w 为水

流量，$m^3 \cdot s^{-1}$；ζ 为浆液或水流场区任意一点的半径，m；r_0 为注浆孔半径，m；r_e 为含水层水力影响半径，m。

从式（10-7）中提出 dp_g 后积分得到

$$dp_g = -\frac{q_g}{2\pi\delta K_g}\frac{d\zeta}{\zeta}$$

$$\int_{p_0}^{p_g} dp_g = \int_{r_0}^{r} \frac{q_g\mu_g}{-2\pi\alpha k_g}\frac{d\zeta}{\zeta}$$

$$\left(p_g - p_0\right) = \frac{q_g\mu_g}{-2\pi\alpha k_g}\ln\frac{r}{r_0}$$

$$q_g = \frac{-2\pi\alpha k_g\left(p_g - p_0\right)}{\mu_g\ln\left(r/r_0\right)}$$

同理，从式（10-8）中提出 dp_w 后积分得到

$$dp_w = \frac{q_w\mu_w}{-2\pi\alpha k_w}\frac{d\zeta}{\zeta}$$

$$\int_{p_w}^{p_e} dp_w = \int_{r}^{r_e} \frac{q_w\mu_w}{-2\pi\alpha k_w}\frac{d\zeta}{\zeta}$$

$$\left(p_e - p_w\right) = \frac{q_w\mu_w}{-2\pi\alpha k_w}\ln\frac{r_e}{r}$$

$$q_w = \frac{-2\pi\alpha k_w\left(p_e - p_w\right)}{\mu_w\ln\left(r_e/r\right)}$$

结合式（10-9）求得式（10-7）和式（10-8）的定解：

$$q_g = \frac{2\pi\delta K_g(P_0 - P_r)}{\ln(r/r_0)} \tag{10-10}$$

$$q_w = \frac{2\pi\delta K_w(P_r - P_e)}{\ln(r_e/r)} \tag{10-11}$$

由式（10-9）连续性条件 $q_g = q_w$ 得

$$\frac{2\pi\delta K_g\left(P_0 - P_r\right)}{\ln\left(r/r_0\right)} = \frac{2\pi\delta K_w\left(P_r - P_e\right)}{\ln\left(r_e/r\right)}$$

经推导得出

$$q_g = \frac{2\pi\delta K_g K_w\left(P_0 - P_e\right)}{\ln\left(r/r_0\right)K_w + \ln\left(r_e/r\right)K_g} \tag{10-12}$$

将水和浆液在粗糙裂隙内层流区的渗透系数式（10-5）和式（10-6）代入式（10-12）得到粗糙裂隙内单位时间内的总浆量为

$$q_{\mathrm{g}} = \frac{\left(P_0 - P_{\mathrm{e}}\right) \pi g \delta^3}{6\left[1 + 8.8\left(\omega/\delta\right)^{1.5}\right]\left[\upsilon_{\mathrm{g}} \ln\left(r/r_0\right) + \upsilon_{\mathrm{w}} \ln\left(r_{\mathrm{e}}/r\right)\right]} \tag{10-13}$$

由式（10-13）可推导出浆液扩散半径与注浆压力之间关系式为

$$r = \exp\left\{\frac{\pi g \delta^3 \left(P_0 - P_{\mathrm{e}}\right)}{6q_{\mathrm{g}}\left[1 + 8.8\left(\omega/\delta\right)^{1.5}\right]\left(\upsilon_{\mathrm{g}} - \upsilon_{\mathrm{w}}\right)} + \frac{\upsilon_{\mathrm{g}} \ln r_0 - \upsilon_{\mathrm{w}} \ln r_{\mathrm{e}}}{\upsilon_{\mathrm{g}} - \upsilon_{\mathrm{w}}}\right\} \tag{10-14}$$

式（10-14）中 q_{g} 是相对定值；$(P_0 - P_{\mathrm{e}})$ 为孔底注浆压力。在应用该式计算时，视水力影响半径 r_{e} 为常数值，即在 r_{e} 处浆液驱动含水层静水的流速近似为"0"。计算时，由在注浆口 r_0 处浆液流入量应等于 r_{e} 处的地下水流出量，即

$$2\pi r_{\mathrm{e}} \cdot u_{\mathrm{e}} = 2\pi r_0 \cdot u_0$$

$$\frac{r_0}{r_{\mathrm{e}}} = \frac{u_{\mathrm{e}}}{u_0} = \varepsilon \tag{10-15}$$

式中：u_0、u_{e} 分为水平钻孔、水力影响半径边界处的流速；ε 为给定系数。

这里取小于某一给定数（因为理论上满足该条件时 r_{e} 应为无穷大），如 1.0×10^{-5} 或更小，此时可认为在 r_{e} 处流速 u_{e} 非常小，可近似认为等于 0，此时可求得

$$r_{\mathrm{e}} \propto \frac{r_0}{\varepsilon} \tag{10-16}$$

另外，浆液的流量还可表示为

$$q_{\mathrm{g}} = 2\pi r \delta \frac{\mathrm{d}r}{\mathrm{d}t} \tag{10-17}$$

将式（10-17）与式（10-13）联立得浆液扩散半径与注浆时间的关系：

$$\mathrm{d}t = \frac{r\left[\ln\left(r/r_0\right)K_{\mathrm{w}} + \ln\left(r_{\mathrm{e}}/r\right)K_{\mathrm{g}}\right]}{K_{\mathrm{g}}K_{\mathrm{w}}\left(p_0 - p_{\mathrm{e}}\right)}\mathrm{d}r$$

对上式进行分部积分并代入式（10-9）中给出的边界条件，可以得出在给定注浆压力的前提下，注浆半径 r 所对应的注浆时间 t：

$$t = \frac{1}{\left(P_0 - P_{\mathrm{e}}\right)}\left\{\begin{aligned}&\frac{1}{K_{\mathrm{g}}}\left[\frac{1}{2}r^2 \ln\left(\frac{r}{r_0}\right) - \frac{1}{4}r_0{}^2\left[r^2 - r_0{}^2\right]\right]\\&+ \frac{1}{K_{\mathrm{w}}}\left[\left[\frac{1}{2}r^2 \ln\left(\frac{r_{\mathrm{e}}}{r}\right)\right] - \left[\frac{1}{2}r_0{}^2 \ln\left(\frac{r_{\mathrm{e}}}{r_0}\right)\right] + \frac{1}{4}\left[r^2 - r_0{}^2\right]\right]\end{aligned}\right\} \tag{10-18}$$

如将式（10-11）和（10-12）代入式（10-18），可得到粗糙裂隙的注浆时间：

$$t' = \frac{12\left[1+8.8(\omega/\delta)^{1.5}\right]}{g\delta^2(p_0-p_e)}\left\{\begin{array}{l}\upsilon_g\left[\dfrac{r^2}{2}\ln\left(\dfrac{r}{r_0}\right)-\dfrac{r^2-r_0^2}{4}\right]\\[3mm]+\upsilon_w\left[\dfrac{r^2}{2}\ln\left(\dfrac{r_e}{r}\right)-\dfrac{r_0^2}{2}\ln\left(\dfrac{r_e}{r_0}\right)+\dfrac{r^2-r_0^2}{4}\right]\end{array}\right\} \quad (10\text{-}19)$$

若注浆段内有 N 个裂隙，假定裂隙开度有 $\delta_1>\delta_2>\cdots>\delta_N$，由式（10-19）可知，在注浆压力相同的条件下，注浆时间逐渐递减，即 $t_1<t_2<\cdots<t_N$；如果 N 个裂隙最小 δ_N 达到设计注浆半径 R，则所需注浆时间即为总的注浆时间。当考虑不同裂隙具有不同张开度时，其总注浆量 q_z 可表示为

$$q_z = \sum_{i=1}^{N}q_{gi} = \sum_{i=1}^{N}\frac{2\pi\delta_i K_g K_w\left(P_0-P_e\right)}{\ln\left(r_i/r_0\right)K_w+\ln\left(r_e/r_i\right)K_g} \quad (10\text{-}20)$$

将水和浆液在粗糙裂隙内层流区的渗透系数式（10-5）和式（10-6）代入式（10-20）可得到粗糙裂隙中裂隙厚度不同时的总浆量：

$$q_z = \sum_{i=1}^{N}q_{gi} = \sum_{i=1}^{N}\frac{\pi g\delta_i^{3}\left(P_0-P_e\right)}{6\left[1+8.8(\omega/\delta_i)^{1.5}\right]\left[\upsilon_g\ln\left(r_i/r_0\right)+\upsilon_w\ln\left(r_e/r_i\right)\right]} \quad (10\text{-}21)$$

这里设计扩散半径是定常数，在实际施工中，钻遇的浆液漏失点个数是知道的。

3. 高压注浆扩缝时段

第三时段高压注浆是在升压渗透注浆的基础上，浆液使裂隙发生扩缝效应，引起裂隙张度产生一定扩展，其结构面法向变形主要是弹性变形。首先将岩体裂隙结构面假设垂直水平注浆孔轴向，力学特性相同，将岩体视为以垂向裂隙为界的两个近似半无限体空间体，如图 10.4 所示。因为矿井深部注浆扩散是全空间扩散问题，有布辛涅斯克近似解：

$$\delta(x,\ y,\ z) = \frac{P(1+\mu)}{2\pi E}\left[\frac{z^2}{R^3}+\frac{2(1-\mu)}{R}\right] \quad (10\text{-}22)$$

式中：δ 为距离集中力 P 的某点变形量；P 为裂隙面所受外力，MPa；R 为浆液扩散半径，m；z 为注浆钻孔埋深，m。

由于注浆孔为水平孔，可视为无限长，裂隙设为垂直注浆孔轴向，即 $y=0$，可视为平面（x、z 轴）问题。P_a 是由注浆压力所引起的在裂隙壁面上的均布平均压力，垂直于裂隙壁面而产生扩缝，那么扩张力为

$$P = SP_a = \pi r^2 P_a \quad (10\text{-}23)$$

则裂隙每一壁面的位移，可（10-22）导出以下表达式：

$$\delta(x,\ z) = \frac{P(1+\mu)}{2\pi E}\left[\frac{y^2}{r^3} + \frac{2(1-\mu)}{r}\right] = \frac{(1-\mu^2)}{\pi Er}P \qquad (10\text{-}24)$$

式中：P 为注浆总压力，MPa；ω 为裂隙面某点变形量，m；E 为岩石弹性模量，MPa；μ 为泊松比；r 为变形点距集中载荷 P 的距离；S 为浆液作用裂隙壁面积，m²。

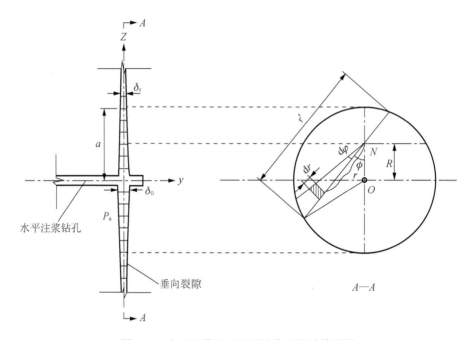

图 10.4　水平注浆孔垂向裂隙浆液扩缝模型图

在裂隙表面作用载荷 $P(\xi, \eta)$ 可用积分法求出表面任一点 M（x, z）变形量 δ（x, z）：

$$\delta(x,z) = \frac{1-\mu^2}{\pi E}\iint\limits_{F} \frac{P(\xi,\eta)\mathrm{d}\xi\mathrm{d}\eta}{\sqrt{(\xi-x)^2 + (\eta-y)^2}} \qquad (10\text{-}25)$$

式中：F 为载荷 P 作用阈值范围；其他符号同前。

由垂向裂隙中近似圆形均布载荷 P_a 扩缝作用引起的竖直裂隙面中的 M 点裂隙扩张由式（10-25）推导出。

在图 10.4 中为单元体（阴影部分）的面积：$\mathrm{d}F = r\mathrm{d}r\mathrm{d}\varphi$，那么，微单元体上作用总载荷为

$$\mathrm{d}p = p\mathrm{d}F = pr\mathrm{d}r\mathrm{d}\varphi \qquad (10\text{-}26)$$

$$\delta' = \frac{p(1-\mu^2)}{\pi Er} \tag{10-27}$$

$$\mathrm{d}\delta' = \frac{\mathrm{d}p(1-\mu^2)}{\pi Er}$$

式（10-26）代入式（10-27）得

$$\mathrm{d}\delta' = \frac{p(1-\mu^2)}{\pi Er}\mathrm{d}r\mathrm{d}\varphi \tag{10-28}$$

对式（10-28）积分得

$$\delta' = \frac{p(1-\mu^2)}{\pi E}\iint_F \mathrm{d}r\mathrm{d}\varphi = \frac{p(1-\mu^2)}{\pi E}\int_0^{\frac{\pi}{2}}\int_0^{r_s}\mathrm{d}r\mathrm{d}\varphi = \frac{p(1-\mu^2)}{\pi E}\int_0^{\frac{\pi}{2}}r_s\mathrm{d}\varphi \tag{10-29}$$

式（10-29）中 r_s 为 r 的积分上限：

$$r_s = R\cos\varphi + \sqrt{a^2 - R^2\sin^2\varphi} \tag{10-30}$$

式（10-30）代入式（10-29）得

$$\delta' = \frac{p(1-\mu^2)}{\pi E}\int_0^{\frac{\pi}{2}}\left(R\cos\varphi + \sqrt{a^2 - R^2\sin^2\varphi}\right)\mathrm{d}\varphi \tag{10-31}$$

当 $R = 0$ 时，裂隙内中心点处横向位移为

$$\delta_0 = 4\int_0^{\frac{\pi}{2}}a\mathrm{d}\varphi\frac{p(1-\mu^2)}{\pi E} = 4a\frac{\pi}{2}\frac{p(1-\mu^2)}{\pi E} = 2a\frac{p(1-\mu^2)}{E} \tag{10-32}$$

当 $R = a$ 时，边缘处的横向位移为

$$\delta_a = \int_0^{\frac{\pi}{2}}2\cos\varphi \cdot 2a\frac{p(1-\mu^2)}{\pi E}\mathrm{d}\varphi = 4a\frac{p(1-\mu^2)}{\pi E} \tag{10-33}$$

那么，在半径小于 a 的竖向裂隙中任意 M 点扩展后总宽度为

$$\delta_M = \delta_1 + 2\delta' = \delta_1 + \frac{2p(1-\mu^2)}{\pi E}\int_0^{\frac{\pi}{2}}\left(R\cos\varphi + \sqrt{a^2 - R^2\sin^2\varphi}\right)\mathrm{d}\varphi \tag{10-34}$$

式中：δ_0 为圆形承载面中心变形后宽度；δ_1 为裂隙原始开度；δ_M 为 M 点裂隙扩张开度；δ' 为裂隙一侧缝壁扩张变形量；δ_r 为浆体扩散际线处变形量，m；r 为浆液扩散半径，是设计值，m；a 为圆形载荷面半径，m；φ 为圆形载荷面内 z 轴上 M 变形点的割线与 z 轴间的夹角；P_a 为作用在裂隙面上的平均压力，$\mathrm{kN \cdot m^{-2}}$，$P_a = P/\pi r^2$；P 为浆液流体在裂隙结构面上扩展均布总荷载，kN；其他同前。

10.1.5　注浆"三时段"的注浆压力做功分析

1）克服黏滞阻力 ΔE_f 能量

升压渗透注浆过程中，黏滞阻力是由浆液通过狭窄裂隙时与其两壁的摩擦黏滞造成的，主要发生在第二升压渗透注浆时段，浆液渗流克服裂隙两壁摩擦黏滞

阻力，实现浆液的有效扩散至设计值，主要由渗透注浆压力 P_1 做功，表达式由式（10-13）求出：

$$P_1 = P_0 - P_e = \frac{6q_g\left[1 + 8.8(\omega/\delta)^{1.5}\right]\left[\upsilon_g \ln(r/r_0) + \upsilon_w \ln(r_e/r)\right]}{\pi g \delta^3} \quad (10\text{-}35)$$

式中：P_1 为渗透注浆压力，MPa；其他符号同上。

2）扩缝所耗 ΔE_c 能量

在第二时段浆液升压渗透扩散的基础上，第三时段扩缝效应是高压注浆压力使岩体裂隙产生扩展，扩缝效应所耗的能量是扩缝注浆压力 P_2 做功，其理论经验表达式为

$$P_2 = K_{IC}(\pi L)^{1/2} + 3k\gamma H \quad (10\text{-}36)$$

式中：K_{IC} 为岩石断裂韧度或裂缝扩展的临界强度因子，与岩性密切相关；H 为钻孔埋深，m；k 为测压系数；L 为裂缝扩展长度，$L \geqslant 10d$，d 为水平钻孔孔径，m。

3）驱替水 ΔE_w 能量

克服驱替水阻力即静水压力做功，三个时段都有发生，但主要发生在第二注浆时段，其表达式为

$$P_e = \gamma_w H_w = H_w \quad (10\text{-}37)$$

这里忽略了相对较小的浆体弹塑性应变能及钻孔管道流摩阻等。

10.2　注浆改造目标层边界条件与注浆工艺

10.2.1　注浆改造目标层选择及边界条件

注浆目标主要是消除奥灰顶部的溶蚀溶洞、断裂构造及裂隙等地质缺陷对隔水性的不利影响。奥灰岩峰峰组八段是所谓的古"风化壳"，在峰峰矿区其厚度一般是 13~50m，其顶部的裂隙、溶蚀溶洞被风化的岩屑等充填，可注性较差；奥灰七段是富水性良好的含水层，岩溶裂隙发育，孔隙率在 0.03%~0.5%，渗透系数 $1.16 \times 10^{-4} \sim 5.8 \times 10^{-3}$，可注性好，所以选择隔水性相对较好的奥灰八段作为改造利用目标层。如图 10.5 所示。

为减少对奥灰七段含水层损害程度和降低含水层改造费用，注浆压力与浆液扩散距离的关系优化是关键。若注浆压力小，达不到改造含水层目的，注浆压力过大，可能会将奥灰八段全部注满，既损坏了整个奥灰七含水层，又加大注浆量，增加了注浆改造费用。鉴于奥灰八段段可注性差，其底界面作为浆液扩散的相对边界，所以水平注浆孔层位设计上距奥灰八段底界面 h_1=5.0~10m。

界	系	统	组	段	厚度/m	柱状	岩性描述
古生界	奥陶系	中统	峰峰组	O_2^{f2}	13～50		缟纹状，角砾状灰岩
				O_2^{f1}	70～110		厚层灰岩，岩溶发育
			上马家沟组	O_2^{s3}	50		中厚层灰岩，夹花斑灰岩和角砾状灰岩，含烧石
				O_2^{s2}	68～109		灰色致密灰岩和花斑灰岩，夹白云质灰岩和角砾状灰岩
				O_2^{s1}	116～127		黄色或浅黄色泥质或白云质砾状灰岩，夹泥质灰岩和薄层白云质灰岩
			下马家沟组	O_2^{x3}	17～80		杂色角砾状白云质灰岩夹泥岩
				O_2^{x2}	100		厚层灰岩，白云质灰岩夹角砾状灰岩
				O_2^{x1}	17～78		角砾状灰岩及泥岩

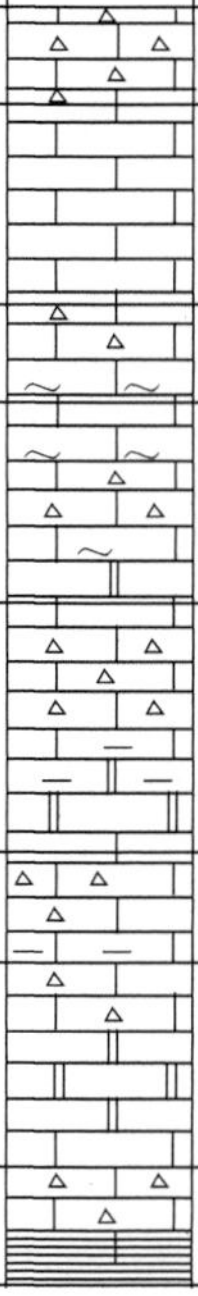

图 10.5 峰峰矿区奥灰岩综合柱状图

10.2.2 注浆浆体与工艺要求

水平注浆孔注浆的浆体流动可视作承压不完整井渗流。

1. 注浆浆体

一般注浆浆体采用单液水泥浆、黏土水泥浆和粉煤灰水泥浆等。相对密度较小的水泥或混合浆体趋于 Newton 流体，浓度较大的水泥或黏土浆液趋属于 Bingham 流体。水泥浆体由 Newton 流体转变为 Bingham 流体的临界水灰比可参考以下比例：

$$\frac{W}{C} \geqslant 1 \text{ 属于 Newton 流体}；\quad \frac{W}{C} \leqslant 1 \text{ 属于 Bingham 流体}$$

式中：W 为水质量，t；C 为水泥质量，t。

为使浆液扩散较远，以减少注浆水平钻孔工程量，浆液相对密度一般在 1.1～1.5，所以浆液趋于 Newton 流体；若遇溶蚀溶洞和较大的断裂等构造时，采用碎石子、沙子或粉煤灰进行充填注浆。

2. 注浆要求

裂隙岩体是受裂隙分割的不连续体，浆液在岩体内通过裂隙网络流动，裂隙岩体可注性一般认为裂隙开度 δ 大于注浆材料最粗颗粒直径的 3 倍以上。实际上，裂隙岩体可注性取决于岩体介质的渗透性、浆液粒度和流变性等，也与渗径结构相关。不同的渗径结构具有不同的渗透几何参数，如裂隙介质的节理组数、宽度、密度等。

注浆工艺坚持"逢漏必注"原则，灰岩含水层改造注浆是高压注浆，浆液扩散形式主要以渗流形式扩散。

（1）在水平孔定向钻进中，当钻遇浆液漏失量 $\geqslant 4.0\mathrm{m}^3 \cdot \mathrm{h}^{-1}$ 时，一般采取停钻注浆；当浆液不漏时，再钻进 $200 \sim 250\mathrm{m}$ 时，也要进行停钻压水注浆。

（2）当遇到较大的地质构造时，发生钻进浆液全部漏失，立即停钻进行注浆。

10.3　有上边界时垂向裂隙中浆液扩散数值模拟方法（Ⅰ）

10.3.1　注浆参数 δ 求解

在实际设计应用中，裂隙开度 δ 的求法有两种。

（1）单位吸水率与裂隙宽度间的宾德曼方法。

$$\delta = 1.4 \times 10^{-4} \sqrt{\frac{\omega}{n}} \qquad (10\text{-}38)$$

式中：ω 为单位吸水率，$\mathrm{L} \cdot (\min \cdot \mathrm{m} \cdot \mathrm{m})^{-1}$；$n$ 为每米长度裂隙数。

现场一般做压水试验采用以下关系式：

$$\omega = \frac{Q}{PL} \qquad (10\text{-}39)$$

式中：Q 为平均压水量，$\mathrm{L} \cdot \min^{-1}$；$P$ 为压水水头，m；L 为试验段长度，m。

（2）沃安公式法。

在已知每米裂隙数 n 和渗透系数 K 的情况下，也可采用以下沃安关系式：

$$\delta = \sqrt[3]{\frac{2K}{n\gamma_{\mathrm{w}}}} = \sqrt[3]{\frac{2K}{n}} \qquad (10\text{-}40)$$

式中：γ 为水的容重，$\mathrm{kN} \cdot \mathrm{m}^{-3}$。

对于断续裂隙组，沿裂隙方向的渗透数为

$$K = K_{\mathrm{m}}\left[1 + \frac{1}{2}\left(\frac{l}{L-l} - \frac{l}{L}\right)\right] \qquad (10\text{-}41)$$

式中：K_{m} 为岩石渗透系数；l 为裂隙长度，m；L 为沿裂隙方向上相邻裂隙中间的间距，m。

10.3.2　有上边界时垂向裂隙中浆液扩散形态演变数值模拟

在水平孔注浆过程中，垂向裂隙中浆液扩散际线形状首先从水平注浆孔 r_0 开始逐步以近似圆形的方式扩散，由于有奥灰八段底界面限制，当浆液扩散半径 $R=h_1$（h_1 为水平注浆孔距奥灰八段底界面距离）时，浆液扩散际线与上边界相切，随着 $R>h_1$ 增长演变，浆液扩散际线由圆形变成了割圆。

1. 建立数学模型

根据上述边界条件，采用 Hele-Shaw 模型和 CVFEM 方法进行数值模拟进行分析垂向裂隙中浆液扩散过程的际线形状演变，图 10.6 给出了该模型示意图，图中裂隙开度为 $2H$。

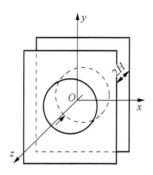

图 10.6　垂向裂隙中浆液扩散 Hele-Shaw 模型图

该模型中 Navier-stocks 方程可简化为
连续性方程：

$$\frac{\partial u}{\partial x}+\frac{\partial v}{\partial y}=0 \qquad (10\text{-}42)$$

运动方程：

$$f_x-\frac{1}{\rho}\frac{\partial p}{\partial x}+\upsilon\frac{\partial^2 u}{\partial z^2}=0 \qquad (10\text{-}43)$$

$$f_y-\frac{1}{\rho}\frac{\partial p}{\partial y}+\upsilon\frac{\partial^2 v}{\partial z^2}=0 \qquad (10\text{-}44)$$

边界条件：

$$\begin{cases} z=H时，\mu=0，v=0 \\ z=-H时，\mu=0，v=0 \end{cases} \qquad (10\text{-}45)$$

式中：ρ 为浆液密度；υ 为动力学黏度；f_x 为 x 方向重力常数，通常为 0；f_y 为 y 方向重力常数，通常取-9.8。

对方程（10-43）进行积分，并带入边界条件（10-45）得

$$u = \frac{1}{\rho \upsilon} \left(\frac{\partial p}{\partial x} - \rho f_x \right) \frac{z^2 - H^2}{2} \tag{10-46}$$

对裂隙中 x 方向和 y 方向速度进行积分可得到两个方向的渗流率：

$$Q_x = \int_{-H}^{H} u \mathrm{d}z = \int_{-H}^{H} \left[\frac{1}{\rho \upsilon} \left(\frac{\partial p}{\partial x} - \rho f_x \right) \frac{z^2 - H^2}{2} \right] \mathrm{d}z = -\frac{2H^3}{3\rho \upsilon} \left(\frac{\partial p}{\partial x} - \rho f_x \right) \tag{10-47}$$

取 x 方向平均速度 $\bar{u}$，与裂隙宽度 $2H$ 相乘，x 方向渗流率可表示为

$$Q_x = 2\bar{u}H \tag{10-48}$$

联立式（10-47）和式（10-48），且令 $S = \dfrac{H^2}{3\rho \upsilon}$ 可得

$$\bar{u} = -S \left(\frac{\partial p}{\partial x} - \rho f_x \right) \tag{10-49}$$

同理，有

$$\bar{v} = -S \left(\frac{\partial p}{\partial y} - \rho f_y \right) \tag{10-50}$$

将式（10-49）和式（10-50）代入连续性方程（10-43），得

$$S \frac{\partial^2 p}{\partial x^2} + S \frac{\partial^2 p}{\partial y^2} - S\rho \frac{\partial (\rho f_x)}{\partial x} - S\rho \frac{\partial (\rho f_y)}{\partial y} = 0 \tag{10-51}$$

水平注浆孔设计中，需求解式（10-51）可获得浆液区域内的压力分布，求解时需要考虑如下边界条件，给定入口流量或入口压力：

$$Q = Q_0 \text{ 或 } P = P_0$$

浆液扩散际线：浆液扩散际线处压力等于其所在深度的静水压力。

$$P_f = \rho g_w (h_0 - R \sin \alpha) \tag{10-52}$$

含水层与隔水层的交汇面：压力梯度为零：

$$\frac{\partial p}{\partial n} = 0 \tag{10-53}$$

式中：α 为浆液际线质点和注浆孔圆心连线与水平方向夹角；其他字母同表 10-1。

2. 数值方法

基于 CVFEM 方法求解式（10-53）。具体流程如下：

（1）浆液扩散区域内模拟压力分布。

（2）根据式（10-49）和式（10-50）求解 $\bar{u}$ 和 $\bar{v}$，并有平均速度构成速度向量 $\vec{u}$。

（3）速度向量 $\vec{u}$ 与控制体边界外法线方向 $\vec{n}$ 相乘，可计算扩散际线控制体的净流入量 q_{fi}：

$$q_{\mathrm{fi}} = \vec{u} \cdot \vec{n} \tag{10-54}$$

（4）对于控制容积为 V_i 的控制体，当浆体扩散充填度为 f_i 时，计算其浆液充满所需时间为

$$t_i = \frac{V_i \times (1 - f_i)}{q_{\mathrm{fi}}} \tag{10-55}$$

（5）扩散际线控制范围内，取充满所需时间中最小的时间 $t_{\min}$，并更新扩散际线体范围的充满度：

$$f_i = 1 - \frac{t_{\min} \times q_{\mathrm{fi}}}{V_i} \tag{10-56}$$

（6）更新全充满区域后，再次回到（1）求解压力分布，直到满足停止浆液扩散条件。

据浆液扩散上述流程进行，每次只能有一个控制体完成充满。为了减少计算步骤，可给定填充过载系数 e_{over}，在第（5）步求得最小时间 $t_{\min}$ 后，更新扩散际线控制体充填度的所用时间步长：

$$\Delta t = e_{\mathrm{over}} \times t_{\min} \tag{10-57}$$

计算得到 f_i 后，将所有大于 1 的 f_i 全部归 1。

3. 浆液扩散际线形状演变

基于上述数学模型及数值方法，对注浆过程中浆液扩散形状的变化过程进行模拟，如图 10.7 所示，数值模拟基本参数见表 10-1。从图中可以看出，随着注浆的发展，浆液的扩散形状从圆形逐渐变为割圆形；当浆液与隔水层底界接触宽度逐渐增加时，形成类似"液滴"的形状；随着继续注浆，浆液扩散形状变为"U"形，进而变成扩口的"U"形。在模拟中，设定当注浆扩散达最大水平半径为 32.5m 时，第一个孔停止注浆，待浆液固化后再开启第二个注浆孔。两注浆孔间距设计为 60m。第二注浆孔浆液扩散过程与第一孔相似，当浆液与左侧已固化浆液际线接触后，开始形成有效的隔水浆液厚度。通过数值模拟发现，设计注浆孔间距满足小于注浆扩散最大水平半径的两倍，即可保证目标层改造有效厚度。即两浆液截面交汇的厚度约为 5m，因为注浆孔的间距要比浆液在上界面的最大水平扩散距离小 10%。另外，根据数值模拟试验，水平注浆孔距上界面越近，横向扩散越快，敞口越大，这有利于含水层注浆改造，这是由注浆量减少所致的。

实际应用中，水平注浆钻孔间距设计还要根据受注层水文地质条件和试注等综合确定。

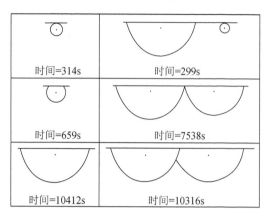

图 10.7　水平注浆孔垂向裂隙中浆液扩散际线形状演化

10.4　有上边界时水平注浆孔浆液扩散数值模拟方法（Ⅱ）

在长期的地质运动过程中，岩体内部不可避免地存在各种节理、裂隙、孔洞、断层等。承压水存在于这些结构中并相互渗透，当这些结构从微破裂开始发展到宏观破坏时，突水事故就可能发生。为此，利用注浆等手段将这些结构胶结固化成一整体，增强岩体的整体强度。本章利用 FLAC^{3D} 分析软件，构建岩体模型，模拟岩体内部注浆效果。

10.4.1　FLAC^{3D} 软件基本原理

FLAC^{3D} 分析软件是一种利用有限差分法计算、模拟再现岩石介质逐渐破坏过程的数值技术工具，用途广，不仅提供了单一场中的计算模拟，也提供了多场耦合计算模拟，其中包含流固分析。大多数工程流固分析，既可以包括瞬时变形和孔隙水压力消散机制通过非耦合的技术来模拟，也可以采用流体固体力学耦合计算。在该方法中，多孔介质的力学响应通过瞬态流来研究。

FLAC^{3D} 中力学变形-流体消散的描述在准静态 Biot 理论的框架下完成，而且可以应用到多孔介质中遵循 Darcy 定律的单相渗流的问题。不同类型的流体，包括气体和水，可以用这个模型表述。描述多孔介质中流体渗流的变量是孔隙水压力、饱和度和特定排水向量的三个分量。相关的变量遵循流体的质量守恒定律，Darcy 定律和流体响应孔隙水压力改变、饱和度改变、体积应变改变和温度改变的本构模型。

10.4.2　渗流-应力耦合基本方程

FLAC^{3D} 计算岩土体的流固耦合效应时，将岩体视为多孔（孔隙及裂隙）介质，流体在空隙介质中流动依据 Darcy 定律,同时满足 Biot 方程。该软件使用有限差分法进行流固耦合计算,其基本方程包括以下四个。

1)平衡方程

对于小变形,流体质点平衡方程为

$$-q_{ij} + q_w = \frac{\partial \zeta}{\partial t} \qquad (10-58)$$

式中:q_{ij} 为渗流速度,m·s^{-1};q_w 为被测体积的流体源强度,s^{-1};ζ 为单位体积孔隙介质的流体体积变化量。

$$\frac{\partial \zeta}{\partial t} = \frac{1}{M}\frac{\partial p}{\partial t} + \alpha\frac{\partial \varepsilon}{\partial t} - \beta\frac{\partial T}{\partial t} \qquad (10-59)$$

式中:M 为 Biot 模量,N·m^{-2};p 为孔隙压力;α 为 Biot 系数;ε 为体积应变;T 为温度;β 为考虑流体和颗粒热膨胀系数,℃$^{-1}$。

液体质量平衡关系为

$$\frac{\partial \zeta}{\partial t} = -\frac{\partial q_i}{\partial x_i} + \rho_w \qquad (10-60)$$

式中:ρ_w 为液体密度。

动量平衡方程为

$$\frac{\partial \sigma_{ij}}{\partial x_j} + \rho g_{\,i} = \rho\frac{\mathrm{d}u_i}{\mathrm{d}t} \qquad (10-61)$$

式中:$\rho = (1-n)\rho_s + n\rho_w$ 为含水岩体体积密度;ρ_s 和 ρ_w 分别为岩体和水的密度;$(1-n)\rho_s$ 为岩体干密度;g_i($i=1,2,3$)为重力加速度的三个方向的分量,m·s^{-1}。

2)几何方程

应变率和速度梯度之间的关系为

$$\dot{\varepsilon}_{ij} = \frac{1}{2}\left[\frac{\partial \dot{u}_i}{\partial x_j} + \frac{\partial \dot{u}_j}{\partial x_i}\right] \qquad (10-62)$$

式中:u 为介质中某点速度。

3)本构方程

体积应变的改变引起压力变化;反过来,孔隙压力的变化也会导致体积应变的产生。

$$\breve{\sigma}_{ij} + \alpha\frac{\partial p}{\partial t}\delta_{ij} = H_{ij}(\sigma_{ij},\varepsilon_{ij},k) \qquad (10-63)$$

式中:$\breve{\sigma}_{ij}$ 为正转应力增量;δ_{ij} 为 Kronecker 参数;$H_{ij}(\sigma_{ij},\varepsilon_{ij},k)$ 为一给定函数,ε_{ij} 为总应变,k 为与过去加载行为有关的参数。

4)渗流方程

流体的运动用 Darcy 定律来描述。对于均质、各向同性固体和流体密度是常数的情况，流体扩散速度具有如下形式：

$$q_i = -k[p - \rho_w x_i g_i] \tag{10-64}$$

式中：q_i 为流体渗透速度矢量；k 为岩体渗透系数，$m^2 \cdot (Pa \cdot s)^{-1}$。

10.4.3 计算模型建立

应用 FLAC^{3D} 软件对在奥陶系灰岩含水层中钻孔注浆以增强底板强度进行流固耦合分析。钻孔注浆程序为：①主孔直孔段钻进至设计深度 845m（2 号煤底板 23m）固孔，并下 ϕ178mm×8.05mm 通天管；②主孔斜孔段钻进（注 1 和注 2 主孔斜孔段）裸孔钻进（ϕ152mm）至奥灰七段顶部，距奥灰顶界面 35～45m；③水平孔段钻进长度在 665～1060m。

为了检查相距不同距离、平行的水平孔注浆合拢效果，利用有限差分法 FLAC^{3D} 软件对此进行模拟。

根据水平钻孔的实际分布情况，建立计算模型如图 10.8 所示。加载条件为：由于采深约为 1000m，故模型顶部加载 22MPa 垂直压力，四周边界施加固定约束，底部施加 10MPa 的渗透水压，顶部是不渗透水岩层边界。灰浆密度 1350kg·m^{-3}，注浆泵压为 8.0MPa。

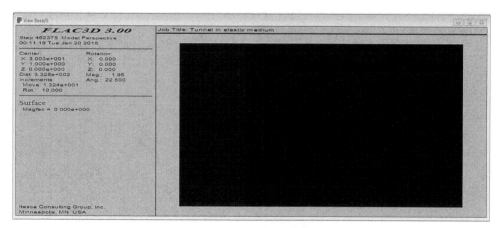

图 10.8 注浆模拟计算模型

结合试验结果和前人的研究成果，确定模型试件力学参数见表 10-2 和表 10-3。

表 10-2 围岩物理力学计算参数

岩体类型	弹性模量 E/GPa	内摩擦角/(°)	抗拉强度/MPa	泊松比	黏聚力/MPa	密度/kg·m^{-3}
奥陶系灰岩	12	37	7	0.25	12	2700

表 10-3　渗流场中力学计算参数

岩石类型	孔隙率/%	渗透率/m²·Pa⁻¹·s⁻¹	流体体积模量/MPa	水密度/kg·m⁻³	注浆液密度/kg·m⁻³
奥陶系灰岩	0.5	1×10^{-6}	2×10^{8}	1000	1400

10.4.4　数值模拟及结果分析

为了更好地验证试验并加以优化，在此利用数值模拟软件比照试验进行对比模拟。

对未钻注浆孔的岩层进行渗流计算，其渗透水压分布如图 10.9 所示。从图中可知，在未钻注浆孔之前，渗透（承压）水压几乎呈水平分布。

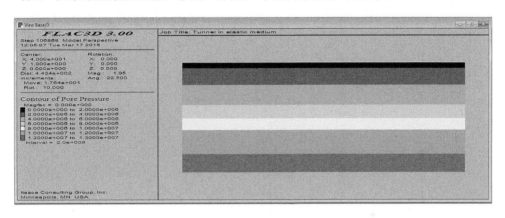

图 10.9　未受扰动的岩层渗透水压分布

根据现场试验参数，对不同的孔距注浆进行模拟。取不同的水平孔距分别为 30m、40m、50m、60m、70m 和 80m，不同的孔距注浆模拟结果如图 10.10 所示。

对比图 10.9 与图 10.10，岩层在未扰动之前，渗透压力呈水平分布，之后打注浆孔进行注浆，注浆孔周边压力向外逐渐降低，岩体内部渗透压力整体增大，说明在注浆泵压作用下注浆液进入空隙中导致渗透压力增大。图 10.10（a）显示了孔距为 30m 的注浆效果，注浆岩层上部渗透压力大为 12～13MPa，除注浆孔周边外渗透压力向下逐渐降低，最小为 10MPa 左右，再往岩体下部渗透压力增大为 11MPa 左右。渗透压力如此分布说明在注浆泵压和渗透水压共同作用下注浆液先向上部扩散较多，再慢慢向岩层下部扩散，挤压裂隙水，在注浆孔和下部承压水之间形成一个等压带。同理，图 10.10 中其他注浆效果图中显示的注浆规律也与图 10.10（a）类似。在注浆孔与下部承压水体之间形成一注浆液与裂隙水的等压带，不同的注浆孔距，等压带的形状、位置都不一致，其分布如图 10.10 所示。由图可以看出，图 10.10（a）、（b）、（c）、（d）所示的比较平滑，图 10.10（e）中间较凸出，图 10.10（f）中间未连成一体。因此，图 10.10（a）、（b）、（c）、（d）注浆效果都较好。结合从实际成本考虑，优化水平孔设计间距，既满足浆液扩散半径有交集，又能减少水平注浆孔数量。因此，图 10.10（d）所代表的参数（注浆孔距≤60m）宜作为水平注浆孔距设计参数。

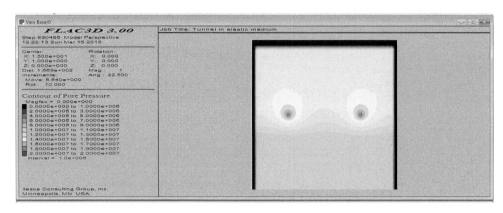

（a）水平孔距为 30m 的注浆效果

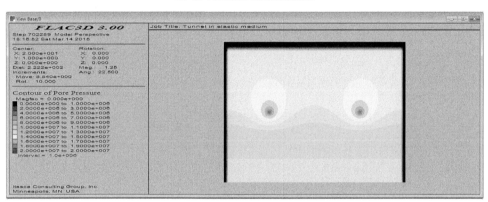

（b）水平孔距为 40m 的注浆效果

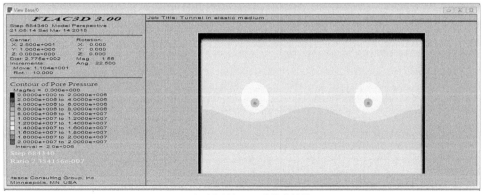

（c）水平孔距为 50m 的注浆效果

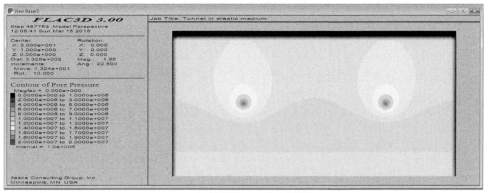

（d）水平孔距为 60m 的注浆效果

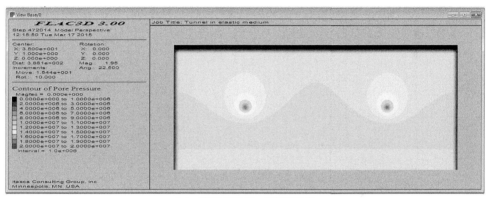

（e）水平孔距为 70m 的注浆效果

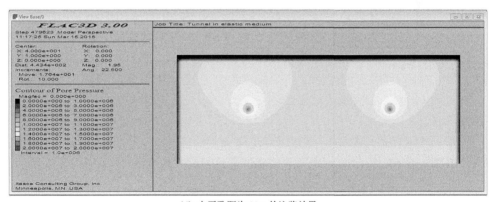

（f）水平孔距为 80m 的注浆效果

图 10.10　不同水平孔距的注浆模拟效果

10.5　现场试验及注浆参数选取

按表 10-1 选取注浆参数,在峰峰矿区进行了奥灰顶部岩层可注性试验,获取注浆压力衰减曲线如图 10.11 所示。

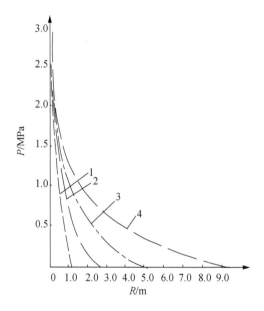

图 10.11　邯邢矿区某矿注浆压力衰减实验曲线

$1\text{-}\delta = 0.001\text{m}$, $2\text{-}\delta = 0.003\text{m}$, $3\text{-}\delta = 0.005\text{m}$, $4\text{-}\delta = 0.008\text{m}$

从图中可看出,裂隙开度与注浆压力及浆液扩散距离关系密切,随裂隙开度增大,注浆压力衰减由快变慢,压力梯度由高变低。现场试注表明,裂隙宽度小于 0.01m,当水泥浆的水灰比大于 1.0(趋于 Newton 流体)时,一般浆液扩散呈渗流状态。

基于上述有关试验数据,按表 10-4 选取有关注浆及力学参数,根据式(10-14)、式(10-31)计算,得到注浆压力与浆液扩散半径相关拟合曲线,如图 10.12 所示。

表 10-4　计算参数表

浆液比重	ω / δ	浆液的运动黏度 $\upsilon_g / \text{m}^2 \cdot \text{s}^{-1}$	地下水运动黏度 $\upsilon_w / \text{m}^2 \cdot \text{s}^{-1}$	注浆孔直径 /m	水平孔距 /m	奥灰杨氏模量 E / GPa	奥灰岩泊松比 μ
1.35	0.033~0.5	7.0~20	0.75~5.0	0.152	60	10~79	0.14~0.30

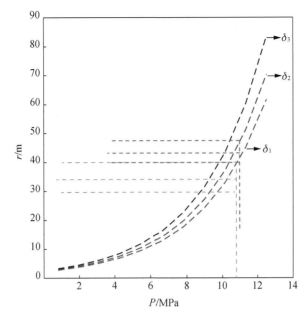

图 10.12　注浆压力与浆液扩散半径相关趋势图

　　图中曲线 1 是裂隙扩缝前开度 $\delta_1 = 0.001$m 的 $P\text{-}r$ 关系；曲线 2 是裂隙扩缝后宽度 $\delta_2 = \delta_1 + \delta' = 0.001 + 0.002 = 0.003$m 的 $P\text{-}r$ 关系；曲线 3 是裂隙再次扩缝后宽度 $\delta_3 = \delta_1 + \delta_2 + \delta'' = 0.001 + 0.002 + 0.003 = 0.006$m 的 $P\text{-}r$ 关系。

　　注浆参数选取说明：δ'、δ'' 值按式（10-31）计算；裂隙开度 δ_1 值按现场注前压水试验获取；q 注浆泵量，$\text{m}^3 \cdot \text{s}^{-1}$；$\omega / \delta = 0.0753$，由于矿化度较高，选取值偏低；$\upsilon_g = 19.53 \text{m}^2 \cdot \text{s}^{-1}$；$\upsilon_w = 0.855 \text{m}^2 \cdot \text{s}^{-1}$，水温偏高，宜取较低值；其余按该区取样测取或参考临近区域选取。由图可知：①随注浆压力增长，浆液扩散半径增势呈变快的非线性关系；②随裂缝开度增长，注浆压力一定时，裂隙宽度越大，浆液扩散半径增量越快。

　　综上所述，通过系统的理论分析，水平注浆孔因水压差或浆液自重而产生的浆液扩散际线，在垂向裂隙上浆液扩散形状可近似为圆环形，误差不影响实际应用效果；建立了水平注浆孔垂向裂隙中浆液扩散物理和水动力学模型，提出了注浆"三时段"形成机制，并给出了相应水动力学表达式，较好地揭示了水平注浆孔垂向裂隙中浆液扩散机理，为地面区域治理奥灰水害提供理论指导；推导出注浆扩散半径与注浆压力间的关系公式，为水平注浆孔距设计提供了指导；基于注浆过程 Hele-Shaw 模型假设，依据 N-S 方程，应用 CVFEM 方法进行数值模拟，得到有上边界的水平注浆孔垂向裂隙浆液扩散形状及注浆孔间浆液扩散际线叠置关系，为以奥灰八段作上边界的水平注浆孔距设计提供了技术依据。本章又利用 FLAC^{3D} 分析软件，构建孔隙含水岩体物理模型，模拟裂隙岩体含水层注浆效果。

第11章 区域超前治理奥灰岩溶水害系列支撑技术

在井下利用普通坑道钻机对工作面底板进行含水层注浆改造及底板加固，其缺点是钻孔浅，下斜孔对裂隙、断层破碎带等探遇率低，注浆改造效果有一定局限性。邯邢矿区针对大采深高承压水和开采下组煤矿井煤层底板承受水压高、隐伏导水构造发育、井下施工安全风险大、治理水害工期长及影响采掘正常衔接等问题，积极探索并逐步形成了一整套区域超前治理水害技术，主要包括地面多分支顺层定向钻进、井下定向钻进、水平孔注浆、区域治理效果检验和回采面底板突水实时监测预警等新技术。

11.1 地面多分支顺层定向钻进关键技术

地面多分支顺层定向井技术是利用特殊的井底动力工具与随钻测量仪器，钻成井斜角（分支孔与主孔垂向夹角）大于86°，并保持这一角度钻进一定长度井段的定向钻井技术。十多年来，地质导向钻井、旋转导向钻井和无线随钻测量等技术得到了较快发展。在区域治理奥灰水害中，应用多分支顺层定向钻探技术，增大了探查孔与奥灰含水层接触面，最大限度地提高了对目标层的探查和治理效果，开创了大采深高承压水条件下矿井防治水新途径。

多分支顺层定向井目标是三维立体"靶盒"，钻孔在进入目标层后，以近水平状态沿目标层延伸，以"带、羽"状方式探查钻探范围内的岩溶、地质构造及裂隙发育情况，并将其联通一起，提高了目标层可注性和区域改造治理效果，最终达到根治水害的目标。

11.1.1 地面多分支顺层定向钻进原理

钻孔施工采用先进的受控定向钻进，利用钻孔自然弯曲规律或采用人工造斜工具使钻孔产生一定弯曲，迫使钻孔的轴线按设计轨迹延伸的一种钻探方法。顺层定向钻进技术包括随钻测量、井眼轨迹控制、井壁稳定、钻井完井液技术等组成。受控定向钻进主要有：定向钻孔设计、定向器具及造斜、随钻测量和施工工艺等。地面顺层定向钻进原理及各种形式多分支顺层定向钻孔如图11.1所示。

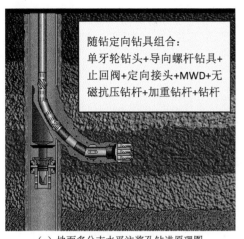

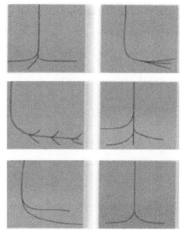

（a）地面多分支水平注浆孔钻进原理图　　　　　（b）各种形式多分支水平钻孔示意图

图 11.1　地面多顺层定向钻进原理及各种形式水平钻孔示意图

11.1.2　顺层定向钻进与注浆总体技术路线

顺层定向孔钻进技术（即地质导向技术）是根据地质导向工具提供的实时地质信息和定向数据，辨明所钻遇的地质环境，对待钻地层情况进行预测，引导钻头进入目标层并将井眼保持在目标层中。地质导向钻井系统包括近钻头测量、地质导向工具和功能完备的地面信息处理系统两大部分。当地质条件复杂或在较薄岩层中进行导向钻进时，测量点(即传感器)与钻头之间的距离以及前导模拟软件的作用就显得很突出。地质导向钻井要时刻注意钻头位置、当前井身轨迹、未来井身轨迹及必要的井身轨迹校正状况等。但仅依靠近钻头的电阻率、井斜及自然伽玛等参数对已钻井眼进行评价，有时存在明显的不足，还需要利用前导模拟软件对未钻地层的相应参数进行预测，以便更有效地指导水平孔钻进。

地质导向技术能够把所有可以获得的信息综合到总体钻井计划和钻井过程中，允许在钻井作业期间的任何时间调整钻井参数，其优点是及早识别地质条件的显著变化，显示孔眼是否正进入设计允许范围之外的岩层，提高孔眼在岩层中延伸的控制能力，并有助于进一步探明地质构造变化。顺层定向钻进及注浆是区域超前治理成套技术中的关键技术，其总体技术路线如图 11.2 所示。

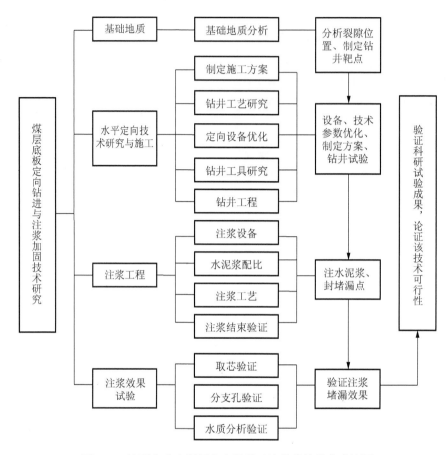

图 11.2　地面多分支顺层定向钻进及注浆总体技术路线图

11.1.3　顺层定向钻进设备及工艺

地面定向钻进整套装备由定向钻机及配套设备、空压机、循环系统、动力和供电系统等组成。下面重点简介钻机及配套设备。

1. 国内外多功能液压顶驱钻机

国内外比较常用的多功能液压顶驱同类钻机有关技术参数明细见表 11-1。

表 11-1　常用液压顶驱钻机类型及技术参数

钻机型号	雪姆 T200XD	雪姆 T130XD	宝峨 RB-50R2	SMJ5510TZJ15 /800Y	SS-120PR	TD-2000	MDY-60/60(A)
提升能力/t	90.72	45	55	80	68	单绳 10	60
扭矩/N·m 转速/r·min⁻¹	24403 /0～90 12201/0～180	12045 / 0～143	32000	15000 / 0～150	16130	35000 / 0～180	30000/75～150

续表

作台最大开孔/mm	768	711	1200	711	762	762	311/711
主发电机	底特律DDC/MTU	底特律DDC/MTU		康明斯QSX15-600	卡特彼勒 C18	力士乐	康明斯 QSK19
钻进方式	单根(9.3m)	单根(9.3m)	单根(9.3m)	单根(9.3m)	单根(9.3m)	立根(18.6m)	21.5
规格/m	15.6×2.55×4.21	14×2.6×4.2		13.7×2.85×4.19	18.2×3.2×4.1	28×7.0×6.0	13.6×2.85×4.3
整机质量/t	45	30	40	40	45.4	30	60
制造厂家	美国	美国	美国	石家庄煤机	钻科公司	中煤科工天地建井	中煤科工

比较常用的有 T200XD 型车载钻机及配套设备，配套完整，提升能力强，所配备的顺层定向设备采用美国产电磁波无线随钻测量仪。常规的电磁波无线随钻仪能够传送的信号参数有井斜、方位、工具面向角、磁场强度、重力和温度等；美国 BlackStar EM-MWD 电磁波无线随钻仪除了可以测量上述参数，还可以测得高、低边伽玛，这两个数值对于判断煤层顶底板具有很好的指导作用，能够增强地质导向性，提高奥灰岩层钻遇率；但车载液压顶驱动式钻机由于受自身钻塔高度的限制，只能采用接单根钻进，且钻机价格昂贵，能源消耗较高，占地面积较大等。

十多年来，国产地面顺层定向钻机设备制造水平获得了较大提升，设备质量及配套设备技术参数有了较大进步，可以满足国内各种地质条件下定向施工的技术需要。另外，石油钻探方面的钻进技术也成功地应用到灰岩含水层改造方面。例如，峰峰矿区羊东矿大青薄层灰岩含水层改造项目，实践证明其定向钻控技术较好，钻速较快，取得了很好的技术效果。下面主要以比较常用的顺层定向钻机及配套设备和有关技术参数进行阐述。

2. 多顺层定向钻井工艺

1）钻井工艺确定

因水平钻孔段裸孔注浆，主要根据注浆液密度大小、注浆材料配比、注浆液在注浆过程中磨阻、注浆水平段角度与长度和地质条件等，确定钻孔井身结构大小、造斜点深度、侧钻点深度、水平段长度及角度、各分支钻孔轨迹分布。如果孔径过大，会增加钻井成本；如果过小，会达不到注浆效果。根据地质资料、注浆要求、设计井身结构、孔径和套管下入深度分阶段如下。

Ⅰ：钻井一开孔径、井深、套管下入设计深度。

Ⅱ：钻井二开孔径、井深、套管下入设计深度。

Ⅲ：钻井三开孔径、造斜点深度、水平段轨迹设计。

Ⅳ：钻井分支侧钻深度、分支水平段轨迹设计。

2）钻井参数

项目实施过程中根据具体情况适时调整优化钻井设备及钻井参数；特别是对灰岩地层钻进钻头、钻铤和钻杆选型及复合钻进工艺等适用性研究，并根据需要对钻井工具进行改进。

在开钻前，要详细分析地质资料和周围勘探孔钻井资料，制定出本井钻压、泵压、转速、扭矩、排量、井身质量等钻井工艺参数，并在钻进过程中根据实际情况，适当优化调整。

3）钻井液

主要是研究钻井液的密度、黏度、防塌性及防漏性配比。根据试验区不同地层的造浆能力、漏失、泥浆泵排量大小、钻进钻井液的合理调配，在保证泥浆携砂性良好的同时，可以起到防塌防漏效果，保证钻井安全和提高成孔率。

4）定向设备优化

（1）定向工具选型优化研究。综合分析试验区的地质条件及技术要求，合理选择定向工具的外径、弯度、长短等参数，达到定向工具的组配最优。

（2）定向仪器选择优化。分析试验区地层、地质条件、奥灰岩层埋深、厚度、放射性、电阻率等参数，合理选择定向仪器类型，既保证钻孔水平段在奥灰层的钻遇率又不使定向仪器昂贵造成浪费。目前采用国产先进的泥浆脉冲无线随钻测量仪（MWD）及随钻方位伽马探测仪作为随钻测量和地质导向工具，具有定向井、水平井施工操作简单，可靠性高的优点。随钻测量仪和伽马探测仪获取井斜、方位、工具面、地层高低边伽玛、综合伽玛、地层电阻率等参数通过泥浆传送到地面接收器，通过井底参数反应及结合定向软件，可严格控制井身轨迹并保证水平段钻遇率。

5）钻井工具

主要对井下钻井钻头、螺杆、扶正器、无磁钻铤、普通钻铤、加重钻杆、普通钻杆等工具进行研究。根据奥灰地层岩石特点和可钻性，定制加工适用于奥灰岩层特点的钻头，提高钻头破岩速度及寿命。另外通过研究螺杆长短、无磁长短、扶正器位置分布、普通钻铤配置数量、加重钻杆位置分布及数量等，达到提高钻速、减小钻具损耗及最优的钻井效果。

3. 造斜钻进配套器具及工艺

顺层定向钻进的钻头驱动方式选择是根据井深井斜的设计要求及具体地质条件，在钻进中可以分别实施方钻杆驱动、直螺杆钻具驱动、弯螺杆钻具驱动和顶部液压旋转（动力水龙头、顶驱）等四种方式驱动钻头，完成各种形式的钻进。

造斜钻进方式有两种：一种是滑动钻进，使井眼轨迹的井斜、方位易于控制，钻具不旋转；另一种是复合钻进，井眼轨迹控制与常规钻具钻进机理相似，井眼更光滑，钻速较高。

煤系地层钻进如果是完整的石灰岩、砂岩等硬岩，可以不下套管裸孔造斜钻进；如果岩石较软，为不完整易塌孔岩层或第三、四系地层，一般要下套管，所以有时需要侧钻井工艺，一般使用两种方法，即开窗侧钻和套取侧钻；而开窗侧钻又分锻铣套管侧钻和导斜开窗侧钻两种。

（1）锻铣开窗。在设计位置将原井眼的一段套管用锻铣工具铣掉，锻铣长度一般为 20～30m，以避免套管磁场对随钻仪器的影响；然后在该井段注水泥浆，再利用导向钻具定向侧钻出新井眼。该工艺适合于开窗点套管腐蚀、套管外无水泥环等特殊条件下的开窗及水平井施工，锻铣开窗示意图如图 11.3 所示。

其工作原理：锻铣器下到设计井深后，启动转盘、开泵。此时泥浆流经活塞上的喷嘴产生压力降，推动活塞下行，支撑六个刀片外张切割套管。当套管切断后，刀片达到最大外张位置，泵压将明显下降，这时可加压进行套管磨铣作业。作业完毕后，停泵，压力降消失，活塞在弹簧的反力作用下复位，刀片凭自重或外力收回刀槽内。

（2）磨铣开窗。在设计井段下入导斜器，利用多功能铣锥，在导斜面的引导下，将套管一侧磨穿形成"水滴形"窗口，然后用钻头沿窗口钻出新井眼，如图 11.4 所示。其优点是窗口具有方向性，开窗井段短，通常为 3～4m，容易侧钻出新井眼，开窗耗时在 9～14h，工艺简单易操作，成功率高。

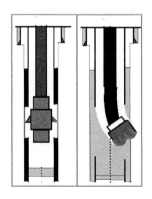

图 11.3　锻铣开窗示意图

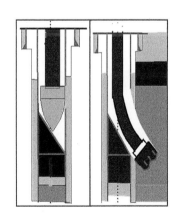

图 11.4　磨铣开窗示意图

（3）导斜器：一体式锚定斜向器由护送器、斜向器体、锚定总成等部分组成，锚定总成由悬挂系统、液控系统组成，如图 11.5 所示。

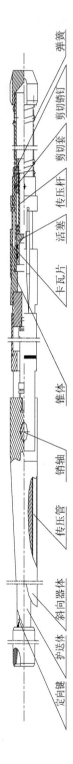

图 11.5　一体式锚定斜向器

（4）取套侧钻。根据现场不同情况，套管开窗工具有两种：①钻铰式铣锥。采用优质钢做本体，工作表面镶焊硬质合金刀刃或碳化钨。刀刃布置合理，有利于切削及修整窗口，使其光滑，如图 11.6（a）所示；②双卡瓦锚定倒斜器用于双层套管开窗，如图 11.6（b）所示。

　（a）钻铰式铣锥实物图　　　　　　　　　　（b）双卡瓦锚定倒斜器实物图

图 11.6　套管开窗工具实物图

11.1.4　随钻测斜仪

目前，国内煤矿地面注浆钻孔施工过程中测斜定向一般采用 JDT-5 型、JDT-6 型陀螺测斜定向仪，对钻孔进行孔斜监测及定向纠偏，这首先要先将测斜定向仪从钻孔内取出，在钻进完成所设计定向段长后，才能重新放置仪器进行测斜，不能随时对孔斜进行监测。另外，为了保持陀螺测斜定向仪良好的工作状态，一般每工作 30h 就必须进行校验。所以，该类型测斜定向仪存在以下不足：①一般每钻进 50m 测斜一次，10～20m 为一个测点，工作量大且费时；②如果孔斜超偏，将加密测点，并进行定向纠偏设计，效率低。而采用泥浆脉冲式无线随钻测斜仪，可以提高测斜定向精度，能实时监测定向参数变化。其原理是将泥浆作为介质并及时把压力变化数据传输到地面，泥浆脉冲式无线随钻测斜仪的井下仪器与井上仪器联通，获得测斜定向数据，及时调整定向设计方案，同时可以进行复核钻进，大幅度提高了钻进效率。下面以先进的 SMWD-76 型无线随钻测斜仪为例进行说明。

（1）井下用仪器 SMWD-76 型无线随钻测斜仪性能指标。

SMWD-76 型无线随钻测斜仪性能指标见表 11-2。

表 11-2　SMWD-76 型无线随钻测斜仪性能指标

指标名称	指标	指标名称	指标
最高工作温度/℃	125	泥浆密度/t·m^{-3}	≤1.7
仪器外筒承压/ MPa	100	泥浆信号强度/ MPa	0.1～0.8
抗压筒外径/ mm	ϕ45	泥浆黏度*/ s	≤140
仪器总长/ m	6.9	泥浆含砂/%	<1.0
电池工作时间/ h	>180		

* 漏斗黏度

（2）SMWD-76 型无线随钻测斜仪组成如图 11.7 所示。

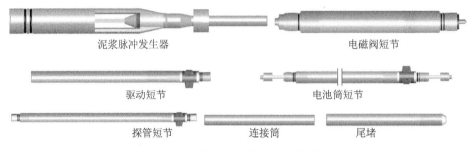

图 11.7　无线随钻测斜仪组件实物图

（3）地面用仪器 SMWD-76 型无线随钻测斜仪组成。

地面仪器组成主要有测斜仪主机、数据处理仪、模拟测试仪、司钻显示器、系统测试仪、压力变送器、测试及连接电缆等。

11.1.5　钻进泥浆质量控制及固液浆

1. 定向钻进泥浆质量控制

在顺层定向钻孔的造斜段和水平段钻进时，主要采用滑动钻进，特别容易形成岩屑床，所以采用的泥浆必须具有较强携带岩粉的能力，避免卡钻事故，同时还要加强泥浆管理，保证泥浆质量。钻井泥浆，主要作用是清洁井底，携带岩屑；冷却和润滑钻头及钻柱；平衡井壁岩石侧压力，在井壁形成泥饼；并有效传递井下动力钻具所需动力。泥浆作为介质将泥浆压力变化及时传输到地面，泥浆脉冲式无线随钻测斜仪井下仪器与井上仪器联通，获得测斜定向数据等。由此可知钻井泥浆在钻孔施工的重要性，而且在顺层定向钻孔注浆中，更要保护好造斜段和水平段钻孔孔壁，因为钻孔施工完成后还需要多次重复下入止浆塞进行注浆加固作业。另外，根据钻孔孔型进行泥浆设计和参数控制，同时采用振动筛、旋流除砂器、离心机对泥浆的固相进行严格控制。

2. 新型注浆加固浆液

目前，钻孔注浆加固材料常用的是单液水泥浆，单液水泥浆具有结石体抗压强度高、耐久性好等优点，但水泥浆液容易离析和沉淀（1∶1 单液水泥浆析水率在 20%左右），悬浮稳定性较差。注浆过程中只能采用小泵量、小段高的注浆工艺，且浆液析水沉降会出现埋塞，造成解塞困难等。因此，在 1∶1 单液水泥浆的基础上，通过大量配比试验研究，研制了稳定剂和增强剂，配制了新型水泥基浆液，析水率 2%～8%，黏度 24～33mPa·s，初凝时间 11.4～13.5h，抗压强度 14.0～17.4MPa。该浆液的综合性能同水灰比单液水泥浆比较有了大幅度的提高，有以下特点：可注性强，能够顺利通过注浆管路进入地层；浆液的初凝时间能够满足水平钻孔内止浆塞解封的同时，且不会扩散太远，造成浆液的浪费；浆液结实体的抗压强度较高，能满足千米深井定向水平钻孔的地面预注浆工艺要求和工况条件。

3. 注浆止浆塞

煤层底板含水层改造或底板加固水平孔注浆一般是全裸孔注浆，如果需要分段注浆或扫孔易走偏时，要使用止浆塞。经过长时间应用发展了多种形式，如双管止浆塞、三爪式止浆塞、异径式止浆塞、唇口式止浆塞、水力膨胀式止浆塞和卡瓦式止浆塞等。由于其各自的特点不同，应用场合也不相同。目前应用于煤矿地面注浆的一般是卡瓦式止浆塞，受其工作原理的限制，在水平钻孔中进行坐封时，卡瓦很难与孔壁楔紧实现坐封，即使坐封成功，由于水平钻孔中钻具质量不能完全传递到止浆塞上，卡瓦式止浆塞上的正反接头解开后，也很难使止浆塞脱离孔壁，实现卡瓦式止浆塞的解封，造成注浆完成后解封困难。下面是常用的几种止浆塞介绍。

（1）单管液压坐封止浆塞。由于卡瓦式止浆塞在水平钻孔中的坐封、解封存在困难，中煤天地公司新研制的 SS 型水力坐封止浆塞不依靠卡瓦重力坐封，适用于各种钻孔；胶筒取代膨胀胶囊，可靠性高，特别适于裸孔注浆；具有抗凝固型浆液设计，能可靠解封等。

其工作原理为在纵向内压力作用下，使胶筒产生横向膨胀与钻孔孔壁挤紧，起止浆作用，增加了卡浆的成功概率。原理是首先通过钻杆内孔向水力坐封止浆塞注入压力水，压力水进入胶筒下部的液压缸，胶筒受轴向压力而径向膨胀与钻孔孔壁挤紧，实现坐封；注浆完成后，通过旋转钻杆，剪断解封接头上的解封剪钉，胶筒上部上移并收缩，实现解封，然后提钻杆，便可将止浆塞提出孔外。

（2）单管水力膨胀式止浆塞。如图 11.8 所示。

图 11.8　单管水力膨胀式止浆塞实物图

1-上接头；2-解封剪钉；3-连接头；4-密封圈；5-胶筒总成；6-浮动接头；
7-中心管；8-下接头；9-变径接头；10-滑套；11-坐封剪钉

其技术参数如下。

总长：（2120±10）mm；密封段长：800mm；胶筒外径：$\phi 105$mm、$\phi 118$mm 最小通径：$\phi 47$mm；耐压：≥25MPa；坐封方式：投球憋压（或盲堵憋压）；坐封单向阀开启压力：（5±1）MPa；坐封压力：（20±1）MPa。

（3）卡瓦式止浆塞：优点是可以沿钻孔向下寻找坐封点，结构简单，可靠性高，但是解封困难。

11.1.6　径向射流造孔钻进技术简介

利用高压水径向射流造水平井是近几年发展起来的新技术，所钻出的孔眼清洁，不存在压实带，具有其他钻进技术无法比拟的优势。高压径向射流造孔钻进工作原理是通过液压实现柔性钻具的转向和送钻，水射流钻头非旋转钻进连续破岩钻孔。水力喷射钻进原理是高压泵对无固相钻井液加压，通过连续油管泵送到井下，钻井液经喷射钻头，高压势能转换成动能，产生高速射流，射流以冲量做功穿透地层，并在射流推动下形成深度 100～120m，直径 25～75mm 的水平井眼，如图 11.9 所示。

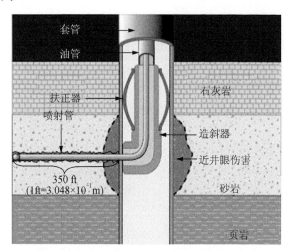

图 11.9　径向侧钻钻进原理示意图

该径向射流造孔新技术不需要钻头、钻杆旋转，可大大减少频繁造斜、定向等复杂轨迹控制等，彻底解决了常规钻水平井所碰到的旋转加压困难等问题，减少孔内事故的发生并提高了钻速。在适宜条件下可考虑竖井钻到奥灰含水层设计深度，利用高压水射流喷射多分支水平孔。

径向射流水平造孔钻进有以下优点：①造斜井在套管上进行局部开窗，曲率半径很小，使用导向靴而无需扩径；②使用导向靴、地面陀螺仪系统来控制方向；③特殊喷头和高压软管设计，配合连续钢管保证井眼平直；同一地层或单井的不同层位均可进行径向钻进；④施工快，钻速可达 4.0～5.0m·min^{-1}；⑤钻进费用相对较低。

目前，国内外主要有两种形式的径向水平井微小井眼钻井技术。一种是套管锻铣径向射流水平井技术，其首先需要对改造井段的套管进行锻铣，然后下扩眼钻头扩孔，最后利用钻杆和光杆送进射流钻头钻井。由于扩孔工具、钻向系统以及射流破岩钻头等井下装置复杂多样，作业程序繁多，制约了该技术推广应用。另一种是套管开窗径向水平井技术，该技术不用大段套管锻铣和大直径扩孔工序，其主要分两步：第一步用管下入转向器到预定井深固定，然后用连续管下入小尺寸井底动力钻具，带万向节的机械钻头通过转向器在套管开出一个直径 20～30mm 的圆形窗口，提出钻具；第二步通过高压软管和连续管下入射流钻头，通过转向器和已钻套管窗口（或者是灰岩裸孔），利用射流破岩作用在目标层中钻进。径向水平射流造孔技术已被证明是一种有良好发展前景的多分支顺层定向钻进技术。

目前，径向射流水平钻进技术还存在一些技术问题需要改进和提高，重点需要解决：一是射流扩孔能力和有效喷距的矛盾；二是软管（钻杆）送进磨阻问题与提高射流钻头的破岩效率以及管（杆）送进能力之间的问题；主要原因是水力钻头的破岩能力不足或孔径不够。此外，机械钻头开窗不理想，如何在套管上钻出具有一定直径大小的水平孔眼，以便使后续射流钻头和软管通过，在射流钻头外径不超过 20mm、出口压力不超过 50MPa（受软管强度限制）的条件下，如何充分利用有限的水力能量保证射流破岩能力、钻孔孔径和钻孔速度，以使孔眼钻达预定深度成为该技术的关键；还有如何解决破岩效率与钻头耐冲蚀的矛盾，以及长距离定向控制问题。

11.2　井下定向钻进技术

煤矿井下顺层定向钻进技术是煤矿钻探领域的一项新技术，该定向钻进技术采用带弯接头钻具，钻杆不回转，利用高水压驱动螺杆马达带动钻头旋转，加上随钻测量技术监测和通过调节螺杆马达工具面向角控制钻孔轨迹，从而使钻孔尽量在目的岩层中延伸。煤矿井下顺层定向钻进技术具有钻距长、一孔多分支、钻孔可控制及钻效较高等优点。近年来，该技术已逐渐成为煤矿井下瓦斯抽采和防治水钻孔施工的主要手段。

11.2.1　井下随钻测量定向钻进原理与面临的问题

1. 井下定向钻进原理

定向钻孔进行底板注浆加固时，先利用常规回转钻进施工大倾角下斜钻孔至预定层位并下入设计规格和强度的套管，然后以先进的随钻测量技术为依托，利用随钻定向钻井技术进行造斜钻进，通过对实钻轨迹的实时准确测量和精确控制，使钻孔在欲加固的层位内延伸，并可在需加固的工作面底板进行分支钻进，成孔后高压注浆，将目标层位和钻孔钻遇的导水裂隙、断层及大小溶蚀性溶洞充填置换，形成相对隔水层。由于其施工钻孔长，可在工作面巷道未施工前加固煤层底板，从而实现工作面煤层底板超前注浆加固。定向钻孔超前注浆加固原理如图 11.10 所示。

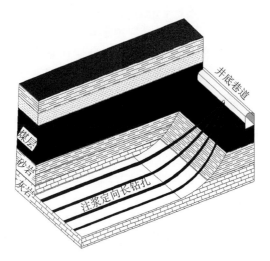

图 11.10 井下定向钻进原理示意图

2. 井下定向钻进技术路线

井下定向钻进及注浆总体技术路线如图 11.11 所示。

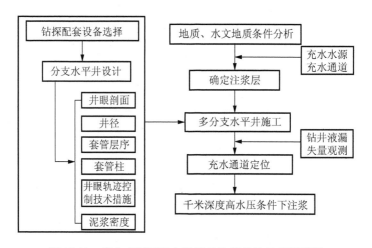

图 11.11 多分支顺层定向钻进及注浆总体技术路线图

11.2.2 井下定向钻进系统及装备

1. 井下定向钻进系统

井下顺层定向钻进施工中，为达到较理想的设计轨迹，钻进过程中需要依据随钻测量信号，通过定向装置不断调整螺杆马达工具面向角，并克服螺杆马达钻进时产生的反钻矩，以保证定向钻进顺利进行及精度控制，从而适应不同方向钻孔需要。定向钻进装备主要由四部分组成：千米定向钻机、随钻测量仪器、专用定向钻具和配套钻杆。装备系统如图 11.12 所示。

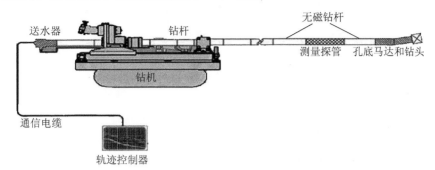

图 11.12 井下顺层定向钻孔钻进系统及配套设备示意图

现场施工采用螺杆马达作为孔底动力进行定向施工，如图 11.13 所示，定向钻进的实质就是控制螺杆钻具的工具面向角，进而控制钻具方位角及倾角的变化，即选用一定调斜角度（0°～3.0°）的定向弯外管，通过随钻测斜数据来调整弯外管的工具面向角，从而使钻孔的倾角和方位基本达到预定目标。

图 11.13 定向钻进螺杆马达实物图

2. 井下定向钻机设备

一般常用的钻机型号见表 11-3。

表 11-3 井下常用定向钻机技术参数明细表

钻机型号	最大扭矩/N·m	长×宽×高/m	最大给进/起拔力/kN	钻杆直径/mm	形式
ZDY3200L	3200	2.80×1.35×1.70	102/70	73	履带式
ZDY4000L	4000	3.10×1.45×1.72	123	73/89	履带式
ZDY1900S/L	1900	4×4×3	112/77	73	履带式
ZDY3200S/L	3200	6×6×3	112/102　77/70	73	履带式
ZDY4000S/L	4000	6×6×4	123/123	73/89	履带式
ZDY3200S	3200	2.38×1.10×1.65	102/70	73	分体式
ZDY4000S	4000	2.38×1.30×1.52	150	73/89	分体式
ZDY6000LD(A)	6000	3.5×2.2×1.9	750/1200m	96/153	90kW
ZDY6000LD	6000	3.38×1.45×1.8	1000m	96/153	75kW

3. 随钻测量系统

定向钻进装置是煤矿井下钻机实现定向钻进的主要功能部件，不仅要求在各个角度快速准确地锁定钻具，而且要求克服定向钻进中钻具产生的反钻矩，即钻具与卡盘之间不能产生径向相对滑动。斜面增力式定向装置在煤矿钻机应用较为普遍，能够有效对钻机主轴进行制动，但体积大且卡瓦与主轴之间容易产生磨损，难以满足高可靠性要求。摩擦盘式定向装置结构紧凑体积小，制动可靠，可提高井下长距离顺层定向钻进可靠性。

常用的 YHD2-1000 型随钻测量装置一般有信号中继器、孔口监视器、孔口供电、防爆计算机等组成，误差：±0.2°；方位：±1.5°；工具面：±1.5°。

4. 泥浆泵车及钻杆

泥浆泵车是定向钻进孔底切削的动力来源，泥浆泵的性能参数决定钻成孔效率。常用的有 BLY200 型、BLY390 型等。钻杆一般可使用西安研究院研制的高强度通缆大通口中心通缆式钻杆，抗拉强度≥950kN；抗扭强度≥6000N·m；钻杆中心通缆以传输钻孔轨迹测量与控制信号，信号传输能力超过 1200m，如图 11.14 所示。

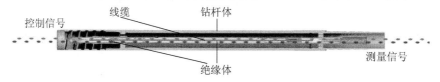

图 11.14　信号传输原理示意图

11.2.3　定向钻进保障技术

定向钻孔造斜工艺是采掘工作面底板加固或全面注浆改造的关键环节，在井下巷道内施工钻场，利用定向钻进技术实施造斜钻进，底板注浆定向孔由套管孔段、回转钻进孔段、定向造斜孔段和定向稳斜孔段组成，使钻孔进入欲加固或改造目标层位并在其中延伸，如图 11.15 所示。

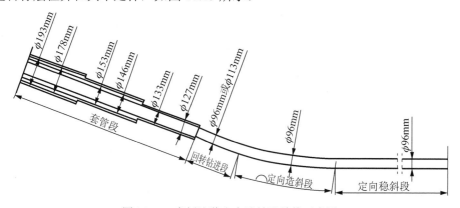

图 11.15　底板注浆定向孔钻孔结构示意图

钻孔间距一般设计为 40～60m，钻孔深度设计一般大于 500m；套管直径和长度根据地层和水压确定。成孔后高压注浆，将钻孔钻遇的裂隙及构造充填密实胶结，形成相对隔水层。

1. 大直径倾斜钻孔保直钻进技术

防治水定向孔需下入多级套管以封固孔口、控制涌水及保证注浆质量。一般采用一级套管尺寸为 ϕ178mm，二级套管为 ϕ146mm，三级套管为 ϕ127mm。由于钻孔孔径大，返粉不畅，钻孔易偏斜，影响套管下入深度。对此，研制两套一、二、三级套管段钻成孔钻具组合，利用大直径螺旋钻杆保直和排粉；研制了 ϕ146mm 和 ϕ127mm 的扫孔钻具，套管下入前或钻孔钻进时，使用该扫孔钻具保直。有效解决了大直径下斜孔排粉不畅和易偏斜问题，每 50m 控制偏斜在 1.0°以内。

2. 岩层快速钻进技术

顺层定向钻进在硬岩石中钻速慢，效率较低，为此研制了 ϕ95mm 和 ϕ113mm 稳定器，采用稳定组合钻具回转钻进工艺钻穿坚硬岩层后，再使用随钻测量定向钻进技术钻进普通岩层；为提高岩层钻进速度和钻具使用寿命，研制了长寿命胎体式 PDC 钻头，选用大扭矩四级螺杆马达。钻速由原来的 15 m/班提高到 30 m/班。

3. 大位移定向孔轨迹控制技术

防治水定向钻孔倾角和方位角变化均较大，定向钻进时需调整钻孔倾角和方位角，使得钻孔轨迹全弯曲较大；现有的钻具定向钻进大角度斜孔时，定向造斜段将形成凹形，影响钻孔排粉，使后续定向钻进难度增加；也造成岩层大角度孔段悬空侧钻分支孔困难。为此，通过合理的钻孔轨迹设计，预留一定调整空间予以消除。通过对上仰稳定组合钻具研究，可在回转钻进阶段调整钻孔倾角，以减少后期轨迹调整难度。另外，通过建立数学模型分析，确定选用大挠度通缆钻杆与 1.5°螺杆马达，用于钻孔强造斜及分支孔施工；选用 1.25°的螺杆马达用于钻孔稳斜钻进，其造斜组合关键部件——复合稳定器如图 11.16 所示。

钻头　稳定器　三根钻杆　　　稳定器　　　一根钻杆　　　　　钻杆柱

图 11.16　造斜组合钻具复合稳定器

其分别在三个稳定器中间部位设置了支撑，模拟孔壁对稳定器的支撑；载荷施加的是重力荷载，在重力作用下自然弯曲的三根钻杆中部处位移最大，达 4.3mm，使得钻头向上偏转，切削上侧孔壁。因此，施工底板注浆下斜钻孔中，使用随钻测量定向钻具造斜，钻进以前倾角明显增高，为避免形成凹曲线段，钻孔每 3 m 造斜为 0.5°～1.19°。改进前后对比如图 11.17 所示。

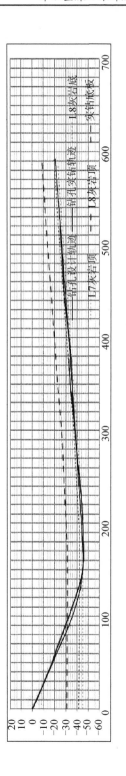

（a）形成凹形段

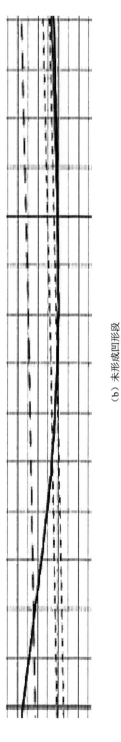

（b）未形成凹形段

图 11.17 改进前后定向钻进方法对比图

11.2.4　定向钻进成孔工艺

井下定向钻进施工按钻孔结构及工艺的不同分为套管段、目标层与套管之间段、定向造斜段和透孔段等，各段均有其施工特点。

1. 套管段钻进工艺

套管段钻孔施工采用回转钻进工艺，为确保套管顺利下入孔内，要求钻孔轨迹平直，孔内沉渣少，需要与螺旋钻进工艺配套的稳定组合钻具和取芯钻进工艺。

（1）一级套管施工。为保证开孔不偏斜，使用ϕ153mm 取芯钻头ϕ146mm 异径接头ϕ146mm 套管ϕ146mm 异径接头ϕ73mm 外平钻杆组合钻具进行取芯钻进。开孔完成后提钻，更换ϕ153mm 全断面钻头ϕ140mm 扫孔钻具ϕ130mm 插接式螺旋钻杆组合钻具，钻进至设计深度 1.0m 止，然后进行测斜。钻孔达到设计深度后冲孔提钻，下套管至设计深度，用注浆泵将水灰比 1.0：1.6 的水泥浆进行返浆固管。达到 3～4 凝固时间班次后，用ϕ133mm 全断面钻头+ϕ127mm 稳定器+ϕ73mm 外平钻杆+ϕ127mm 稳定器+ϕ73mm 外平钻杆的组合钻具，透出一级套管 1.0～1.5m 后进行试压，耐压试验压力稳定在设计值时间不少于 30min。

（2）二级套管施工。使用ϕ133mm 全断面钻头+2 根ϕ130mm 螺旋钻杆+ϕ120mm 螺旋钻杆的组合钻具，回转钻进至设计深度(稳定岩层)垂下 3.0m 止，然后进行测斜。提钻后换用ϕ133mm 全断面钻头+ϕ127mm×2 套管+ϕ73mm 外平钻杆组合钻具，扫孔至孔底后，提钻下入ϕ127mm 套管至设计位置，按上述方法固管凝固后，使用ϕ113mm 全断面钻头+ϕ113mm 稳定器+ϕ73mm 外平钻杆+ϕ113mm 稳定器+ϕ73mm 外平钻杆透出二级套管 0.5m 后进行试压，技术要求同上。

2. 回转钻进段钻进工艺（目标层以上孔段）

如果钻进岩层较坚硬完整，为缩短造斜长度，保证钻孔平滑，可使用ϕ96mm 全断面钻头+ϕ95mm 稳定器+3 根ϕ73mm 外平钻杆+ϕ95mm 稳定器+ϕ73mm 外平钻杆+ϕ95mm 稳定器+ϕ73mm 外平钻杆的组合钻具，钻至目标层位。

当岩层不稳定时，为保直钻进，先使用ϕ96mm 全断面钻头+ϕ73mm 外平钻杆+ϕ113mm 稳定器+ϕ73mm 外平钻杆+ϕ113mm 稳定器+ϕ73mm 外平钻杆的组合钻具，钻至套管内 1.5m 提钻。然后，使用ϕ96mm 全断面钻头+ϕ95mm 稳定器+ϕ73mm 外平钻杆+ϕ95mm 稳定器+ϕ73mm 外平钻杆组合形式，钻至目标层位，提钻更换定向钻具。

3. 定向造斜段钻进工艺

钻孔过目标层后，更换造斜钻具进行造斜钻进，钻具组合形式为ϕ96mm 全断面钻头+ϕ73mm 螺杆钻具+ϕ73mm 上无磁钻杆+ϕ73mm 随钻测量仪器+ϕ73mm 下无磁钻杆+ϕ73mm 通缆钻杆。设计 1.25° 造斜强度为（1.0°～1.5°）/3.0m 和 1.5° 造斜强度为（1.0°～2.0°）/3.0m。

4. 定向稳斜段钻进工艺

定向稳斜段钻进工艺使用ϕ96mm 全断面钻头+ϕ73mm 螺杆钻具+ϕ73mm 上无磁钻杆+ϕ73mm 随钻测量仪器+ϕ73mm 下无磁钻杆+ϕ73mm 通缆钻杆的组合钻具。施工时以地层起伏变化随时调整钻向，使钻孔始终保持在目标层位中钻进。

5. 透孔钻进工艺

每钻进 100m 实施注浆加固改造，当注浆完成后，进行下一个 100m 钻进时，需对钻孔进行透孔，透孔时使用ϕ96mm 全断面钻头+ϕ73mm 螺杆钻具+ϕ73mm 上无磁钻杆+ϕ73mm 随钻测量仪器+ϕ73mm 下无磁钻杆+ϕ73mm 通缆钻杆钻具组合。透孔过程中，需将螺杆钻具的工具面向角调整至 270°～360° 和 0°～90°，每透 100m 以上时要进行大泵量冲孔。透孔时，如果泵压突变或给进压力变化较大，可采用复合钻进，此时泵压不超过 6MPa，转速控制在 50r·min^{-1} 以内。透孔完成后测涌水量，若大于 10m^3·h^{-1}，则需继续注浆，直到透孔涌水量小于 10m^3·h^{-1}。

11.3 长距离水平孔高压注浆关键技术

对于区域超前治理奥灰水害注浆技术，如注浆材料、注浆站及设备、制浆流程和注浆工艺等，一般井上和井下注浆工艺基本相同，所以放一起阐述。

11.3.1 注浆材料

对于注浆材料可选用水泥单浆、粉煤灰+水泥浆或黏土+水泥浆等浆液材料。

1. 水泥浆

水泥密度一般为 3g·cm^{-3}，相对密度一般为 1.0～1.6，存放 3 个月，强度一般会降低 10%～30%。水泥中铝酸三钙和硅酸三钙含量多，颗粒细，表面积大，凝结硬化快，堵水效果好。但当水流速度大于 800m·d^{-1} 时，结晶体与胶凝体不断被水带走，水泥浆就不能结石。

52.5 号硅酸盐水泥单液浆，其典型配比的浆液性能见表 11-4。但这是一般的情况，在实际注浆工程中应具体测定。

表 11-4　典型配比浆液基本性能指标

水：水泥（质量比）	浆液密度/t·m⁻³	初凝时间	终凝时间	结石率/%	结石体强度/MPa
2：1	1.3	17.00	48.00	0.42	2.8
1：1	1.49	15.00	25.00	0.56	4.0
0.75：1.00	1.62	11.00	21.00	0.75	11.3
0.6：1.0	1.70	9.00	15.00	0.80	16.90
0.5：1.0	1.86	8.00	13.00	0.90	22.0

注：一般充填注浆密度在 1.10~1.5t·m⁻³。

根据需要也可在水泥单液浆内添加促凝或缓凝剂，如氯化钙、水玻璃、三乙醇胺和食盐等。如按水泥质量比添加万分之五的三乙醇胺和千分之五的食盐，浆液初凝和终凝时间一般将提前 1 倍，结石体抗压强度也可提高。使用时一般先将其加入水中搅拌扩散后再加水泥。

2. 水玻璃

水玻璃由石英砂和硫酸钠在高温反应下制得，化学分子式 $NaO·nSiO_2$，其中 SiO_2 与 Na_2O 摩尔数之比称为模数。模数小，SiO_2 的含量低。SiO_2 含量过大对注浆不利，一般注浆使用的模数为 2.4~3.4；水玻璃的浓度通常为 50~60°Bé′，°Bé′小，胶凝快；°Bé′大，则胶凝慢，用 50°Bé′水玻璃与水泥直接搅拌可制成数分钟即可胶凝的速凝胶，黏结能力强，30min 即可固化。固化后抗压强度可达 6MPa，由水玻璃的浓度可计算其密度，它们之间的关系为：密度（D）=145/(145-°Bé′)。双液注浆一般采用 30~40°Bé′的水玻璃为宜。因此高波美度的水玻璃使用时应加水稀释。水泥、水玻璃的典型配比双液浆主要性能指标如表 11-5 所示。

表 11-5　不同水泥、水玻璃配比双液浆主要性能指标

项目名称	水：灰=0.75：1			水：灰=1：1			水：灰=1.5：1		
水泥：水玻璃	胶凝	初凝	终凝	胶凝	初凝	终凝	胶凝	初凝	终凝
1：1	1.05	2.40	17.00	1.38	4.37	35.00	2.32	9.00	225.00
0.8：1.0	0.50	2.30	16.00	1.12	3.37	36.00	2.00	12.00	305.00
0.6：1.0	0.34	2.05	18.00	0.50	3.15	118.00	1.34	12.00	540.00
0.4：1.0	0.23	3.31	54.00	0.30	5.45	107.00	0.49	72.00	290.00

3. 粉煤灰-水泥浆

粉煤灰以富铝玻璃体存在，具有一定火山灰活性，是多种矿物高分散度单体

颗粒的集合体，颗粒小，比表面积大；孔隙率大，有一定活性，吸附能力强等。物相组成主要有石英、磁铁矿、莫来石玻璃体和少量碳等，在显微镜下观察粉煤灰可以看到一些大小不等的圆球形和形状不规则的非球体颗粒，具有光滑而致密的外壳，有较好的珠体润滑减阻特性，因而有较好的可注性和渗透性；粉煤灰本身并无胶凝性，在细微分散形式下和有水分存在时，它能与碱发生反应而生成胶凝性产物。其密度为 $2.0 \sim 2.3 \mathrm{g \cdot cm^{-3}}$；松散干容重 $550 \sim 800 \mathrm{N \cdot m^{-3}}$；比表面积 $270 \sim 350 \mathrm{m^2 \cdot g^{-1}}$；孔隙率 $60\% \sim 75\%$；强度可达 $7000 \mathrm{kg \cdot m^{-2}}$。发电厂产生的粉煤灰组成如表 11-6 所示。

表 11-6　　粉煤灰的化学成分　　　　　　　　（单位：%）

名称	烧失量	SiO$_2$	Fe$_2$O$_3$	Al$_2$O$_3$	CaO	MgO	R$_2$O	SO$_3$
含量	3～20	43～56	4～10	20～35	0.5～1.5	0.6～2.0	1.0～2.5	0.3～1.5

粉煤灰-水泥注浆材料主要特点表现在以下几个方面：

（1）由于粉煤灰中含有的 SiO_2、Al_2O_3 能与 $Ca(OH)_2$ 发生反应，生成稳定的水化硅酸钙和水化铝酸钙，从而提高注浆材料的强度和抗化学侵蚀能力。

（2）粉煤灰的球形颗粒及颗粒表面的玻璃体结构能起到润滑作用，从而使注浆材料在施工中提高可注性和可泵性。与此同时，粉煤灰与水泥共同使用时，具有理想的颗粒级配，能够使浆液在泵送和注浆过程中减少分离和沉降作用，同时降低泌水率。

（3）水泥-粉煤灰浆液的含水量能很快达到平衡状态，因而能减少材料的收缩值。

（4）流动性能好，减少施工设备磨损和增强抗渗性；但水泥粉煤灰浆材流动度随粉煤灰掺量的加大而降低，同时黏度增大，结石率升高。

（5）硬化体随浆材中粉煤灰比例的提高而降低，随龄期的延长而增长，120 天后强度仍有所增长，硬化体后期强度可以得到保证。当水灰质量比在(0.7～1.0)：1.0 范围内。粉煤灰掺量为 90%时，硬化体 28 天抗压强度一般小于 0.5MPa；粉煤灰质量分数为 70%～80%时，硬化体 28 天抗压强度大于 1.0MPa。

（6）不同龄期硬化体抗压强度，随水灰质量比的增大而降低。稀浆(水灰质量比 1.0：1.0)流动性能良好，但其硬化体强度较低，加固效果较差；而浓浆(水灰质量比 0.7：1.0)硬化体强度高，流动性相对较差，不易泵送。

（7）水泥粉煤灰浆材凝结时间较长，初凝一般 12h 以上，终凝 20h 以上，且随粉煤灰掺量的增大而延长。

粉煤灰缺点是活性不高，胶结不好且早期强度偏低，因此在注浆工程中应用受到一定局限。

4. 黏土水泥浆（CL-C 浆液）

为降低注浆材料成本，大量推广使用黏土水泥浆对灰岩进行注浆改造。实践证明，CL-C 浆液是良好的注浆材料。黏土水泥浆三态变化是其成功堵水的内因，在黏性状态下浆液具有良好的悬浮稳定性、流动性和扩散性；塑性强度增加可防止浆液沿单一裂隙超扩散，防止地下水渗透、稀释、冲走；弹性状态保证形成密实的堵水帷幕，并具有长时间的耐久性。

1）可凝性

黏土水泥浆以黏土为主剂，水泥为结构生成剂，另加 S 型结构促成剂（水玻璃）共三种成分组成。其主要化学反应式如下：

$$土颗粒 \text{-} Na^+$$

$$3CaO \cdot SO_2 + nH_2O = 2Ca \cdot SiO_2(n-1)H_2O + Ca(OH)_2$$

$$土颗粒 \text{-} Na^+ + Ca^{2+} \longrightarrow 土颗粒 \text{-} Ca^{2+} \text{-} 土颗粒 + Na^+$$

$$Na_2O \cdot mSiO_2 + Ca(OH)_2 \longrightarrow CaO \cdot mSiO_2 + NaOH$$

$$土颗粒 \text{-} Ca^{2+} + Na^+ \longrightarrow 土颗粒 \text{-} Na^+ + Ca^{2+}$$

黏土是含水铝硅酸盐，其矿物成分多为高岭土、蒙脱石、伊利石，具有吸水能力。水泥、水玻璃为水硬性材料，凝结过程对浆液性能影响较大。黏土、水泥、水玻璃之间的反应速度不同，使黏土水泥浆在凝结过程中发生了从流态到固态所产生的具有流动性的黏性状态、形成网状结构、流动性下降的塑性状态、形成化学力相连接的新固相，具有一定强度的弹性状态。三种状态连续演变，无明显的初凝、终凝。

2）稳定性及流动性分析

CL-C 黏土水泥浆在黏性状态具有很好的流动性和稳定性，在塑性状态有一定塑性强度，在弹性状态结石体有一定强度，虽然水泥含量较少，抗压强度较低，但仍能够抵抗地下水的压力而不被从裂隙中挤出，因而能够起到堵水作用。CL-C 黏土水泥浆的黏度决定其流动性和可注性，析水率决定浆液的结石率，塑性强度决定浆液的扩散性能和抵抗地下水挤压的能力，因此黏土水泥浆的主要性能包括黏度、析水率和塑性强度。

3）一般使用标准

邯邢地区的表土段黏土种类多、成分复杂，好的黏土是黏土浆堵水成功的关键。工程应用实例证明，注浆用黏土应符合如下标准：黏土的塑性指数＞10；黏土颗粒（粒径＜0.005mm）＞25％；含砂量＜5％；有机物＜3％。

4）注浆配方选择分析

根据不同因素对浆液黏度以及对浆体早期（24h）塑性强度的影响分析可知，

在一般地层注浆时，原浆的相对密度宜在 1.15～1.20，水泥用量宜在 100～150kg·m^{-3} 浆液，水玻璃用量宜在 10～30L·m^{-3} 浆液。

5）CL-C 浆液特点

黏土水泥浆 CL-C 浆液与传统的单液水泥浆相比，CL-C 黏土水泥浆有以下主要特点：

（1）在黏性状态不沉淀、不稀释，具有良好的流动性和稳定性，保证了浆液在裂隙中有足够的扩散距离。

（2）在黏性状态下有较高的黏度，并在一定时期后进入塑性状态，其黏度及塑性强度可以通过原浆比例、水泥及水玻璃加量进行控制和调节，因此可以有效控制浆液的超扩散，在合理的注浆量范围内达到设计压力，满足注浆工艺要求。

（3）因主要成分黏土颗粒更细，更容易注入较细小裂隙，且结石体具有良好的抗渗性、稳定性和耐久性，堵水效果好。

（4）因黏土矿物和水玻璃的作用，析水率低，结石率高（可达 95%以上，而水灰比 1∶1 的单液水泥浆的结石率为 85%），对于一个注浆段一次注浆就可以结束，而单液水泥浆需要小段高多次复注才能达到要求。因此采用 CL-C 浆液可以减少注浆次数，提高注浆效率，使注浆工期缩短 30%～50%。

（5）水泥用量可减少 50%～70%，经济效益显著。

正因为 CL-C 浆液具有以上特点，堵水效果优于单液水泥浆，注浆效率高，成本低，适用于灰岩含水层改造和底板出水通道封堵。

11.3.2　注浆系统及设备

为了保证大采深矿井高承压奥灰水开采条件下注浆效率和效果，地面要建立先进的高效注浆系统，特别是陷落柱治理，要求有较大注浆能力满足注浆需要，以达到高效和保证注浆质量。在井下水压高达 8.0MPa 以上的注浆条件下，需用大量注浆；再者井下注浆材料运输、储放、配比搅拌等施工有诸多不便，以致难以达到注浆质量要求，且施工环境安全性差。采用地面注浆站进行区域超前治理，在注浆材料配比，保障浆液可注性和注浆质量效果远优于井下，提高了奥灰顶部含水层区域改造质量可靠性。下面以复杂的黏土水泥浆为例简介地面注浆系统及设备。

1. 注浆主要设备及机具

表 11-7 中列出了注浆所用主要设备。

表 11-7 注浆用主要设备表

序号	设备名称	规格及型号	结构类型及主要参数	数量
1	制浆机	NL20	外形 1.7m×1.7m×1.7m。流量 20m³·h⁻¹，30kW	3 台
2	皮带输送机	YD60	机身长 10m、宽 0.5m，油浸式电动滚筒 5.5kW	2 台
3	搅拌机	BLD5-71-5.5	1.7m、2.7m、5.7m	8 台
4	泥浆泵（注浆泵）	NBB260/7	5 级变速，45kW	6 台
5	液下多用泵	DYWS50-20	5.5kW（粗浆池用）	4 台
6	清水泵	IS-80-65-160		2 台
7	潜污泵	QWK	2.2kW（精浆池用）	8 台
8	旋流振动除砂器	JSN-2B	40～80m³·h⁻¹	2 台
9	配电盘	PGL	注浆站配套专用	12 台
10	散装水泥罐	50t	φ2.6m×6.3m×11.2m。含除尘和料位控制	2 台
11	气动下料装置	专利产品	含空压机、气动柱阀、螺旋闸门及破拱装置	2 台
12	在线工业密度计	KF-102	含射源容器、探测器、主机等	4 台
13	电磁流量计	LDG-50	泥浆专用	4 台
14	注浆控制系统			1 套

2. 地面注浆站

注浆站功能主要是制浆及向井下输浆到受注目标层。黏土经人工上料，通过胶带输送机进入制浆机，黏土上料前先开启高位储水池与制浆机连接阀门，开启管道泵，按浆液的浓度要求控制水量，向制浆机供水造浆，黏土经制浆机粉碎、搅拌、筛选后制出最初的黏土浆，即粗浆，放入粗浆池。通过现场测试相对密度及时调整黏土量及供水量，使黏土浆的相对密度控制在 1.10～1.50，黏度控制在 17～25s。粗浆经液下多用泵、通过旋流除沙器除砂后变成精浆进精浆池。精浆经搅拌测试后用潜污泵进入射流造浆系统，水泥用量由微机控制，按需要的比例配制，黏土水泥浆进入吸浆池以备注浆。开始注浆时先将吸浆笼头放入吸浆池，之后开启泥浆泵，浆液通过泥浆泵、电磁流量计、微机工业密度计、注浆管路、送料孔、井下管路进入注浆孔受注层。注浆站工艺流程如图 11.18 所示。

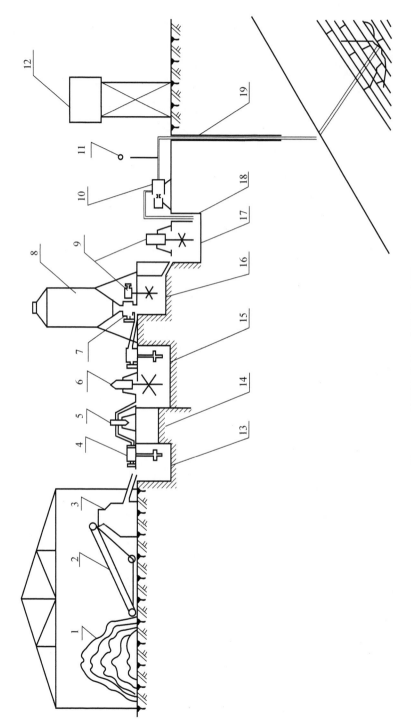

图 11.18　地面注浆站工艺流程示意图

1-黏土　2-皮带输送机　3-制浆机　4-旋流泵（杂污泵）　5-净化器　6-搅拌机　7-水泥计量仪　8-散装水泥罐　9-水泥搅拌机　10-泥浆泵　11-压力表　12-高位水箱　13-粗浆池　14-废渣池　15-精浆池　16-一搅池　17-二搅池　18-吸浆池　19-送料孔

3. 制浆流程

黏土+水泥浆制作工序流程如图 11.19 所示。

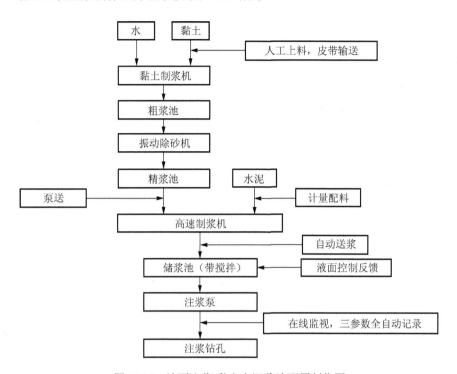

图 11.19　地面注浆-黏土水泥浆液配置制作图

11.3.3　奥灰顶部区域治理水平孔注浆工艺

1. 注浆层位及浆液类型选择

为充分利用奥灰峰峰组八段风化壳，钻孔设计位置一般选择在七段上部，距八段底部 5.0～15.0m，钻孔进入奥灰 35～45m，采用孔口止浆方式，以连续注浆为主。

（1）早强水泥单液浆，见表 11-8。适用于裂隙、小型岩溶且钻孔单位吸水量小于 1L·(min·m·m)$^{-1}$ 的受注层段，水灰比控制在 1:0.7～1:3，大水钻孔后期阶段也可采用水泥单液浆。

表 11-8　1.0m³ 早强水泥浆配方表

水灰比 /t	水泥 /t	水 /m³	三乙醇胺 /kg	食盐 /kg	相对密度
0.7	0.968	0.678	0.484	4.84	1.646
0.8	0.882	0.706	0.441	4.41	1.588

水灰比 /t	水泥 /t	水 /m³	三乙醇胺 /kg	食盐 /kg	相对密度
0.9	0.811	0.73	0.4055	4.055	1.541
1	0.75	0.75	0.375	3.75	1.5
1.2	0.652	0.782	0.326	3.26	1.434
1.4	0.577	0.808	0.2885	2.885	1.385
1.6	0.517	0.827	0.2585	2.585	1.344
1.8	0.469	0.844	0.2345	2.345	1.313
2	0.429	0.858	0.2145	2.145	1.287
2.2	0.395	0.869	0.1975	1.975	1.264
2.4	0.366	0.878	0.183	1.83	1.244
2.6	0.341	0.887	0.1705	1.705	1.228
2.8	0.319	0.893	0.1595	1.595	1.212
3	0.3	0.9	0.15	1.5	1.2

（2）水泥-粉煤灰混合浆，见表 11-9。适用于岩溶裂隙发育（不包括溶洞），单位吸水量 $1.0\sim10L\cdot(min\cdot m\cdot m)^{-1}$ 的受注层段，水固比 $1:1\sim3:1$、固相比（水泥：粉煤灰）$1:1\sim1:3$。可采用连续注浆方式，但注浆时间不超过浆液的初凝时间。

混合浆液配制时，粉煤灰、水泥每 $1.0m^3$ 用量按下式计算：

$$f = \left[\frac{B}{r_c} + \frac{1}{r_f} + A(B+1) \right]^{-1} \tag{11-1}$$

$$c = Bf \tag{11-2}$$

$$w = Af(B+1) \tag{11-3}$$

式中：c 为水泥质量，t；f 为粉煤灰质量，t；w 为水量，m^3；r_c 为水泥相对密度；r_f 为粉煤灰相对密度；A 为水固比，水量与固相（水泥+粉煤灰）质量和之比；B 为固相比，不同材料之间的固相（水泥+粉煤灰）质量之比。

表 11-9　不同水固比与固相比的 $1m^3$ 浆液材料配方表

水固比 $w:(c+f)$	固相比 $c:f$	水泥（c） /t	粉煤灰（f） /t	水（w） /t	相对密度
1：1	1：1	0.359	0.359	0.718	1.436
1：1	1：2	0.236	0.472	0.708	1.416
1：1	1：3	0.176	0.528	0.704	1.408
1：1	1：4	0.14	0.56	0.7	1.4
2：1	1：1	0.209	0.209	0.836	1.254
2：1	1：2	0.138	0.276	0.828	1.242
2：1	1：3	0.103	0.309	0.824	1.236
2：1	1：4	0.082	0.328	0.82	1.23
3：1	1：1	0.147	0.147	0.882	1.176
3：1	1：2	0.098	0.196	0.882	1.176
3：1	1：3	0.073	0.219	0.876	1.168
3：1	1：4	0.058	0.232	0.87	1.16

注：水泥相对密度 3.1，粉煤灰相对密度 2.2。

（3）粉煤灰骨料灌注。适用于岩溶裂隙较大、单位吸水量大于 10L·$(min·m·m)^{-1}$ 的受注层段，水固比 1：1～4：1 连续灌注，当孔口压力接近奥灰静水压力时，应停止粉煤灰灌注，改用早强水泥单液浆。

（4）双液浆灌注。当钻孔吃浆量较大、多次间歇注浆效果不明显时，可采用水泥（粉煤灰）浆双液注浆工艺。要求水玻璃浆从井下孔口灌注，双液注浆过程中，必须加密观测孔口压力，发现压力上升并达到终孔压力的 80%时，停止水玻璃灌注，继续水泥（粉煤灰）浆灌注，直至达到结束标准。

（5）粗骨料灌注。钻孔揭露大溶洞或岩溶陷落柱时，可先灌注石子、沙子等粗骨料，之后进行浆液灌注。

2. 注浆施工

（1）每次注浆前，均要进行压水试验。主要目的是疏通注浆管路及孔内岩石裂隙、测定单位受注层段吸水率 q。

$$q = \frac{Q}{P \cdot L} \qquad (11\text{-}4)$$

式中：q 为吸水率，L·$(min·m·m)^{-1}$；Q 为压入流量，$L·min^{-1}$；P 为作用于试段内的全压力，m；L 为受注层段厚度，m。

（2）根据压水试验结果，确定浆液类型及其浓度。一般来讲，须先用稀浆进行试注，了解该孔吃浆量大小；同时，井下观察是否跑浆及其他异常情况，观测临孔是否串浆，奥灰（或大青、山伏青）水位变化等情况。根据以上情况分析，再决定调整浆液浓度。

（3）每次注浆结束后，均要向孔内压水，压水量为管路与孔内体积之和的两倍。

（4）要对压水试验及注浆过程进行详细记录。按照注浆班报记录表的格式进行记录，如实测定并记录每罐浆液的比重、泵量、泵压、孔口压力等参数；及时汇总注浆量资料、注浆前后压水试验资料，分析注浆效果。为下一步施工提供依据。

（5）注浆量预计。

在不揭露大溶洞或陷落柱的情况下，注浆量按下经验公式估算：

$$V = s \times \delta \times \xi \times \eta \times H \qquad (11\text{-}5)$$

式中：s 为注浆范围，km^2；H 为受注层段厚度，m；η 为奥灰段受注层孔隙率，一般取 1%；ξ 为充填率，取值 80%；δ 为流失系数，取值 1.3。

3. 地面水平注浆孔单孔注浆压力与结束标准

1）注浆总压

注浆总压力的大小直接影响到浆液的扩散距离与有效的充填范围，计算公式如下：

$$P_0 = P_m + \frac{H \cdot \gamma - h}{100} \qquad (11\text{-}6)$$

式中，P_0 为注浆总压力，MPa；P_m 为孔口压力，MPa；H 为孔口至受注层段 1/2 处的高度，m；γ 为浆液相对密度，一般取 1.10～1.50 t·m^{-3}；h 为注浆前注浆段 1/2 处的水柱高度，m。

2）注浆结束标准

根据以往注浆经验，注浆总压应为受注含水层最大静水压力的 1.5～2.5 倍，即当孔口压力达到该设计值时，即可认为受注层段注浆已达到压力结束标准；然后进行压水试验，测得单位吸水率 q 小于 0.001L·（min·m·m）$^{-1}$（相当于粉砂岩透水性）时，维持 30min 后，结束该段注浆。即可认为达到注浆结束标准。

4. 地面定向水平井段注浆技术要求

水平井注浆堵漏有别于直井注浆堵漏，除了注浆方式不同，主要还在于注浆液配方及注浆设备的区别。采用水平井注浆方式堵漏，注浆液需要克服更大的井壁摩阻，这就需要在注浆过程采取有别于直井注浆的注浆液配方、注浆设备系统和结束标准，主要包括以下几点：

（1）注浆设备。包括注浆设备的优化配置，根据奥灰设计注浆压力大小选择注浆设备的最大可承压力。

（2）注浆工艺。地面水平井注浆加固煤层底板增加了注浆液摩阻和孔内流经时间，这需要对注浆液密度、成分配比进行充分研究，才能达到底板加固或改造效果。

（3）注浆结束标准。制定注浆结束标准要既做到良好的加固效果又不造成材料浪费，主要包括注浆压力和渗透量研究；注浆压力与渗透量反映了注浆液固凝效果，制定注浆结束标准见 11.3.3 节。

（4）煤层底板改造及加固效果验证方法。区域治理效果评价主要通过以下几种方法进行评价。

① 水平井取芯技术。利用水平钻井取芯方式对注浆治理改造的裂隙或断层固结部位进行连续取样，并对芯样进行实验室压力试验，测试芯样的固结效果和抗压能力，这是直观检验注浆效果的最好方法之一。

② 分支孔高压验证。研究确定分支水平检验孔的侧钻位置，通过井口高压注水试验，能有效评价多分支注浆区域的堵漏效果；同时需对井口高压试验装置进行研发，试验确定高压注水试验渗流水量及井口压力变化评价标准。

③ 水质分析验证。在注浆前后采取水样进行实验室化验，分析水样成分，并进行对比，判断评价注浆堵漏效果，并形成参考标准。

5. 奥灰岩溶裂隙含水层水平井段注浆层控

在薄层灰岩含水层中注浆，由于上、下隔水层边界的存在，属于一种有限空间注浆。在巨厚的奥灰顶部岩体中注浆改造，其过程除按照上述"三时段"进行注浆外，由于陷落柱、断裂、裂缝等构造存在，如不加考虑控制注浆材料，注浆量将增大，费用提高。所以在构造发育处要采取措施，对预设下边界进行注浆前铺底予以控制。

在钻进的过程中，通过对冲洗液漏失、掉钻、注浆量等分析所钻遇的构造规模，对不同的构造规模要采取不同的充填或注浆材料进行铺底。采取措施主要有灌注骨料、粉煤灰等。表 11-10 是通过大量实践，得出针对钻液漏失量和注浆量参考范围所选择不同的铺底材料。

表 11-10 铺底注浆材料选择参数一览表

状况	漏失量/$m^3 \cdot min^{-1}$			掉钻
	<0.5	0.5~1	>1.0	
铺底材料	1:1 单液水泥浆	水泥浆或复合浆液	粉煤灰	碎石、细沙

奥灰含水层上部注浆最大的难点是浆液控制，特别是较大构造底边界的注浆铺底。铺底效果不良或不铺底会导致大量浆液漏失，造成注浆费用高。所以，奥灰注浆过程中通过对漏失量、掉钻、注浆量等进行及时分析，采取了相对有效的措施，以达到降低费用的良好效果。

6. 水平孔注浆工艺要求

井上和井下注浆工艺方式基本相同，都是采用下行式分段注浆，注浆顺序分别是由外向内注浆，即约束注浆、跳孔注浆、相邻孔错位注浆等。井下定向孔下行式分段注浆施工流程如图 11.20 所示。

井下定向孔注浆参数设计及技术要求如下。

注浆段长度。钻孔长度达到 100m（3~5 倍注浆渗透半径）或涌水量大于 $30m^3 \cdot h^{-1}$ 时，立即启动注浆工序，时间 30min。

注浆速度。注浆泵量一般在 6~$10m^3 \cdot h^{-1}$。

浆液比重。按先稀后稠的原则分档控制，黏土水泥浆浆液比重控制在 1.10~1.50$t \cdot m^{-3}$。

钻探及注浆次序。区域注浆改造基本是按"下行式分段"注浆工艺和"动态分析、实时反馈、不断优化"的注浆流程，均匀布孔（羽、带状）；井下有重点地加密钻孔注浆，进行区域治理效果检验及补强注浆。

注浆目标层。区域注浆目标层为奥灰八段。

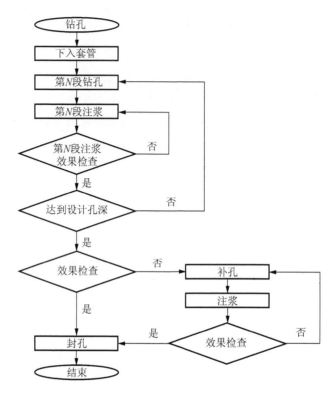

图 11.20　井下定向钻进下行式分段注浆流程图

压水试验。钻孔分为可注钻孔和不可注钻孔，按式（11-4）计算单位吸水量，然后视结果确定浆液浓度。压水前观测压水孔及相邻钻孔水位、水量，压水过程中观测邻孔水位变化，压水后对压水孔和邻孔水位及其下降速度进行观测。

7. 井下一般钻孔注浆结束标准

同 11.3.3 节注浆结束标准。

11.3.4　薄层灰岩区域改造注浆工艺

薄层灰岩改造主要指对主采 2 号煤层以下的山伏青(3.5+1.5m)灰岩、大青灰（5.5m）岩进行区域注浆改造。

1. 薄层灰岩隔水层区域超前改造技术要求

（1）浆液扩散半径按 20～30m，即注浆加固范围内钻孔终孔位置间距 40～60m。

（2）根据煤层底板采动破坏深度，设计注浆加固深度或改造目标层厚度。

（3）钻孔裸孔段应尽可能多穿注浆加固的目标层段。

（4）钻孔方向尽可能相交于构造裂隙发育方向，以利于浆液向裂隙扩散。

（5）注浆钻孔对物探异常区、断层构造带等要有所侧重。

（6）工作面切眼位置、初次来压位置、采空区底板"方形"区域、巷道直接底板"条带"两侧 15m 范围内和停采线附近作为重点区段。

（7）以"不掘突水头，不采突水面"为目标，在对工作面底板进行注浆改造的同时，利用现有巷道要对其两侧相邻未采工作面底板进行注浆超前治理，实行区域全面注浆超前治理。

2. 注浆材料的选择

为了保证浆液质量的稳定性、可控性和注浆改造工程质量的可靠性，采用水泥浆、粉煤灰水泥浆和黏土水泥复合浆液等。

3. 制浆系统

采用地面注浆站制浆系统。采用纯水泥浆液灌注，对局部水量大但注浆量小的钻孔适量添加膨润土以增加其吃浆量。浆液浓度遵循由稀到浓的原则，逐级改变，结束时又略变稀。初始浓度根据单位吸水量确定，见表 11-11。

表 11-11　单位吸水量与浆液初始浓度对比表

单位吸水量（率）/L·$(min·m·m)^{-1}$	0.5～1.0	1.0～5.0	5.0～10	>10
初始浓度（水灰比）	4∶1	2∶1	1∶1	0.5∶1

4. 注浆工艺

采用全孔段注浆方式，注浆之前先进行压水试验，根据压水试验结果计算注浆段单位吸水量，然后确定浆液配比与浓度后进行注浆，简述如下。

（1）钻探及注浆次序。

工作面底板注浆改造工程分三个阶段进行，第一阶段均匀布孔全面注浆；第二阶段有针对性地重点加密注浆；第三阶段为注浆效果检验与补充注浆。

（2）注浆目的层。

煤层底板破坏带以下的薄层灰岩含水层或奥灰顶部含水层改造。

（3）压水试验。

注浆之前首先按照上述分段进行压水试验。压水试验分 2MPa、4MPa、6MPa三个压力量程，每个压力阶段稳定 30～60min。计算单位吸水率见式（11-4），要求同前。

（4）注浆材料与配比。

采用纯水泥浆液灌注，对局部水量大但注浆量小的钻孔适量添加膨润土以增加其吃浆量。浆液浓度遵循由稀到浓的原则，逐级改变，结束时又略变稀。初始浓度根据单位吸水量确定。

（5）注浆技术要求。

① 当注浆压力保持不变，吸浆量均匀减少时；或吸浆量不变，压力均匀升高时，注浆工作应持续，一般不得改变水灰比。

② 注浆时，当改变浆液水灰比后，如注浆压力突增或吸浆量突减，立即查明原因进行处理。

③ 注浆前后及注浆时都必须观测邻孔的水量、浑浊度及水位变化情况，以便判断或发现钻孔串浆，便于及时处理。

④ 一般注浆工作必须连续进行，直至结束。当注浆孔段已经用到最大浓度的浆液，吸浆量仍然很大，孔口压力无明显上升或发生底鼓及底板裂隙漏浆时，采用间歇式注浆，间歇性注浆仍然出现吸浆量不减，压力不升的情况下可以考虑注砂、碎石、石渣等骨料。

（6）注浆结束标准。同 11.3.3 节的注浆结束标准。

11.4 区域超前治理效果检验

本节以邯邢矿区葛泉矿东井带压开采下组煤为例进行阐述。

11.4.1 区域治理效果物探检验

葛泉矿东井开采下组煤 9 号煤层，采用综放开采工艺；1192 工作面为倾斜长壁工作面，倾向推进长度 400m，工作面长 75m，工作面巷道均沿 9 号煤层底板掘进，9 号煤层厚度 4～6m，倾角约 10°。

1. 应用电法检验区域治理效果

1192 采面注浆工程结束后，采用电测深和音频电透视技术对区域注浆改造本溪灰岩效果进行检测验证。

1）电测深检测

1192 运料巷底板以下 38m 以浅视电阻率普遍偏低，480～450m 存在一局部高阻异常区；在埋深 38m 以下存在 390～300m、180～90m、60～0m 三处高阻异常区，为岩层完整，富水性较差部位。在 270～0m 位于 38m 以浅存在一大范围的低阻异常区，在 480～390m、270～190m、90～60m 位于巷道 38m 以深存在三处低阻异常区，分析认为奥灰顶部相对富水区。

1192 运输巷埋深 38m 以浅视电阻率呈现如下特征：480～180m 呈现高阻区和低阻区相间特征，180～0m 普遍为低阻反映。巷道底板 38m 以深，在 480～420m、270～210m、30～0m 呈现高阻特征，反映岩层完整，富水性差；在 420～300m、270m 附近、210m 附近、180～30m 呈现低阻特征，反映岩层破碎，富水性较好，为奥灰顶部相对富水区。检测结果分别如图 11.21 和图 11.22 所示。

图 11.21　工作面运料巷底板电测深视电阻率等值线图

图 11.22　工作面运输巷底板电测深视电阻率等值线图

效果评述：检测结果与工作面钻探及注浆效果分析的结果吻合，煤层底板富水区段有限。检测结果也反映了 1192 工作面两巷直接底板不同深度富水性情况和前期注浆效果。

2）音频电透检验

从音频电穿透探测验证结果（图 11.23、图 11.24）可以看出，本次探测到 4 条贯穿工作面上下巷的高电导异常区，探测到 5 条分别位于上下巷底板的高电导异常区，并且具有如下特征：贯穿于上下巷的高电导异常区具有近似平行的异常走向，与巷道走向夹角约 60°；高电导异常区在工作面以里半段分布相对密集，在工作面以外半段分布相对稀疏，且集中于西翼运输巷附近。

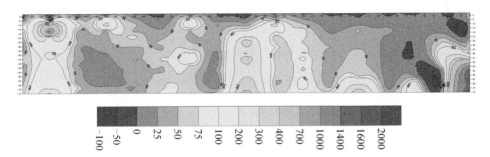

图 11.23　工作面底板下 20m 视电阻率等值线图

图 11.24　工作面音频电透探测综合成果图

效果评述：探测结果与工作面钻探注浆检验情况吻合，工作面底板隔水层及本溪灰岩含水层低阻异常区小范围内存在，工作面底板电性趋于均匀；对工作面运输巷两侧没有控制。由于电法探测的多解性，根据钻探检测结果，局部异常区为假异常。

2. 钻探检测与补强注浆

1）检验孔布置原则

对电测深及音频电透视异常区布设专门钻孔进行验证；对注浆量偏小但单孔涌水量较大的区段进行检验；对注浆孔密度相对较小区段、构造发育区段、初次来压及停采线附近布孔检验。

2）钻探检验及补充注浆成果

该区域共施工钻探检查孔 76 个，检查孔占总孔数的 39%。单孔最大涌水量 18m³·h⁻¹，最小涌水量 0.5m³·h⁻¹，说明注浆效果达到了预期的目的。

3. 区域超前注浆效果综合评价

根据钻探检验结果，1192 等 3 个工作面经过底板加固与改造及补充注浆后，工作面底板隔水层及本灰含水层水文地质特征发生了如下变化。

（1）本溪灰岩含水层富水性变弱，单孔涌水量大幅度减少，在后期检查孔注浆之前，整个工作面已经没有涌水量大于 20m³·h⁻¹ 的钻孔。

（2）钻孔初见水深度，即本灰水导升高度明显降低，75%的后期检查孔初见本灰水深度在 15.0m 以下，且初见本灰水量在 3.0m³·h⁻¹ 以下。

（3）单孔平均注浆量的迅速减少，水泥浆液已占据了绝大多数储水空间。

综合上述，已经达到了将本溪灰岩含水层改造为相对隔水层及全面充填加固其导升裂隙的目的。

11.4.2　地面区域治理效果验证方法

多分支水平井注浆能否起到区域治理改造及加固效果，需要通过有效技术手段验证，才能评价其技术方法的可行性和有效性，注浆效果主要通过以下方法进行评价。

（1）水平井取芯。利用水平钻井取芯的方式对注浆封堵的裂隙或断层固结部位进行连续取样，并对芯样进行实验室压力试验，测试芯样抗压能力，这是直观检验注浆效果的方法之一。

（2）分支孔高压验证。研究确定分支水平验证孔的侧钻位置，试验观察高压注水渗水量及井口压力变化，以根据井口高压注水试验结果，评价多分支水平孔注浆控制区域治理效果。

（3）水质分析验证。分别在注浆前、后采集水样进行实验室化验，分析水样成分并进行对比，判断评价注浆堵漏效果，同时形成参考标准。

11.5　带压开采底板突水实时监测预警技术

井上下区域超前治理奥灰水害后，在回采中需要通过底板突水监测预报系统，实时监测采动过程中煤层底板应力、应变、水压和水温等参数变化，间接确定 9 号煤回采过程中煤层底板破坏带和隔水层下伏强含水层"导升"高度的变化状况，对可能发生突水危险性提前预报。本节以东庞矿下组煤 9103 工作面开采为例进行阐述。

11.5.1　监测项目及系统

应变值大小为反映底板岩体破坏及变形程度的重要指标。煤层底板应力场中任意一点的应力值随工作面的推进不断发生变化。底板破坏试验表明：底板应力小于原始应力时底板钻孔出现耗水，应力越小、钻孔耗水量越大，钻孔耗水量峰值正好处于煤层底板应力值谷底位置。从上述关系可看出，在工作面回采过程中底板破坏深度及导水性，随底板应力的增大而减小；反之，随底板应力减小而增大。因此，通过对不同深度的底板应力状态的监测，可反映采动条件下煤层底板发生破坏的深度及强度。随工作面推进→顶板悬空→顶板跨落，则底板变形出现压缩→膨胀→压缩变形。当底板岩体裂隙或原生节理在采动应力场作用下沿其结构面产生移动时，埋设在不同深度应变传感器监测值能够反映煤层底板移动或变形程度。

在采动影响下，原生裂隙会不会进一步开裂、扩张或产生新的贯穿裂隙，能否造成承压水沿裂隙带进一步上升，与煤层底板原位张裂、损伤、破坏带等沟通，是发生底板突水的必要条件。通过对煤层底板不同深度裂隙水的水压监测可以掌握奥灰承压水是否向上导升及导升部位；结合对底板破坏深度分析，可对监测部位突水的可能性进行评价。当深部高承压水通过裂隙通道进入隔水单元岩层时，过水通道附近岩体温度及煤系裂隙水的水温会出现异常。故可通过对底板奥灰裂隙水水温监测，预报突水可能性。

综上所述，煤层底板监测中应力、应变状态反映了底板隔水层在采动影响下所受破坏以及导水性能变化状况；监测水压直接反映承压水导升部位；监测水温则反映是否有深部承压水的补给。因此，通过对此监测指标综合分析，可进行突水预测预报。

本次底板突水监测使用 KTL-1A 型岩水多参数测定仪和传感器组成的监测系统。该系统由地面中心站、井下分站、信号传输电缆和底板监测各种传感器等硬、软件组成，如图 11.25 所示。

图 11.25　底板突水监测系统示意图

11.5.2　监测工程

东庞矿 9 号煤底板隔水层特点是以泥质粉砂岩软性岩层为主，高强度脆性灰岩为辅的弱渗透性柔性底板；本灰厚度只有 1.0～2.0m、富水性差；整个岩层注浆可注性差。针对以上特点主要采取技术措施如下。

（1）对于较浅部工作面，只对隔水层变薄带、构造破坏带、本灰富水区和物探异常区等薄弱带进行局部注浆加固；注浆层位为底板破坏深度以下至奥灰顶部以下 5m。

（2）对于井田深部隔水层厚度相对不够的工作面，为保证隔水层的厚度和强度，突水系数超过 0.09MPa·m^{-1}，注浆层段下移至奥灰顶部八段。

根据 9103 工作面地质和水文地质条件以及综合物探成果资料分析，距切眼 80m 区段为可能发生突水危险的区段，在该区段下巷（运输巷）外侧煤体内布置钻窝，施工钻孔埋设传感器；距切眼 158m 布置钻窝，设置井下监测分站。

（1）钻孔工程布置。在钻窝内布置三个钻孔，埋设应力、应变、水压和水温传感器。钻孔布置见钻孔平、剖面示意图（图 11.26）。

（2）传感器埋设。每个监测孔安装应力、应变、水压、温度传感器各一个。安装顺序为从下到上为水压、温度、应力、应变传感器如图 11.27 所示。传感器距 9 号煤底板垂距见表 11-12。本次埋设应力、应变传感器为三分量传感器，三个分量与开采方向的关系如图 11.28 所示。分量之间的夹角为 60°，在埋设时应保持固定方位。Ⅰ指向工作面推进方向，Ⅱ与工作面推进方向垂直，Ⅲ指向采空区方向。

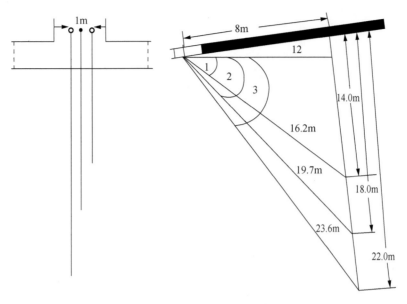

图 11.26　钻孔平、剖面示意图

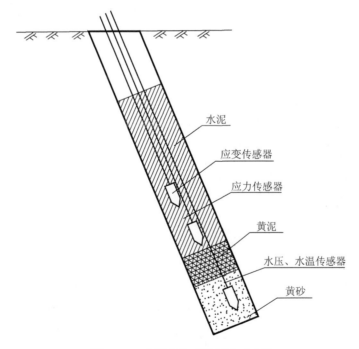

图 11.27　监测孔传感器埋设示意图

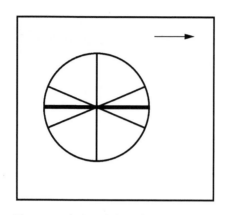

图 11.28　应力、应变传感器方位示意图

表 11-12　9103 工作面突水监测传感器实际安装距离

孔号	与煤层夹角	水压-温度传感器		应力传感器		应变传感器	
		埋深/m	垂距/m	埋深/m	垂距/m	埋深/m	垂距/m
1	60.25	17.15	14.89	13.61	11.82	12.06	10.47
2	66.04	18.03	16.48	14.80	13.52	14.43	13.19
3	70.02	23.20	21.80	18.58	17.46	18.05	16.96

11.5.3　监测数据分析

1. 应力与应变监测及变化特征

埋设在不同深度的应力、应变传感器在开采过程中各分量监测数据呈不同的变化特征，整个测试成果资料见表 11-13。该表显示 Ⅰ、Ⅲ 分量监测数据对采煤超前支承压力引起的水平附加应力及应变值反应灵敏，变化幅度较大。不同深度的水平附加应力及应变指向在不同的采距有所不同，且多次发生改变，反映工作面应力、应变场在开采扰动时的监测部位应力、应变状态。随着工作面推进，煤层底板受到超前支承压力，致使水平附加应力及应变值产生急剧拉压变化，该急剧变化区段距监测站的距离在不同监测深度有较大的不同，并且有随监测深度增加灵敏度提高（监测距离增大）的特征。在从上至下三个不同深度中，水平附加应力剧烈变化区段距监测孔采前距离分别为 21～9m、58～40m、63～41.5m。

表 11-13　应力、应变监测综合成果表

传感器应力（P）应变（S）	传感器与9#煤垂距/m	传感器埋设段地层	Ⅰ、Ⅲ分量变化范围/变化幅度	Ⅰ、Ⅲ分量（水平方向）应力应变指向	Ⅰ、Ⅲ分量采距变化范围	Ⅱ分量（垂直方向）变化范围/变化幅度	Ⅱ分量急剧变化段（采距 m）/最大值
P1/(kg·cm⁻²)	11.82	太原群泥岩	7.58~-47.58 / 55	指向采空区 / 指向开采方向 / 指向采空区	7.75~11.2 / 59~123.43 / 123.43~131.77	1.5~-37.78 / 39.28	82.92~117.61 / -37.43
P2/(kg·cm⁻²)	13.52	本溪统石灰岩	28~-21.69 / 49.69	指向采空区 / 指向开采方向	9.83~21.92 / 22~132.6	-3.33~17.88 / 21.21	22~40 / 17.88
P3/(kg·cm⁻²)	17.46	本溪统粉砂岩	200.5~-53.69 / 254.19	指向采空区 / 指向开采方向	7.78~17 / 17~132.6	-7.66~6.48 / 14.14	84~104 / 6.4
S1/με	10.47	太原群泥岩	53.09~-119.88 / 172.97	指向采空区 / 指向开采方向 / 指向采空区 / 指向开采方向	13.98~22.60 / 22.6~82.94 / 82.94~96.04 / 96.04~132.6	0.26~-65.41 / 65.67	81.5~116 / -65.4
S2/με	13.19	本溪统石灰岩	5.03~-102.73 / 107.76	指向采空区 / 指向开采方向	22~96 / 98~132.6	4.86~-81.90 / 86.76	9.7~84 / -81.90
S3/με	16.96	本溪统粉砂岩	204.98~-299.97 / 504.95	指向采空区 / 指向开采方向 / 指向采空区	8~71 / 71~98.52 / 99.67~117.6	-7.15~52.07 / 59.22	71~84.23 / 52.13

从图 11.29 可看出，2 号应力传感器Ⅰ分量曲线呈冲击波峰，Ⅲ分量呈冲击波谷形态，采后直接顶的垮落对底板冲击幅度较小，基本顶垮落对底板冲击幅度较大。本次底板监测获得 4 次周期来压步距较顶板矿压监测周期来压步距（11.5m）要大，反映了采后基本顶冒落对底板冲击波动周期。

回采过程中该深度水平附加应变差值在采前增加反映了超前支承压力对水平位移的影响随工作面推进而增大，采后随工作面离监测点距离的增大而减小；采后水平附加应变值大幅度减小，可认为该深度地层出现了回弹变形。由表 11-13 中三个不同深度应力传感器Ⅱ分量的变化范围、变化幅度及最大值可以看出，由深到浅其附加应力值不断增大。

（1）1 号应变传感器Ⅱ分量在监测开始后，从直接顶垮落（13.37m）直到监测结束，应变值一直为负值。Ⅱ分量曲线变化过程反映了该监测深度煤层底板应变场在开采过程中的状态，该深度煤层底板在采后拉应变出现大幅增加，说明煤层底板产生拉张性膨胀变形，而且直到采后 50m 应变值仍没有出现恢复性回弹，可认为该深度煤层底板变形为塑性变形，已遭到破坏。

（2）2 号应变传感器Ⅱ分量从开始监测就迅速变为负值且一直保持拉应变状态。Ⅱ分量垂直应变曲线变化说明随着回采采空区的扩大，此监测深度岩层对超前应力场变化感应灵敏并产生垂直向上的变形。随着顶板的垮落对底板的压力使该深度岩层应变值产生较大幅度的回弹，虽然到监测结束也未恢复到回采初期的水平，仍有-40 $\mu\varepsilon$ 左右的附加垂直拉应变。结合该地层垂直应力监测显示的压应力，该深度地层虽产生一定幅度的变形，仍为弹性变形，具有一定的抗水压能力。

（3）3 号应变传感器埋设深度Ⅱ分量值变化幅度不大。从该曲线可以看出，工作面接近监测孔或在其附近时采煤引起的垂直应变相对较大，在此之外区段变化幅度都比较小，说明开采引起该深度煤层底板垂向上的位移量已有较大程度的减弱，并表现为压性应变，采后直到基本顶垮落没有出现大幅度的回弹仍维持一定量的压应变。随着基本顶垮落煤层底板，应力场产生新的平衡并达到稳定，采后出现这一现象对带压开采是比较有利的。

2. 水压监测曲线及变化特征

图 11.30 为水压传感器监测曲线，安装传感器钻窝处标高为-125m，三个水压传感器的标高分别为-139.89m、-141.48m、-146.48m，监测期间矿区奥灰含水层水位+40m，假定三个水压传感器接收到奥灰含水层水压，其水压值应分别为 1.799MPa、1.815MPa、1.865MPa。据此，可以判别奥灰水是否导升及导升部位。

监测期间三个不同深度水压传感器水压变化范围为 0.016～1.064MPa，监测水压与本区奥灰水压相差 0.6～0.7MPa，显示煤层底板监测水压小于奥灰含水层水压，认为所监测的煤层底板裂隙水与奥灰含水层没有直接联系，反映了在开采扰动条件下不同深度煤层底板裂隙水的水压变动特征。

（1）1 号水压曲线在 83m 前主要在 0.4 MPa 附近上下摆动，当采至 83～100m 时水压大幅下降(除 98.51m 外)，主要在 0.069～0.172MPa 摆动，在 98.51m 时水压为 0.017MPa，该水压突然下降的原因是受采后底板底鼓产生张性破裂影响，引起含水裂隙突然增大，来不及接受地下水补给，或者原含水裂隙中裂隙水瞬间释放，从而引起水压大幅下降；也可以认为该深度粉砂岩含水裂隙与下部较强含水层联系不密切。采过20m 之后随着直接顶和基本顶垮落对煤层底板压实及压力的作用，水压回升稳定 0.37MPa 左右，说明破坏后的岩体的裂隙宽度受压变小或奥灰水补给达到平衡使其水压保持稳定。

（2）2 号水压曲线在三条曲线中变化幅度最大（0.330～1.064MPa），出现两处水压高峰分别在基本顶初次来压和工作面采至监测孔处，水压为 1.0MPa 左右。水压受采动对该深度煤层底板作用影响而增高，可认为该深度岩体较上部破坏小，其煤层底板含水裂隙相对独立和封闭，才使两次矿压峰值与水压峰值相对应；在第二次峰值之后(即采过监测孔之后)，水压值出现大幅下降，在100.44m(采后 20m)达到该曲线的最小值（0.330MPa），形成一峰谷，水压大幅下降与采动矿压的大幅下降有着直接的关系；在此之后，水压快速回升并在105m 稳定在 0.668MPa。

（3）3 号水压曲线同 2 号水压曲线形态相类似，但变化幅度比较小。该曲线前期出现的第一峰值水压变化幅度（0.266MPa）较大，说明该深度水压在初次来压前后随着矿压的增减而发生同步变化，其煤层底板含水裂隙在监测区段相对孤立和封闭，超前支承压力对监测水压的影响较大；之后水压上升并在 0.6MPa 稳定一段后，在对应二号水压曲线第二峰值区段出现幅度非常小的平缓峰值，表明采后矿压对该监测深度水压的影响已经减弱；或由于其监测含水层对外界矿压的调节能力增强，最后达到水压平衡和稳定。

从监测煤层底板裂隙水的水压绝对值小于奥灰水压值，说明奥灰水未导升至所监测的深度。

3. 水温监测曲线及变化特征

图 11.31 为水温传感器监测曲线，埋设深度与水压传感器相同。图中 1、3 号水温曲线稳定于 18～19.5℃，其温度基本保持恒定，个别点出现幅度很小的跳跃变化并很快恢复，显示煤层底板裂隙水水温。2 号传感器水温变化较大，在采掘推进范围 10～27m 处，温度从 19.6℃下降至 15℃左右；在 47～90m 区段，温度在 14℃上下变动，其温度没有反映煤层底板裂隙水水温，该温度变化有可能由于矿压对监测钻孔挤压作用，温度传感器发生温度漂移，没有反映煤层底板实际温度；从采后 90m 开始温度大幅回升至 18～19℃，最后稳定于18.4℃，反映了正常水体温度。本次监测曲线稳定温度反映了太原组及本溪统煤系砂岩裂隙水的温度，由于奥灰地下水未向上导通，没有监测到奥灰含水层的水温值。

4. 监测成果及分析

（1）9103 工作面突水危险区采用突水监测系统在开采过程中实时监测，进行突水预报试验工作达到预期目标。根据监测过程中水压、水温、应力和应变传感器的监测数据综合分析判别，排除个别异常数据，在确认无突水征兆的情况下，没有发出突水预报，故没有采取相应处理措施，实现了工作面安全开采。

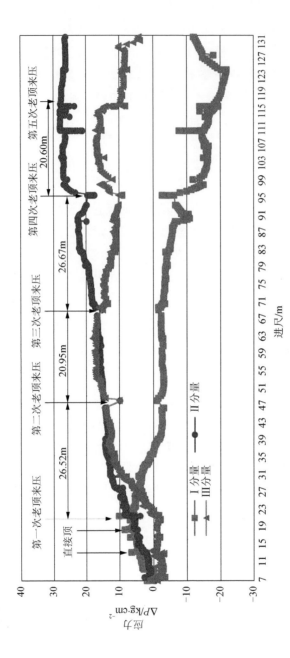

图 11.29　应力-工作面推进进曲线图

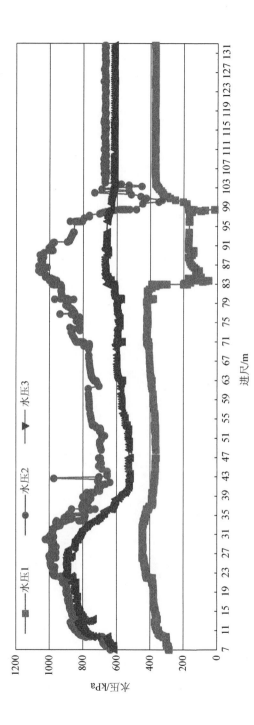

图 11.30　水压-工作面推进曲线图

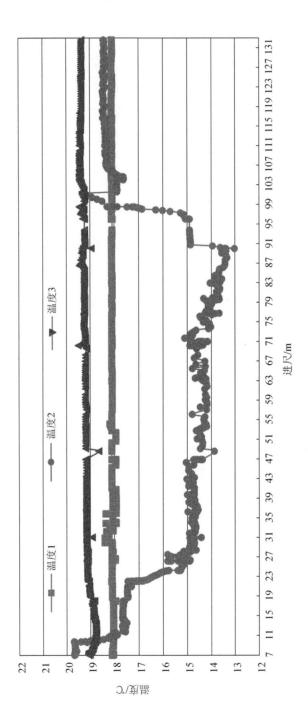

图 11.31 温度-工作面推进曲线图

（2）在采动条件下，通过监测埋设在煤层底板岩层不同深度、不同类型传感器而获得信息，经过计算和综合分析，取得了现行开采条件下 9103 工作面煤层底板的破坏及变形规律，为今后 9 号煤的安全回采提供了实际参考数据和技术参数。

（3）9 号煤层底板以下 11.7m 太原组地层受采动影响产生垂向上的拉应力和拉应变并且为塑性变形，据此认为该岩体已遭破坏；9 号煤层底板以下 11.7～13.4m 本灰顶部监测显现垂直向上的压应力和应变，出现恢复性回弹的岩体为弹性变形，受开采影响破坏较小，岩层比较完整；监测最下部 13.8～15.0m（本溪统砂岩）地层在开采过程中垂向上的应力和应变变化比上部地层有较大程度减弱，认为该段地层未受采动破坏影响。

（4）监测曲线显示采后基本顶冒落对底板冲击的初次来压为 27.92m，四次周期来压距切眼距离分别为 48.57m、69.52m、96.05m、116.65m；其基本顶冒落对底板冲击波动的周期来压步距分别为 26.65m、20.95m、26.69m、20.59m。

（5）水压、水温监测显示煤系地层裂隙水的水压绝对值小于奥灰水压值，温度基本保持恒定，显示煤层底板裂隙水水温，说明奥灰水未向上导升到所监测的深度。

（6）监测曲线显示水平附加应力、应变对采煤超前支承压力引起的底板应力、应变场变化有随监测深度增加而灵敏度提高(监测距离增大)的特征，在由上到下三个不同深度的监测曲线中，水平附加应力剧烈变化区段距监测孔采前距离分别为 21～9m、58～40m、63～41.5m。

（7）煤层底板张塑性破坏区。由于岩石破坏后呈破碎状态，岩体对应力、应变传导较弱，其水平附加应力、应变值变化幅度较小。煤层底板水平附加应力、应变的变化幅度有随距煤层底板深度的增加而增大的特征，而其垂直附加应力绝对值有随距煤层底板深度增加而减小的特征。

（8）监测曲线显示水平附加应力、应变指向在开采过程中多次改变，不同深度、不同监测距离指向方位多有不同，所监测煤层底板浅部比深部指向改变次数多，反映了开采对浅部地层的扰动比深部地层强烈。

第 12 章　大采深高承压水矿井区域超前治理水害工程示范

12.1　巨厚奥灰含水层顶部地面区域治理改造

地质工程学"利用、适应、改造"相结合的方法是矿井深部开采主动防治水技术思路及方法，是今后技术创新的方向。利用即是利用岩体自稳能力潜能；适应是体现贯穿地质工程及地质灾害防治中"绕避"的原则；改造是对地质体薄弱部位进行改造，即强化加固，疏水降压或对含水层注浆改造等是按工程需要对其含水层的一种弱化处理方法，其降压消能、浆液置换、高压驱替等都是对地下水水量和能量两方面的改变。邯邢矿区近年来通过积极探索，在奥灰强含水层顶部区域超前治理水害方面开展试验和工程示范取得了很好效果。

12.1.1　工程背景

九龙矿-850m 水平北翼地区主采煤层 2 号煤可采储量占全井田 2/3 以上，因 2 号煤层是煤与瓦斯突出煤层，采前需开采其下伏非突出煤层 4 号煤保护层。开采 4 号保护煤层受煤层底板大青和奥灰含水层突水威胁，为解决这一难题，在常规注浆加固技术对煤层底板（包括薄层灰岩）进行治理的基础上，采取区域超前治理技术，利用奥灰含水层顶部"风化壳"并进行全面注浆改造。在地面首先施工奥灰注浆垂向主孔，经造斜在深部的奥灰含水层顶部施工多分支长距离近水平钻孔，对奥灰岩含水层顶部进行区域注浆治理，从源头将奥灰含水层八段改造为相对隔水层，为安全开采 4 号煤保护层提供保障，以解决矿井深部煤层开采受高承水和煤与瓦斯突出的双重威胁的安全开采难题。

1. 矿井概况

1）井田开拓方式及范围

九龙矿 1991 年 4 月 29 日正式投入生产；现核定生产能力为 210 万 t·a^{-1}。矿井开拓方式为立井多水平，第一水平-600m 为生产水平，现开拓延深-850m 第二水平。井田北以 F9 断层、南以 F26 断层、西以 F8 断层为界，深部以 2 号煤层-900m 等高线为界，井田南北走向长 8.0km，东西倾斜宽 2.5km，面积约为 20.2km^2。

2）煤层开采条件简述

九龙矿是煤与瓦斯突出矿井，主采煤层为 2 号煤是煤与瓦斯突出煤层，4 号煤层是非突煤层，作为保护层开采；煤种为主焦煤和肥煤。地面标高 125～130m；2 号煤平均厚 5.5m，4 号煤平均厚 1.50m；采煤工艺为综采和综采放顶煤开采。

　　3）区域超前治理奥灰水害试验地点

　　区域超前治理实验区域选在受承压水威胁严重的-850m 水平北翼二采区，采区面积 1.785km^2，可采储量 879.8 万 t。北二采区位置及相邻关系及设计如图 12.1 所示。

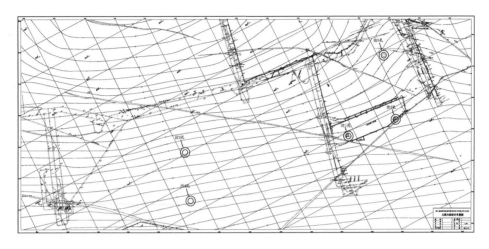

图 12.1　北二采区位置及相邻关系与设计图

　　2. 矿井地质及水文地质条件

　　1）矿井地质概述

　　井田奥灰上覆岩层为石炭系中统本溪组，其上部岩性为页岩夹薄层煤线；中部是灰白色铝质黏土岩；下部是紫红色含铁质泥岩，是隔水性较好的隔水层。

　　井田总体构造形态为一单斜构造，褶皱构造均为短轴宽缓褶皱，断裂构造非常发育。井田发育陷落柱，揭露 2 个陷落柱，其中 1 个导水陷落柱；地质类型为中等 II - II ab I dIIIeg 型；矿井水文地质类型是复杂型。

　　2）水文地质条件及排水能力

　　井田北、南、西三面以 F9、F26 和 F8 断层为界阻隔了其上、下两盘同一含水层之间的水力联系，因此九龙井田位于周边相对封闭较好的水文地质单元。井田范围内划分为 9 个含水层，见表 12-1；含水层与隔水层以及煤层的相对位置关系如图 12.2 所示。

表 12-1 井田内含水层特征一览表

含水层名称	厚度/m	富水性	平均单位涌水量 /L·(s·m)$^{-1}$	水质类型
第四系孔隙含水层（Ⅰ）	0～12	强	1.79～4.70	HCO$_3$·SO$_4$-Ca
第三系砂砾岩裂隙含水层（Ⅱ）	0～11	较弱	0.0741	HCO$_3$·SO$_4$-Ca
上石盒子组砂岩含水层（Ⅲ）	35.55～74.77	较弱	0.039	Cl·HCO$_3$-Na
下石盒子组砂岩含水层（Ⅳ）	1.03～19.60	弱	0.039	Cl·HCO$_3$-Na
大煤顶板砂岩裂隙含水层（Ⅴ）	0.80～18.70	弱	0.015	Cl·HCO$_3$-Na
野青灰岩裂隙岩溶含水层（Ⅵ）	0.30～3.40	弱	0.019	Cl-Na
山、伏灰岩裂隙岩溶含水层（Ⅶ）	1.19～9.73	较强	0.0756	Cl·SO$_4$-Na
大青灰岩裂隙岩溶含水层（Ⅷ）	0.40～6.84	中等	0.01	Cl·SO$_4$-Na·Ca
奥陶系灰岩岩溶裂隙含水层（Ⅸ）	500～600	强	0.006-2.107	Cl·SO$_4$-Ca·Na

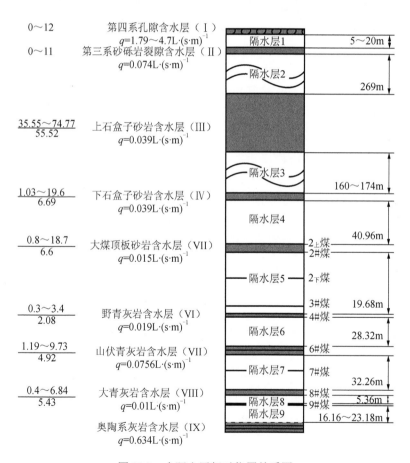

图 12.2 含隔水层相对位置关系图

矿井正常涌水量 19.5 m^3·min^{-1}，最大涌水量 37.3 m^3·min^{-1}，实际涌水量

$5.5~m^3 \cdot min^{-1}$。矿井主排水设备为潜水泵，一水平中央泵房安装 12 台潜水泵和 4 台卧泵，综合排水能力 $90m^3 \cdot min^{-1}$；建立了 KJ402 矿井水情自动观测系统，实现了井田内各含水层水位全方位实时监测。

3. 充水水源及导水通道分析

1）充水水源

九龙矿井田奥灰水位 115～117m，矿井主要充水水源为 2 号煤顶板砂岩水、野青、山伏青、大青、奥灰等灰岩含水层。在开采 2、4 号煤时，主要受太原组薄层灰岩含水层群影响，除大青和奥灰突水威胁矿井安全外，其他含水层富水性较弱，主要以滴淋水形式成为矿井正常涌水量的主要组成部分。

2）充水通道

（1）含（导）水陷落柱。井田发育有陷落柱，其中隐伏含（导）水陷落柱矿井安全威胁最大。

（2）断裂构造。井田内规模较大的断层得到了控制，但小断层非常发育且难以控制，在高承压水头和矿山压力耦合作用下，可能引起断层活化，从而改变断层的导水性能。因此，需要加强研究隐伏导水构造的超前探测有效性难题。

（3）导水裂隙带。由于开采深度大，底板承受水压高，煤层开采对底板岩层造成破坏，或致奥灰水导升产生递进，增加了削弱底板隔水层的阻水能力，有形成导水通道可能性。

（4）封闭不良钻孔。

4. 4 号煤野青工作面出水原因分析及对策

矿井自 1991 年投产以来，曾先后发生过 9 次底板出水，水源为野青、山伏青、大青、奥灰岩溶裂隙水等，其中奥灰直接出水占 33%，如图 12.3（a）所示。自 1998 年 10 月开采 4 号野青保护煤层以来，先后开采四个野青保护层工作面均发生底板出水，在 2009 年 1 月 8 日，15423N 回采面推进至 135m 时，在没有断裂构造情况下，发生底板奥灰突水，最大突水量达到 $7200m^3 \cdot h^{-1}$，造成淹井事故；突水量达到 $120m^3 \cdot min^{-1}$，稳定突水量 $60m^3 \cdot min^{-1}$，超过矿井最大排水能力被迫停产。有关 4 号煤采面突水数据见表 12-2。

表 12-2　野青工作面出（突）水有关数据明细表

工作面名称	突水时间	最大突水量/m³·h⁻¹	出水层位	备注
野青 15413N	1999.1.27	36	煤层底板山伏青	
野青 15421N	2002.11.6	150	煤层底板	发生 6 次出水
野青 15431N	2005.4.29	90	煤层底板	
野青 15423N	2009.1.8	7200	煤层底板	初次 90m³·h⁻¹

奥灰虽然距 4 号煤底板 100m 左右，但由于陷落柱等地质构造将奥灰与煤层

直接或间接连通，使奥灰成突水水源；奥灰水还为其他薄层灰岩含水层（野青、山伏青、大青）补给而成为间接突水源。突水通道一般是陷落柱、断层、底板裂隙带、封闭不良钻孔等，从图 12.3（b）看出，在高承压水条件下，底板裂隙带作为突水通道占的比例大，使山伏青、大青含水层水通过采动裂隙与构造裂隙成为奥灰间接突水水源；陷落柱与封闭不良钻孔虽然所占比例不大，但是两者都可能连通奥灰水，对矿井造成灾难性突水。

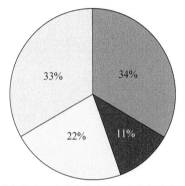
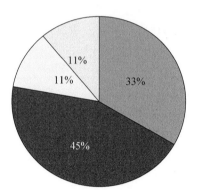

■野青灰岩水 ■山伏青灰岩水 ■大青灰岩水 □奥灰水　　　■断层 ■底板裂隙 □不良钻孔 □陷落柱
（a）水害水源比例图　　　　　　　　　　　　（b）突水通道比例图

图 12.3　水害水源和突水通道比例图

北二采区 15423N 保护层工作面采空区发生滞后突水，突水通道为隐伏导水陷落柱；根据钻探证明位置在-770m 水平，发育高度位于 4 号煤底板，陷落柱长轴 14m，短轴 7.2m；陷落柱截面积小，发育高度低，隐蔽性强。

由于该陷落柱发育高度到 4 号煤回采工作面底板约 41m，底板受采动破坏深度增加，使 4 号煤底板隔水层厚度由 100m 减到 41.6m；且承受水压高达 9.2MPa，是造成工作面突水直接原因。

5. 矿井 4 号煤防治水对策

北二采区 15445N 野青保护层试验工作面标高-770m，采深达 900m；由于大青与奥灰水力联系密切，突水系数计算以大青灰岩含水层计：$T=P/M=(117+770+100+20)/100/100=0.1\text{MPa·m}^{-1}$，已达到《煤矿防治水规定》上限。针对该 4 号煤野青保护层工作面突水系数高，突水威胁大，结合以往开采野青工作面均发生不同程度突水状况，必须创新矿井防治水技术路线，采取以地面治理为主，井下治理为辅的区域超前治理奥灰水害的立体模式。

12.1.2　地面多分支顺层定向钻进技术

多分支水平井钻进的基本特点是在主井眼上钻多个分支，而且还可以在分支上钻二级分支，主支与分支井连通成带、网状，进而扩大钻探探查面积。集成技术有定向钻探设计、钻孔造斜、定向器具、随钻测量和施工工艺等。

1. 区域超前治理钻孔设计

1）主孔设计

根据综合水文探测成果布孔，在北二采区内，设计布置 5 个垂向主孔，主孔间距在 665～1050m，如采区设计图 10.1 所示。每个主孔根据浆液扩散距离及治理需要，设计 5～12 个水平分支孔，原则上按"带"式覆盖全区，终孔到奥灰七段上部层位，为井下"不掘突水头"提供了基础条件。

2）水平孔设计

若注浆压力小，达不到改造含水层的目的；注浆压力过大，可能会将奥灰七段全部注满，既损害了七段含水层，又增加了改造费用。根据-850m 水平二采区地质及水文地质条件，选取合理的注浆参数。注浆材料采用单液水泥浆或粉煤灰水泥混合浆，注浆总压力取 P_0=2.0P_e，注浆泵压 $P=P_0-P_e$=9.65MPa，取 10.0MPa；q_g=0.001m^3/s；$\mu=0.14$；$E=79\times10^3$MPa，利用式（10-14）计算得出 $r=33.07$m，这里浆液扩散距离设计 30m，即水平注浆孔间距确定 60m。所施工 20 个水平分支孔对采区底板奥灰七段进行区域注浆治理。钻孔经造斜进入奥灰七段上部，以近水平孔沿目标层延伸，以"羽、带"状钻孔探测设计范围内的隐伏构造，使在水平层面无联系的溶蚀溶洞、小断层、裂隙带等相互连通，扩大钻探控制范围，以达到区域治理奥灰水害的目的。

在区域超前治理基础上，以回采工作面为核心，开展局部超前补强措施，即掘前物、钻探验证，薄弱点补强注浆措施，以达到消除煤层底板突水隐患的目的。因此，区域超前治理是基础，掘前局部治理是补充。

这里先以注 1、注 2 孔设计为例进行阐述。依据 15445N 野青试采工作面设计，设计注 1 和注 2 两个主孔，主孔及分支孔设计布置如图 12.4 所示。

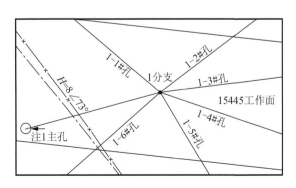

图 12.4　注 1 主孔和顺层定向分支孔平面布置示意图

孔深 972m 处为奥灰含水层顶面，主孔钻至 830m 左右进行分支造斜孔施工，钻到奥灰层位逐步改为近水平钻孔，沿着煤层走向钻进。各分支孔的设计参数见表 12-3。

表 12-3　各分支孔的设计参数一览表

分支孔孔号	孔斜方位及距离	孔深/m
1-1#	219° 131.4m	185.8m
1-2#	325° 131.4m 和 6° 368.2m	185.8+368.2（平）=554m
1-3#	354° 131.4m 和 6° 356m	185.8+356（平）=541.8m
1-4#	17° 131.4m 和 6° 365m	185.8+365（平）=550.8m
1-5#	57° 131.4m 和 6° 407m	185.8+407（平）=592.8m
1-6#	141° 131.4m	185.8m
2-1#	211° 126.6m 和 186° 320m	179+320（平）=499m
2-2#	256° 126.6m 和 186° 443m	179+443（平）=622m
2-3#	329° 126.6m 和 5° 82m	179+82（平）=261m
2-4#	34° 126.6m 和 5° 87m	179+87（平）=266m
2-5#	125° 126.6m 和 186° 368m	179+368（平）=547m
2-6#	174° 126.6m 和 186° 303m	179+303（平）=482m

2. 顺层定向井钻进工艺

1）工程设计要求

多分支近顺层定向钻进关键技术以先进的随钻测控技术为依托，通过对钻孔轨迹的实时测量和精确控制，保证定向孔在目标层位按设计延伸，也可施工分支水平孔。先施工垂向主钻孔到奥灰岩顶面以上一定设计位置，然后造斜进入七段顶部层位，按照浆液扩散半径设计分别施工不同方位水平分支孔，直至达到区域治理设计要求。

2）多顺层定向钻进装备

多分支顺层定向钻进装备由定向钻机、随钻测量仪器、专用定向仪器及工具、专用定向钻具以及配套钻进控制仪器等组成。这次试验选择美国雪姆公司制造的 T200 型车载钻机及配套设备，提升能力强，钻机平均钻速 $1.0 \sim 3.0 \text{m} \cdot \text{s}^{-1}$，水平钻长达 1000m 以上；顺层定向设备采用美制 BlackstarEM-MWD 无线电磁波随钻测量仪。

3）多分支顺层定向钻进难点分析

顺层定向钻进集水平井、造斜井、分支井和地质导向等技术，技术水平要求高，施工难度大，对钻井工具、测量仪器和设备性能等方面都提出了更高的要求。实践表明，顺层定向井钻进所面临的主要难度如下。

（1）地层结构复杂，易造成钻井事故。顺层定向钻进技术的探查对象主要是对矿井安全威胁大的奥灰含水层，在钻探过程中可能会遇到溶洞、断层、裂隙带等导水构造。钻遇中岩石破碎、冲洗液漏失和高水压等因素易造成卡钻、埋钻和定向仪器损坏等事故。所以，要研制新型泥浆材料，在钻进过程中对井壁进行加固，避免了埋钻、卡钻等井底事故。

（2）曲率半径小，钻孔轨迹难以控制。一般水平井造斜段曲率半径要求为150～180m，设计最大造斜率为 8.8°/30m，施工过程中遇到漏失时需立即注浆，可能导致定向钻具造斜率达不到设计要求，使钻孔轨迹控制难以达到设计要求。因此，要根据岩层岩性制定严密措施，保证钻孔轨迹达到设计要求。

（3）目标层埋深大，施工难度大。由于造斜点较深，进入造斜段后，随着井斜增大，摩擦阻力和扭矩也随之增加，但定向初期的摩阻和扭矩并不大。奥灰岩硬度要远高于砂岩、泥岩及煤，以往应用水平井钻井工具在钻进奥灰地层时出现钻速慢，钻效低，易发生孔内事故，同时也造成费用增加。另外，受冲洗液密度、黏度和井斜等因素影响，岩屑滞留孔底不能及时返出，可能造成重复切削研磨，而形成钻速慢等问题。针对上述问题，改进钻头材质、结构；增加井底动力钻具（螺杆）可承扭矩，并通过增加钻压、转速、加重钻杆等合理配置，达到奥灰岩层快速钻进的目的。

12.1.3　区域注浆改造工艺

1. 目标改造层确定

因奥灰顶部存在的"风化壳"，将奥灰含水层顶部峰峰组八段作为区域注浆利用改造目标层。

2. 注浆孔设计与工艺

注浆工艺采用水平段裸孔注浆，根据注浆液密度、材料配比、摩阻、注浆水平段角度与长度、试验区地质情况，合理确定钻孔井身结构大小、造斜点深度、侧钻点深度、水平段长度及角度、各分支轨迹布置。如果孔径过大会增加钻井成本，如果过小则达不到注浆效果。

1）注浆技术要求

地面孔口注浆压力不低于 6.0MPa，注浆材料以 R32.5 矿渣或硅酸盐水泥为主，浆液出现大量流失时，添加粉煤灰等作为辅助注浆材料。钻探施工采用下行分段注浆方式，即钻探施工中一旦浆液大量漏失立即停钻注浆。施工至奥灰含水层后出现钻进中漏浆量大时，在压水试验前提下，确定注浆参数。注浆过程中发现有串浆现象，采取各注浆孔联合注浆方式，上一阶段注浆结束后，注浆孔、串浆孔均应进行扫孔，以防堵孔。以孔口终压 1.0MPa、稳定 30min 和单孔吸浆量小于 50L·min^{-1} 作为注浆结束标准。区域治理中，要根据钻探、注浆情况，及时反馈，不断优化注浆参数。

2）钻进设计及工艺

（1）一开、二开钻孔施工。

顺层定向井一开、二开是在直孔基础上进行施工的，一开采用 ϕ273mm 钻头施工钻孔至进入基岩 10m 完钻，下入 ϕ219mm 地质套管。二开采用 ϕ190mm 钻头施工钻进至 9 号煤层 5m 以下，下 ϕ168mm 地质套管。技术参数见表 12-4。

（2）三开施工。

三开多分支段采用 ϕ152.4mm PDC 钻头施工，使用造斜钻具组合从侧钻点造斜至井斜角 90°左右（根据地层倾角决定最终井斜角）并进入奥陶系灰岩，在奥陶系灰岩中继续钻进水平井，钻进过程中遇到断层、陷落柱等地质构造导致井眼浆液漏失时，起钻注浆封堵漏失层，待注浆完成后下钻扫水泥，继续钻进。

（3）三开钻具组合。

① 直井钻具组合：ϕ152.4mm PDC 钻头+ϕ120mm 钻铤＋ϕ89mm 钻杆＋动力头。

② 水平井钻具组合：ϕ152.4mm PDC 钻头+ϕ120mm 无磁钻铤＋ϕ89mm 钻杆＋动力头。

表 12-4　钻进技术参数表

钻压/kN	转速/r·min^{-1}	泵量/L·min^{-1}
50～100	滑动定向/30～40（复合）	800～1000

3）钻孔施工

应用造斜、定向、随钻测量、孔间透视仪、数字化测井等技术，采用保障钻孔轴线轨迹与设计轨迹相符的高质量钻孔，该区域的钻孔施工累计进尺 7434m，其中顺层定向井进尺 4169m。

（1）主孔施工。

主孔直孔段深度 845m（大煤底板 23m）固孔，并下 ϕ178mm×8.05mm 通天管。注 1 和注 2 主孔斜孔段分别沿方位角 346°和 290°裸孔钻进（ϕ152mm）全工作面中部，深度控制在 9 号煤以下 5m。

（2）分支孔施工。

所有分支孔以主孔在采面终点作为分支点，分别按设计采用 ϕ152.4mm PDC 钻头施工至奥灰含水层，进入奥陶系灰岩 30～45m 逐步改为水平井施工。分支孔的斜孔段垂深控制进入奥灰的深度为 60m 以浅，水平孔长度控制在 1000m 左右，层位在奥灰顶面以下 35m 左右。水平分支孔的空间轨迹如图 12.5 所示。

4）地面注浆工艺

第 11 章已叙述了地面注浆系统、注浆站和注浆材料，这里就注浆工艺加以阐释。现场注浆设备包括水泥罐、煤灰罐、流量控制器、水泥搅拌罐、注浆泵组、压力传感器、注浆管汇及监测压力表等。如图 12.6 所示。

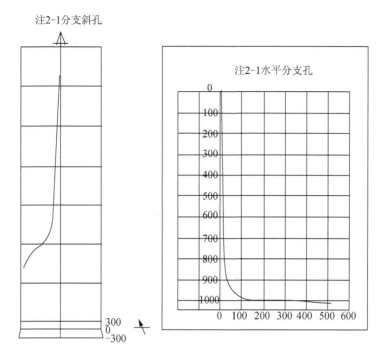

图 12.5　注 2-1 分支孔的空间轨迹图

图 12.6　现场注浆设备实物图

区域治理注浆改造伴随多分支近水平钻进整个过程。

（1）注浆系统。

注浆系统既要满足注浆改造技术要求，同时需满足经济、合理规模化生产要求。注浆设备的选择和各设备优化配置成为注浆研究的首要任务。

①　建立散装水泥罐、水泥输送推进器、一级搅拌罐、二级搅拌系统。按系统造浆要求，造浆能力不小于 $1000\text{m}^3\cdot\text{h}^{-1}$。

② 注浆泵性能与浆液类型、浓度相适应，并有足够排浆量和稳定工作性能。要求注浆泵能力：最大排量 200～300L·min⁻¹，额定工作压力不大于 12MPa。

③ 注浆泵和注浆井口均应安装压力表，使用压力宜在压力表最大标值的 1/4～3/4。压力表应用带有隔浆装置的抗震压力表。

④ 应配备孔口三通密封器，除连接注浆管外，还连接压力传感器，孔口密封器耐压应达到 15MPa。

（2）水泥浆配比。

水泥采用 32.5R 普通硅酸盐或矿渣水泥；造浆用水水质须满足 SO_4^{2-} 含量应小于 1%，pH 应大于 4。孔口注浆打压不低于 4.0MPa，当浆液出现大量流失时注浆材料添加粉煤灰作为辅助注浆材料。

由于顺层定向钻孔钻遇小型构造或裂隙带较多，因此在堵漏过程可增大水泥浆流动性，增加水平钻孔的注浆控制面积，水泥浆密度控制在 1.15～1.50g·cm⁻³。

5）注浆流程

注浆流程如图 12.7 所示。

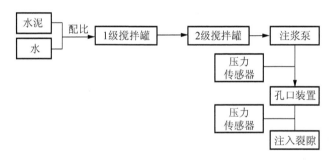

图 12.7　注浆流程图

（1）疏通管路。

在注浆前用清水进行压水试验记录注入水量及压力的变化，确定漏失量的多少。

（2）压力试验。

井口压力达到 8.0～12.0MPa 时，井底压力已达到 22 MPa 以上，这时要停止注浆。

（3）注浆扫孔。

在停止注浆后，及时将套管内及裸眼内的水泥浆排出井口，以减少下一步钻进难度。

（4）结束注浆。

扫孔后进行压水，当井口压力升高时，则表明封堵住裂隙成功，注浆结束标准同 11.3.3 节的结束注浆标注。

6）注浆技术要求

按照上述注浆的四个步骤，技术要求如下。

（1）注浆参数确定。

在钻遇到漏失时，通常表现井口返浆减少，计算出泥浆消耗量，准备注浆。在注浆前进行压水试验，主要目的是疏通注浆管路及孔内岩层裂隙，测定单位受注层吸水率，通过变化确定漏失量多少，给注浆参数确定提供依据。压水试验以吸水率 q 表示：

$$q = \frac{Q}{PL} \tag{12-1}$$

式中：q 为吸水率，$L \cdot (min \cdot m \cdot m)^{-1}$；$Q$ 为压入流量，$L \cdot min^{-1}$；P 为作用于试压段内的全压力，MPa；L 为试压段长度，m。

一般确定浆液的密度，须先用稀浆进行试注，了解漏失点吃浆量大小及孔口压力情况。

（2）注浆分时段技术要求。

① 充填注浆时段：始注时，由于水泥浆密度大于裂隙中的奥灰水密度，水泥浆利用自重即可进入奥灰裂隙中，起到水泥浆置换奥灰水的作用。

② 升压注浆时段：此阶段孔口注浆压力一般在 4.0～6.0MPa，注浆是在静水、孔口逐渐升压的状态下进行的，其目的是封堵小裂隙通道，在压力的作用下，使浆液横向、纵向上进一步扩散，增加钻孔注浆的控制范围，使原先孤立的水泥结石连成整体。

③ 高压注浆时段：因有扩缝效应，高压注浆是为了巩固前期注浆效果，孔口压力在 6.0～12.0MPa；在加压注浆时段后期，要调整浆液注入量，并加大注浆压力。根据试验要求，高压注浆时段注浆压力要大于奥灰水压力 6.0MPa 以上，当压力稳定后停止注浆，进行扫孔。

（3）注浆扫孔。

在注浆压力达到设计要求时，立即停止注浆，下入常规牙轮钻具进行扫孔，避免水泥浆在井内凝固。将孔内水泥扫出循环至地面，孔深超过原孔的位置后起钻，然后安装井口装置，用注浆泵向井孔内注入清水，查看压力变化情况。

（4）注浆结束标准。

① 注浆总压：注浆压力大小直接影响到浆液扩散距离及有效充填范围，为增加浆液有效扩散范围，既不可将压力定得太低，造成漏注；也不可将压力定得太高，致使浆液扩散太远，甚至涮大原有裂隙通道，增加涌水量。注浆总压是由孔内浆柱自重压力和注浆泵所产生的压力两部分组成的，计算公式如下：

$$P_0 = P_m + \frac{H \cdot \gamma - h}{100} \tag{12-2}$$

式中：P_0 为注浆总压力，MPa；P_m 为孔口压力，MPa；H 为孔口至受注层段 1/2

处水柱高度，m；r 为浆液相对密度；h 为注浆前注浆段 1/2 处的水柱高度，m。

根据试验要求，注浆总压力不小于受注含水层最大静压力 $2.0P_e$ 倍。试验井奥灰含水层突水前水位标高+97m，埋深平均995m（最下段中值），h 取 954m，r 取 1.35t/m³。据此 P 为 7.93MPa，拟定为 8.0MPa，即当井口压力达到以上值时，即可认为该受注层段注浆已达到注浆压力结束标准。

② 注浆结束标准:注浆结束标准同 11.3.3 节。即当注浆压力达到结束标准后，应逐渐降低注浆量，直至达到 50L·min⁻¹，并维持 30min。之后进行压水试验（试验压力为结束压力的 80%）测得单位吸水率 q 不大于 0.001L·(min·m·m)⁻¹ 时（渗透性等级为极微透水），即可认为该段达到注浆结束标准，否则要求复注，直至到结束标准。

12.1.4　区域超前治理效果验证

1. 地面区域治理工程效果验证

为验证地面地面区域治理效果，对煤层底板山伏青、大青灰岩含水层进行局部疏水降压，在井下 15445N 工作面施工了 5 个验证孔，钻孔终孔层位均为大青灰岩含水层，钻孔在山伏青灰岩含水层和大青灰岩含水层均有出水现象，现将验证介绍如下。

1）单孔压水试验

各孔均满足结束注浆量与压力标准，注后压水试验表明，单位吸水率小于 0.01L·(min·m·m)⁻¹，符合封孔要求。各孔压水试验数据见表 12-5。

表 12-5　钻孔注浆结束泵量、压力和压水试验成果

孔号	孔口压力 /MPa	单位吸水率 /L·(min·m·m)⁻¹	注浆结束	
			压力/MPa	泵量/L·min⁻¹
1-1	1.8	0.00093	1.8	44
1-2	2.5	0.00218	4.3	35
1-3	1.2	0.00265	3.6	35
1-4	4.0	0.00146	7	60
1-5	0.7	0.00265	2.4	60
1-6	3.5	0.00152	5.6	60
2-1	1.8	0.00164	3.3	35
2-2	2.4	0.00113	—	—
2-3	1.3	0.00452	3.5	35
2-4	2.1	0.00166	2.8	35

2）井下钻探检验

为对地面区域注浆效果进行验证，在井下 15445N 工作面施工 5 个大青层位钻孔，验证情况如下。

（1）山伏青灰岩含水层。5 个钻孔均揭露山伏青灰岩，其中下顺槽 6 号钻场内 6-1 孔水量最大，水量为 10.2m³·h⁻¹，其他孔水量均小于 6 m³·h⁻¹，反映出山伏青灰岩含水层总体富水性弱，含水层水位最高为-560m 左右（6-1 孔口标高-760m，水量 0.17m³·min⁻¹，压力 2MPa），钻孔经放水后，孔内水量水压迅速下降，说明不存在奥灰含水层向上导通补给山伏青灰岩的通道。

（2）大青灰岩含水层验证。五个钻孔揭露大青灰岩，其中上顺槽 9 号钻场内的 9-1 孔水量最大，水量为 39m³·h⁻¹，水压 7.5MPa；其次为下顺槽 6 号钻场内的 6-2 孔，水量为 24m³·h⁻¹，水压 7MPa，其他孔水量均小于 12m³·h⁻¹，反映出大青灰岩含水层局部富水性强，含水层水位最高为+25m 左右（9-1 孔口标高-725m，压力 7.5MPa），钻孔验证范围内，后经地面分支水平孔补探和注浆后，孔内水量和水压随之下降（9-1 孔落点控制范围，通过地面施工 2-8 和 2-10 分支水平孔注浆后，水量、水压明显下降），说明通过地面注浆改造后，该区域煤层底板的奥灰含水层向上导通补给上覆含水层的通道被有效封堵。验证孔放水观测记录见表 12-6～表 12-8。

表 12-6 6 号钻场钻孔放水观测表

	4 月 1 日	4 月 2 日	4 月 3 日	4 月 4 日	4 月 5 日	4 月 6 日	4 月 7 日
	水压/水量/(MPa/m³·min⁻¹)						
6-1	6.5/ 0.02	5.0/ 0.015	5.0/ 0.01	4.5/ 0.01	4.3/ 0.01	4.2/ 0.01	4.1/ 0.01
6-2	7.0/ 0.04	6.5/ 0.03	6.3/ 0.03	6.0/ 0.03	5.8/ 0.03	5.6/ 0.03	5.5/ 0.03

表 12-7 8 号钻场钻孔放水观测表

	4 月 9 日	4 月 10 日	4 月 11 日	4 月 12 日	4 月 13 日	4 月 14 日	4 月 15 日
	水压/水量/(MPa/m³·min⁻¹)						
8-2	5.2/ 0.05	3/ 0.03	2.5/ 0.03	3/ 0.03	3/ 0.03	3/ 0.03	3/ 0.03

表 12-8 9 号钻场钻孔放水观测表

	4 月 15 日	4 月 16 日	5 月 3 日	5 月 4 日	5 月 5 日	5 月 6 日	5 月 7 日
	水压/水量/(MPa/m³·min⁻¹)						
9-1	7.5/ 0.065	7.1/ 0.06	6.8/ 0.06	6.2/ 0.06	6.1/ 0.04	5.8/ 0.03	5.76/ 0.03
9-2	6.5/ 0.015	4/ 0.015	3/ 0.01	3/ 0.01	3/ 0.01	3/ 0.01	3/ 0.01

对比采面底板注浆验证钻孔山伏青灰岩、大青灰岩含水层水位，两含水层水位相差较大，说明两含水层之间无水力联系或水力联系微弱，经地面和井下综合

治理，采面底板范围内各灰岩含水层进一步改造为弱含水层，局部地段甚至改造为隔水层。

3）煤层底板改造效果其他方法检验

（1）水平井取芯技术研究。

注浆液凝固后，通过特殊取芯设备，连续取出水平段漏失位置的芯样，送实验室进行芯样压力试验，测试芯样的固结效果和抗压能力，评价区域治理效果。

（2）分支验证孔。

① 施工分支验证孔。注浆分支验证孔是为了检验水平井注浆堵漏效果，与水平注浆分支孔方向相向，研究试验确定侧钻位置，达到井口高压注水试验结果，能有效评价多分支水平注浆控制区域的治理效果，如图 12.8 所示。

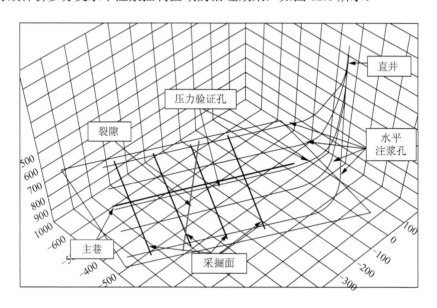

图 12.8　注浆压力验证孔布置示意图

② 观察注浆验证孔渗流水量。注浆验证孔水平钻至水平注浆孔裂隙控制范围内后，即起钻注水，压力缓慢上升逐渐降低泵的排量，当泵量达到 $50\sim90\mathrm{L\cdot min^{-1}}$ 后，维持 30min，然后进行压水试验（试验压力为结束压力的 80%）测得单位吸水率 q 不大于 $0.001\mathrm{L\cdot(min\cdot m\cdot m)^{-1}}$ 时为合格，否则认为注浆结果不合格。

③ 注浆验证孔注水压力变化。注浆验证孔结束后，加压注水，当注水压力达到注浆压力结束标准时，最大不超过注浆压力结束标准 0.5MPa，停止注水，之后观测压力表。每隔 1.0min 记录一次压力变化，持续 30min，如果压力下降不大于 0.01MPa 时，视为合格，否则视为注浆不合格。

（3）水质分析验证。

分别在注浆前与注浆后采取水样进行实验室化验，分析水样成分，并进行对比，判断评价区域注浆治理效果，并印证其他验证方法结果。

另外依据瞬变电磁探测资料，结合工作面已知地质及水文地质条件分析，工作面布置范围内未发现异常，在工作面切眼外侧附近圈定一处低阻异常区。依据物探结果，井下补充施工验证孔一个，钻探成果无明显异常，后通过相关资料对比分析认为该处异常区为 F35 断层导致。

综合上述分析，采面通过地面区域注浆治理后，底板各含水层间无水力联系或水力联系微弱，且不存在奥灰含水层向上补给山伏青、大青灰岩通道。

2. 地面区域治理成果

15445N4 号煤保护层工作面从掘进到回采结束，没有发生底板奥灰出水，证明了地面区域超前治理奥灰水害达到设计目的，取得了预期技术经济效果。

北二采区 15445 野青保护层工作面倾斜长平均 126m；煤层顶板野青灰岩平均厚 2.0m，底板砂质泥岩及粉细砂岩厚 3.1m。工作面推进长度 386m，回采面积 66236m²；工作面平均煤厚 1.52m，安全带压回采煤量 14.49 万 t。

九龙矿是煤与瓦斯突出矿井，采深超过 1000m 的大采深高承压水的受双重安全严重威胁的矿井，开采的主采煤层 2 号煤是突出煤层，所以要先采下伏非突煤层 4 号煤（距 41m）；否则，深部煤炭资源不能安全开采。自 2012 年九龙矿开展了对北翼-850m 水平进行地面区域治理防治水工作，截至 2016 年 3 月底，共施工 6 个主孔，钻孔总进尺 48471m(其中造斜进尺 6566m，水平孔 36377m)，累计注浆 255776t（水泥 235519t，粉煤灰 20257t），探查治理了漏失点 127 个，以治促查，查治结合，探明 4 个隐伏陷获柱，治理面积 95 万 m²，解放煤量达到 1246 万 t，整体区域治理成果如图 12.9 所示。

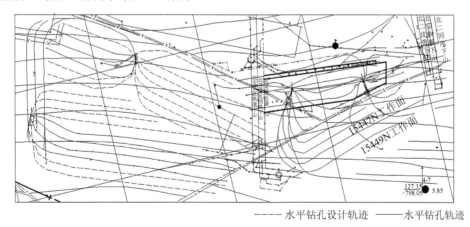

———— 水平钻孔设计轨迹　———— 水平钻孔轨迹

图 12.9　-850m 水平北翼及二采区地面区域治理钻孔轨迹成果图

地面区域治理成效如下：

（1）在奥灰含水层中多方位施工大孔径长距离水平分支孔，增大了探查奥灰顶部含水层面积，提高了对奥灰含水层中导（含）水构造探查精度，并对奥灰顶部含水层及导水通道实施区域超前注浆治理，实现了"先治后掘""先治后建"的目标，大大降低了煤层底板突水概率，最终达到根治水患的目的。

（2）改造含水层层位由以前太原组上部薄层灰岩含水层下延到奥灰含水层顶部，进行区域注浆改造，有效地防治了底板直接突水，消除了 127 个潜在的隐伏导水通道及裂隙带；探测到 4 个隐伏导水陷落柱。

（3）应用先进设备与器具的配合，使定向孔设计与数据处理直观快速，随钻、随测、随调，并对多种方案快速比较，选出最优的参数以控制钻孔顶角和方位角，优化造斜，获得了钻孔轴线光滑的高质钻孔，保证了区域治理设计目的。

（4）地面多分支水平井区域治理效率高，质量好，减少了人员、设备、施工占地等费用，与井下治理比较，吨煤费用与井下相比基本相等。

（5）实现了"不掘突水头，不采突水面"的目标。多分支近顺层定向钻进技术成功，为华北型煤田深部开采防治水开辟出一条新途径。

12.2 大青薄层灰岩含水层地面区域治理改造示范工程

12.2.1 工程背景

羊东矿是受煤与瓦斯突出和大采深高承压水双重威胁矿井，位于奥灰强、中径流带；矿井隐伏陷落柱发育，截至目前在深部已揭露 21 个；在开采主采 2 号突出煤层前，需要开采下伏 41m 左右 4 号野青非突煤层作为保护层开采，目前采 4 号煤保护层承受奥灰水压 8.0MPa 以上。针对不同矿井水文地质条件，采取"一矿一策，一区一策，一面一策"的防治水技术原则，考虑到大青薄层灰岩裂隙发育，富水性较好，陷落柱和断裂构造发育情况，采取地面区域注浆改造大青薄层灰岩含水层技术方案。

地面区域治理位于羊东矿四二采区北翼，其中 8466 工作面为 4 号野青煤保护层工作面，煤层厚度 1.00～1.80m，平均厚度 1.40m；倾角 3°～26°，平均 15°；煤层赋存较稳定，结构简单无夹矸。

工作面地面标高 135.6～149.4m，井下标高-595～-718m；工作面走向长度 1058～1066m，倾斜长度 184～189m，开采面积 197846m^2，可采储量 37.15 万 t。

8466 工作面在掘进过程中揭露了 35 条断层，均为正断层。落差 2m 以上断层 4 条，2m 以下断层 31 条，对工作面回采影响较大。由于工作面受背斜、向斜影响，4 号煤层厚度、倾角变化较大；受断层影响顶板较破碎不稳定。

8466 工作面掘进揭露一个 X$_{19\text{-}8466\text{-}1}$ 陷落柱，长轴 30m，短轴 23m，面积 690m^2。

12.2.2 开采及水文地质条件

1）野青灰岩含水层

野青灰岩为 4 号煤层顶板，富水性弱且不均匀，导水性差，随回采以淋水形式可逐渐疏干，对回采影响不大。

2）伏青灰岩含水层

该含水层位于 4 号煤工作面底板以下 34m，层厚 3.5m，该含水层富水不均匀，局部富水性强，单孔涌水量 0.6～12m³·h⁻¹，水温 28℃左右。经超前探测、底板注浆孔钻探证实该含水层水量较小，通过放水后，水量和水压随之下降。

3）大青灰岩含水层

大青含水层位于 4 号煤底板以下 73m，层厚 5.5m。经 8466 底板注浆孔钻探证实该含水层富水性不均匀，局部富水性较强，单孔涌水量为 0.5～18m³·h⁻¹。

4）奥灰含水层

奥灰含水层位于煤系地层底部，8466 工作面底板距奥陶系灰岩顶界面层最小间距为 111m。根据近 3 年奥灰水位观测记录，奥灰含水层近 3 年最高水位为 +122.71m，8466 工作面底板隔水层所承受的最大奥灰水压为 9.52MPa。该含水层分布面积广、厚度大，具有巨大的动、静水储量，4 号野青煤层开采主要受该含水层威胁。

12.2.3 构造及导含水性简要分析

1）底板采动破坏带

根据 2013 年 10 月进行的 8463 工作面底板扰动破坏试验，测得底板破坏深度最大为 26m，底板破坏裂隙不会发展到下伏大青灰岩含水层。

2）陷落柱

X19-8466-1 陷落柱位于 8466 工作面开采范围以外，且已按规定留设防水煤柱。

综上分析，工作面主要充水水源为顶板野青灰岩含水层水和底板薄层灰岩含水层水，充水通道为煤层顶、底板导水断层及裂隙带；威胁工作面安全生产的主要含水层是奥灰含水层，导水通道是隐伏导含水陷落柱和断层。

12.2.4 矿井防治水技术路线

4 号野青保护煤层开采主要威胁是奥灰水，若奥灰含水层与野青煤下伏薄层灰岩含水层发生水力联系，或发育垂向隐伏导水构造，将面临奥灰突水危险。

查清薄层灰岩含水层（大青、伏青）与奥陶系灰岩含水层的水力联系及垂向导水构造发育情况，对 8466 保护层工作面进行底板以及煤层底板薄弱地段进行区域注浆改造，消除煤层底板至奥灰之间垂向导水通道，提高阻水能力。因此确定采用地面区域治理技术对 8466 工作面进行区域超前注浆，治理改造目标层确定为大青灰岩含水层。

12.2.5　地面区域治理工程设计

为探明 8466 工作面里段底板下伏大青灰岩含水层水文地质条件及垂向导水构造发育情况，并对水文异常地段进行注浆治理，设计 2 个定向主孔，7 个分支孔。如图 12.10 所示。

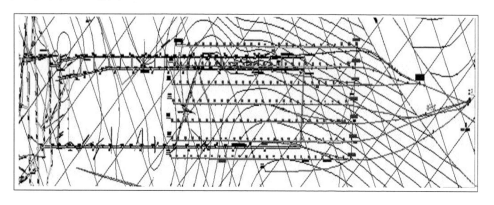

图 12.10　8466 回采面地面区域治理设计及注浆钻孔成果图

12.2.6　施工工艺

1. 钻孔布置及施工

从地面布置两个主孔，七个分支孔，水平孔间距设计为 40m，钻孔轨迹在大青灰岩中钻遇率控制在 85%以上。

钻孔结构：一开孔径为 ϕ311mm，钻透冲积层至基岩内 5m，下入 ϕ244.5mm×8.94mm 孔口管；二开孔口管到 2 号煤底板以下 10m，孔径 ϕ216mm，要求进入煤系地层时必须采取定向钻井，终孔位置与设计位置不超过 10m，并且孔斜方向与地层倾向保持一致，物理测井后全孔段下入 ϕ178mm×8.05mm 通天管，并固结牢固。所有定向分支孔，开孔位置均在 2 号煤底板以下 10m 处，孔径 ϕ152mm，全部为裸孔。

近水平钻孔施工工艺及钻具组合施工是在造斜及水平钻进段采用无线随钻测斜仪，实时将测量数据，如井斜、方位、工具面、伽玛等参数用泥浆传送到地面，传输的数据中有重力、磁场及显示，可以实现命令下传，实时控制钻进方位，以达到水平钻进的目的。依据设计中靶要求，通过对直井段的测量计算出造斜前直井段产生的位移、方位，计算出从造斜（或侧钻）位置所需的造斜率，然后根据经验或公式，选择出马达弯壳体角度。在水平井钻井作业中准确合理地选择马达角度及类型，才能合理地控制水平井沿设计的层位钻进。

2. 主要施工装备

应用多分支近顺层定向钻探装备，钻机设备型号 ZJ30/1700B，使用金属密封三牙镶齿钻头和金刚石中齿 PDC 钻头，中间采用稳定器、单弯螺杆和振机器的柔性钻杆钻进技术；YST-48R 泥浆脉冲随钻测斜仪由地面设备和井下测量仪器两部分组成。地面设备包括压力传感器、专用数据处理仪、远程数据处理器、计算机及有关连接电缆等；井下测量仪器主要由定向探管（方向参数测量短节）、伽玛探管、泥浆脉冲发生器、电池、扶正器、打捞头等组成。

伽玛探管是综合测量地壳岩层自然放射性强度的仪器，使近水平钻孔轨迹沿着设计层位及方位钻进。在实际钻井过程中，根据实时测量井斜方位计算出的数据，结合伽玛值及井口返沙即可有效地推测目标岩层位，从而对井眼轨迹进行调整，保证在目标层钻进，地面定向钻探设备见表 12-9。

表 12-9　地面定向钻探设备一览表

序 号	名 称		型 号	规　　格		数 量
				载荷/kN	功率/kW	
1	钻　机		ZJ30/1700B			1
2	井　架		JJ170-43-K	1700		1
3	提升系统	绞　车	JC-30B		441	1
		天　车	TC-170	1700		1
		游动滑车	YC-170	1700		1
		大　钩	DG-200	2000		1
4	转　盘		ZP-445	2720		1
5	钻杆	无磁钻挺、螺杆、加重、方钻杆等		88.9mm		
6	测斜	MWD 无线随钻	YST-48R 泥浆脉冲			
7	钻头	一开	$\varPhi$311.2mm 牙轮钻头			
		二开	$\varPhi$215.9mm 牙轮钻头			
		三开	$\varPhi$152.4mmPDC 钻头			

3. 注浆材料及工艺要求

1）主要材料要求

注浆材料为 R42.5 矿渣硅酸盐水泥。在遇较大裂隙或溶蚀溶洞时浆液流失量大，采用加粉煤灰，具体配比根据现场漏失量和压水试验确定。

本次采用了注浆固井车精确造浆及实时注浆监控技术。注浆方式采用地面钻探施工地点建造临时注浆站，通过注浆泵及注浆管路向注浆孔内注浆，其造浆设备及制作选用半自动散装水泥系统。主要设备有散装水泥罐、螺旋推进器、射流搅拌机、注浆泵和输浆管路等配套设施及工具，要求设备随时运转良好，能够保证正常顺利注浆。制浆采用连续两次搅拌法制浆工艺，浆液浓度视岩溶裂隙发育程度而定，水灰比为 1∶1～1.2∶1；无论哪种比例，原则上都要求先稀后浓。

注浆固井车不仅对造浆时浆液比例、水灰比实时监控，而且对注浆量及上压情况进行实时监测，能够实现根据钻井液漏失量的大小，进行实时优化调整注浆方案，并且实现搅拌水泥无污染，零排放，安全环保。本次采用 40-17 型固井车进行作业，固井车可以达到 $1.7m^3 \cdot min^{-1}$ 的注浆能力，最高压力可以达到 40MPa。通过使用注浆固井车注浆技术，实现了浆液实时准确控制。

2）注浆工艺要求

在钻探施工过程中，以找溶蚀溶洞、断层及裂隙通道为主，若遇浆液大量漏失（即遇导水裂隙等构造），就立即开始注水泥浆液，若进入大青灰岩含水层后仍未发现导水裂隙等构造，要采用施工分支孔等手段继续查找导水裂隙等构造，在找到导水裂隙等构造或在钻进中遇漏浆量大时，要做压水试验，根据吸水量的大小，最后决定注浆量及浓度。注浆前应向孔内先注清水 10～15min，根据吸水量确定浆液配比。一般地说，浆液应采取先稀后稠，注浆初期采取间歇式注浆。本次注浆密度 1.20～1.27g·cm^{-3}，结束压力 10.0MPa，结束泵量为 50L/min，维持时间为 15min。

12.2.7　井下钻探验证

为检验区域治理效果，在对前期注浆效果进行分析和评价的基础上，结合综合物探成果，对地面区域治理钻孔漏失量大的区段以及物探异常区进行重点布孔，一方面对前期注浆效果不理想的区段进行补充注浆，另一方面对前期注浆效果进行检验。井下共施工 3 个验证孔，钻探总进尺 314m，注浆水泥 14.8t。

其中，8466 运料巷 13 钻场 1 号孔对注 1-1 号分支孔漏失点及附近断层带进行水文条件探查验证。钻孔终孔下架煤底板，钻至 35.5m 揭露伏青灰岩，水量 0.05m³·min⁻¹；钻至 89m 揭露大青灰岩，水量增大至 0.075m³·min⁻¹，水压 0.5MPa；终孔注浆 4.8t，远小于 1-1 号分支孔漏失点 922.74t 的注浆量，说明 1-1 号分支孔达到了封堵裂隙、加固大青灰岩的目的。

8466 溜子道 15 钻场施工两个验证孔，对注 2-7 号分支孔漏失点进行水文条件探查验证，其中 15-1 号孔终孔大青煤底板，钻至 41m 揭露伏青灰岩无水，钻至

93m 揭露大青灰岩，水量 0.003m³·min⁻¹，水压 0.7MPa，93m 取芯，岩芯裂隙中有水泥附着，终孔注浆 5t。15-2 号孔终孔大青煤底板，钻至 35.5m 揭露伏青灰岩无水，钻至 91m 揭露大青灰岩，水量 0.03m³·min⁻¹，水压 0.8MPa，94m 取芯，岩芯有水泥附着，终孔注浆 5t，远小于 2-4 号分支孔漏失点 550t 的注浆量；另外，在地面施工 2-4′ 验证孔对漏失点进行验证，未发生漏失现象，说明 2-4 号分支孔达到了封堵裂隙、加固大青灰岩的目的。

综上所述，8466 工作面里段通过采用查治结合一体化的地面区域注浆治理后，保护层 8466 工作面里段未发现隐伏导水构造，通过注浆改造褶曲轴部地段，使煤层底板隔水层岩层裂隙和大青灰岩含水层裂隙得到充填和加固，提高煤层底板隔水层完整性，具备了安全带压回采条件。

12.2.8　地面区域治理工程与效果

1）工程成果简述

2014.10～2015.5，在 8466 工作面共施工两个主孔，七个分支孔，一个补充验证分支孔，如图 12.10 所示。钻探工程量 9893.5m，其中主井段 1684m，分支段 2177m，水平段 6032.5m，共计注浆七次，分别为 1-1 分支孔 1521m 出现漏失，注水泥 367t；1-1 分支孔 1587m 出现漏失，注水泥 463.96t；1-1′ 分支孔 1528m 出现漏失，注水泥 91.78t；1-2 分支孔 1666m 出现漏失，注水泥 121t；1-2 分支孔 1668m 出现漏失，注水泥 83 t；2-1 分支孔 1550m 出现漏失，注水泥 216t；2-4 分支孔 1573m 出现漏失，注水泥 550t；累计注水泥 2047.3t，其中注浆用水泥量 1892.8t，封孔用水泥 154.6t。

8466 野青保护层工作面施工的分支孔严格按设计进行施工，并对构造发育地段在注浆后，又采取了分支造斜，在分支孔之间进行补充验证孔，在平面上钻孔形成了"带、羽"状布置，对漏失量大、注浆量大地段进行了验证补注，钻孔轨迹在大青灰岩中控制在 87% 以上，满足了设计要求。

2）区域治理效果

（1）地面区域治理后，在巷道底板大青灰岩层位已经施工了顺层的钻探超前探查孔，实现了长距离连续探测，其探测精度远高于掘进巷道底板施工的超前探查孔，为工作面掘进提供了安全保障。

（2）对大青灰岩进行注浆加固后，使大青灰层含水层改造成隔水层或弱含水层，增加煤层底板整体的完整程度和强度，提高抵抗底板承水压力能力，消除回采时底板发生奥灰突水的可能性。

（3）采用水平井定向钻井工艺可以在施工条件允许的情况下最大限度地在大青灰岩中钻进，极大地提高了钻探与含导水构造钻遇的概率。在同一水文地质条件下区域治理的钻探效率是井下底板注浆加固的 8.91～32.97 倍，注浆效率是井下底板注浆加固的 3.27 倍。

（4）在地面施工区域治理钻孔，解决了以往井下钻探施工进度慢、井下钻探施工安全风险高难题，减少了钻探施工中排水、设备运输等诸多因素影响生产，缓解了回采工作面衔接的紧张局面。

（5）地面区域超前治理薄层灰岩水害工程的试验成功，安全回采野青 4 号煤 37.15 万 t，解放了 2 号煤 133.0 万 t，保障了上覆 2 号煤掘进与回采安全。

第 13 章　薄层灰岩含水层改造区域超前治理防治水技术

邢台矿区开采下组 9 号煤层，由于煤层底板与奥灰含水层间存在一层厚度较大的本溪灰岩含水层，与奥灰含水层水力联系较密切，因此形成了双层复合承压含水层。

带压开采技术是基于煤层底板至承压含水层间隔水层具有阻水性能而发展起来的一项防治水技术。当煤层底板至承压含水层间隔水层存在薄弱层段使底板隔水层不能满足带压开采条件时，需要以人工干预方式补强隔水层的阻水性能，即增加隔水层有效厚度，人工改造充水条件，达到消能（水头压力）和固本（加固隔水层）的双重目的。本章以葛泉矿东井开采下组煤实践为例，系统阐述底板薄层灰岩区域注浆加固及改造技术。

13.1　带压开采条件分析

13.1.1　主要充水水源及水患类型

1. 大青灰岩岩溶裂隙含水层

大青灰岩致密坚硬，蜂窝状溶孔与小溶洞发育，不均一；层厚 5.0~6.0mm。根据 64 个钻孔简易水文地质观测资料，其中漏水 18 个，冲洗液消耗量大于 $0.5m^3 \cdot h^{-1}$ 的钻孔 3 个。

大青灰岩含水层与 9 号煤顶板平均间距 13.0m，在 8、9 号煤层间夹矸较薄地段，大青灰岩为 8、9 号煤合层的直接顶板。采面回采过程中，大青灰岩处于冒落，以顶板淋水形式对采掘工程空间充水，大青灰岩水可实行可控疏放。

2. 本溪灰岩岩溶裂隙含水层

本溪灰岩富水性较强，平均厚 9.0m；本溪灰岩与奥灰顶面之间距离最薄处只有 8.0m。本溪灰岩蜂窝状溶洞和裂隙发育，大部被泥质和钙质充填。东井下组煤试采区地面有 10 个钻孔揭露本溪灰岩，其中有 2 个钻孔发生钻具坠落现象，岩溶裂隙发育程度受断裂构造和基岩盖层厚度控制。试采区对本灰进行简易放水试验，为此施工 9 个水文地质观测孔，其中严重漏水孔 3 个。探查结果显示，本溪灰岩与奥灰之间存在密切水力联系；本溪灰岩普遍存在原始导高，且局部发育至 9 号煤底板。水质属于 HCO_3-Na 型水，矿化度 $0.303g\cdot L^{-1}$，某些区域水质类型接近奥灰特征，如图 13.1 所示。

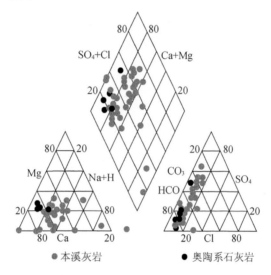

图 13.1　东井本溪灰岩水与奥陶系灰岩水质对比图

3. 奥陶系灰岩含水层

本区中奥陶系灰岩为富水性很强的岩溶裂隙承压含水层，在垂向上可以分为三组八段。

1）上部富水组

该组主要由 O_2^8 与 O_2^7 上部组成，一般厚 80m 左右，岩性以厚层状灰岩为主，有部分白云质灰岩。据钻孔揭露资料，由于裂隙充填程度高，且多被黏土充填，故透水性转弱，钻探施工至本组层位时，大多返水而不漏水，冲洗液消耗量仅在 $0.05\sim0.15m^3\cdot h^{-1}$。这种不均一性不仅反映在平面上，在垂向上也变幅度较大，单孔涌水量在 $10\sim26m^3\cdot h^{-1}$，反映了奥灰上部富水性不均一的特点。

另据东井井筒检查孔抽水试验资料，抽水后历时 3min，水位上升 16m，随即稳定到初始水位。以最大一次降深计算，涌水量达 $89.7m^3\cdot h^{-1}$，平均单位涌水量 $q=2.3991L\cdot s^{-1}\cdot m^{-1}$，平均渗透系数 $k=2.6272m\cdot d^{-1}$，说明含水层此段富水性强，补给条件好。

2）中部强富水组

该组由 O_2^7 下部、O_2^6、O_2^5、O_2^4 岩层组成，厚约 190m。岩性由中厚层状角砾岩、结晶灰岩、角砾状灰岩组成，岩溶裂隙发育，含水较丰富，水质为 HCO_3-Ca-Mg 型水，矿化度为 $0.228g\cdot L^{-1}$。揭露本组的勘探孔 44 个，其中漏水孔 10 个，冲洗液大于 $0.5\ m^3\cdot h^{-1}$ 的钻孔 5 个，占钻孔总数的 34%。井田内水文孔 2 个，平均单位涌水量分别为 $1.122L\cdot(s\cdot m)^{-1}$、$2.399L\cdot(s\cdot m)^{-1}$，平均渗透系数分别为 $1.837m\cdot d^{-1}$、

2.627m·d^{-1}，说明含水层补给条件好，富水性较强。井田外揭露本层钻孔 9 个，其中漏水孔 7 个，占总孔数的 78%。当钻孔钻至该组时，大多有漏水现象，本组单位涌水量比上部弱富水组大为增加。

3）下部相对弱富水组

该组主要由 O_2^3、O_2^2、O_2^1 组成，厚 230m 左右。岩性上段为白云质灰岩，含石膏、石盐晶体；中段为结晶灰岩与粉红色花斑灰岩，局部夹薄层泥灰岩与薄层白云质灰岩。由于岩溶发育程度随着埋藏深度增加而逐渐减弱；另外，本组 CaO 含量为 21%～35%，而中部强富水组 CaO 含量为 44%～50%，因此本组为弱富水组。

13.1.2　主要充水通道及重点防范水患类型

葛泉井田岩溶异常体十分发育，到 2013 年年底已揭露的陷落柱 68 个，陷落柱大多分布于井田中部向斜轴部附近，已发现的陷落柱均不导水。因此在今后采掘生产过程中必须加强超前探测技术和陷落柱导含水性研究。

井田内的断裂构造非常发育，将井田内地层切割成大小不等的块段。东井 9 号煤试采区是其中一个较大块段。本区为一较宽缓的两翼不对称向斜构造，断裂构造以正断层为主。9 号煤埋深标高在-10～-310m；揭露 12 条小断层，落差 0.2～5.0m；其中 2 条发生轻微出水，水量 0.5～1.5m^3·h^{-1}，为本灰水。另外，经揭露，鉴于隐伏构造发育和本灰及奥灰有原始导高情况，在掘前，应加强底板导水构造探查与治理，防止底板突水。

特别注意，封闭不良的钻孔也可能成为采掘工程充水通道。

13.1.3　东井带压开采条件分析及治理方法

1. 带压开采条件分析

葛泉井田 42%勘探孔在穿过本溪灰岩含水层时漏水量较大，说明本区本溪灰岩含水层富水性不均一，局部岩溶裂隙比较发育，富水性较强；而且本区断裂构造、岩溶比较发育，大多数区段本溪灰岩含水层与奥陶系灰岩含水层之间水位差别很小，并且从水质化验资料来看，部分钻孔本溪灰岩水质已呈奥灰水质特征。因此，本灰水与奥灰水之间有着密切的水力联系，存在本溪灰岩水沿垂向导水裂隙上升突破 9 号煤层底板对采掘工程充水的危险性。

9 号煤层底板标高-40～-150m，9 号煤底板至奥灰顶面隔水层厚度 41～45m，根据 38 年奥灰水位动态观测统计，最高水位+76.33m，年平均水位+50.92m，目前水位标高+40m；9 号煤底板隔水层承受水压 1.21～2.35MPa。根据巷道掘进和井下钻探，本灰含水层富水性较强且普遍发育导升裂隙。另外，本灰含水层与 9 号煤层间距 14.6～23.7m，平均间距 18.0m，考虑 12m 的煤层底板采动破坏深度和 5m 的本灰水导升高度，局部 9 号煤与本溪灰岩含水层之间有效隔水层厚度只有 8.0m，本灰含水层已成直接充水水源，存在奥灰水垂向越流补给或其他形式补给条件，9 号煤开采对本灰的突水系数高达 0.36MPa·m^{-1}。

综上所述，葛泉矿 9 号煤开采水文地质条件表现出"一薄、二强、三高"的特点，即"一薄"——本溪灰岩与奥灰之间隔水层厚度薄，只有 8~16m；"二强"——奥灰岩溶发育，富水性强，本灰厚度平均 7.0m，岩溶裂隙发育，与奥灰之间存在水力联系，富水性较强；"三高"——奥灰水压高、本灰导升高（局部到 9 煤底板）、突水系数高。形成了"双层复合"承压含水体，严重威胁矿井安全，不具备带压开采条件。只有通过人工干预的方式，补强隔水层的阻水性能，改造本灰含水层为相对隔水层，才能实现安全带压回采。

2. 煤层底板隔水层治理方法及目标层确定

根据上述带压开采条件分析，确定通过人工干预的方式补强隔水层阻水性能，改造本灰含水层为相对关键隔水层，才能实现带压回采。改造措施主要包括以下两个方面：

（1）注浆消除和封堵煤层底板隐伏导升裂隙带、断层和陷落柱等，加固煤层底板有效隔水层段，补强其阻水性能。

（2）对本溪灰岩含水层进行全面注浆改造，将其改造为相对隔水层，从而有效阻隔奥灰水导升裂隙的向上发展。

13.2　9 号煤带压开采防治水技术路线

在钻探与注浆结合的基础上，以井下物探为主，物探异常地质体必须采用钻探验证及超前注浆治理。

1. 直流电法超前探测方法及超前加固

10 多年来，为提高假异常辨识能力，探索了四极供电数据采集、三极数据处理、两张探测成果图对比分析消除假异常方法，在巷道超前探测过程中取得了比较满意的探测效果。掘前，首先采用直流电法长距离超前探测和三、四极结合的假异常排除技术，对掘进头前方进行超前探测，若三、四极两次探测在同一位置都存在低阻异常区，还必须采用钻探手段进行探查、验证、注浆三位一体方式超前加固治理，治理后方可继续掘进；掘进前方保持 20m 以上（不同巷段根据奥灰水压、围岩完整程度确定超前距）超前距离。对已掘成的巷道，还对可疑巷段底板和侧帮进行了直流电法垂向、侧向探测，并进行钻探验证及注浆，防止巷道底板及侧帮滞后突水。其超前探治与治理流程如图 13.2 所示。

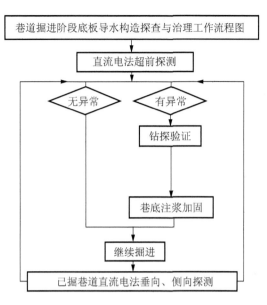

图 13.2　巷道掘进超前探查与治理流程

东井 11914 工作面掘进中实施了区域超前治理技术，共进行了 59 次直流电法超前、侧向探测，共测得异常区 40 处，对这些异常均采用钻探验证，证实巷道底板渗水、富水区段 19 处。按"先治后掘"原则进行超前注浆治理，保证了巷道掘进安全。

2.　9 号煤带压开采防治水技术路线

9 号煤开采防治水工作分巷道掘前、掘进、采前、回采阶段和回采结束等。各个阶段的具体任务各有侧重，如图 13.3 所示。

9 号煤开采防治水技术路线可归纳为以下几点：

（1）建立完善的防排水系统。保证矿井有强大的排水能力。

（2）疏降为主、疏堵结合。可控疏放顶板大青灰岩水。

（3）有掘必钻，先治后掘。探查底板垂向导水构造并进行巷道底板超前"条带"注浆后方可掘进。

（4）先治后采。对工作面底板潜伏导水构造进行补强注浆加固，对本溪灰岩含水层进行全面注浆改造；同时，延深注浆钻孔到本溪灰岩以下 2～5m，消除奥灰顶面以上的原生导升裂隙，以增加 9 号煤底板有效隔水层厚度；然后对注浆效果进行检验、评价后方可回采。

（5）全程监测。对煤层底板破坏深度和突水征兆进行全程动态监测，预测预报突水灾害。

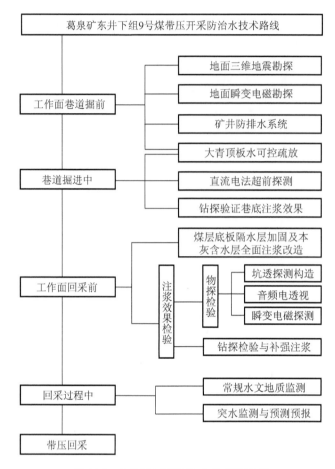

图 13.3　9 号煤开采防治水技术路线图

13.3　井下区域超前治理防治水技术

超前注浆是实现"不掘突水头、不采突水面"区域治理目标的保证。

13.3.1　掘进"条带"超前钻探及治理

1. "条带"超前钻探

掘进阶段要遵循"有掘必探，查治结合、以治促查、先治后掘"的原则，采用直流电法超前物探、底板超前钻探等手段确保掘进安全，目的查明巷道正前方是否存在含（导）水构造，留设足够的超前距。

超前距计算公式：

$$L = 0.5KM\sqrt{3P / K_{\mathrm{p}}} \geqslant 20 \tag{13-1}$$

式中：L 为煤柱留设的宽度，m；K 为安全系数，取 2；M 为煤层厚度或采高，m；P 为水头压力，按最低开采标高，奥灰水位取近 5 年最高水位，MPa；K_p 为煤抗张强度，MPa。

超前探测距离一般在 80～150m。

底板超前钻探一般停头施工，一组钻孔布置 3 个孔，掘进正前方 1 钻，两侧方向 2 钻。要求巷道前方连续底板超前钻探，留设足够的超前距及帮距，超前距及帮距计算按式（13-1）计算，如图 13.4（a）所示。下组煤 9 号煤底板超前钻终孔层位是本溪灰岩以下垂深 2.0m，如图 13.4（b）所示。

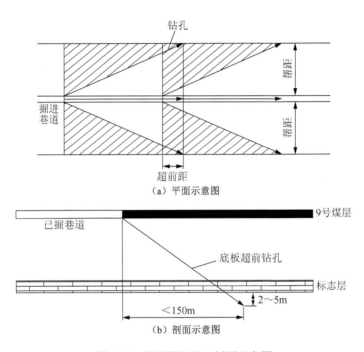

图 13.4　超前钻探平、剖面示意图

超前钻探存在的问题：平面上，若钻探孔孔深较大，虽然两帮钻孔终孔位置保证了帮距，但要考虑不留探查盲区。各矿超前距及帮距不尽相同，超前距一般不小于 20m。值得注意的是，底板超前钻目的是探查迎头前下方是否存在导含水构造，由于钻探探测的是穿过裂隙的一条线，为防止钻孔偏斜出现探测盲区，下组煤底板超前探查钻孔孔深以不超过 150m 为宜，并使用测斜仪进行测斜，保证探测满足设计目的，如图 13.4 所示。

通过底板超前钻探注浆，使巷道始终在超前治理的基础上掘进；若下组煤施工底板超前探查钻孔施工中出水，则坚持"见水必注"的原则进行注浆加固，然后扫孔至终孔深度，注浆封孔后，再施工检查孔，直至达到质量技术要求。

2. "条带"区域超前注浆治理

在大采深高承压水和下组煤带压开采条件下，如何做到"不掘突水头"，在掘进前方加固煤层底板掩护煤层巷道安全掘进，首先要注浆加固一定厚度巷道底板岩层和封堵潜在的出水通道。参考滑移线理论计算最小外扩距离和注浆扩散半径，大采深矿井上组煤层要加固到 60m 以深，如山伏青灰岩标志层以下。开采下组煤的掘进煤巷要加固到奥灰顶面或改造本溪灰岩以下 2.0m。以注浆扩散半径确定合理的超前钻探距离和煤层底板加固厚度。如果实体煤掘进，注浆加固范围和厚度如图 13.5 所示。

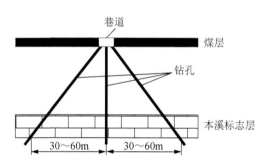

图 13.5　掘进超前加固范围示意图

在掘前，超前注浆加固底板范围以"条带"式钻孔轨迹前进，掩护本煤层所掘巷道，钻孔兼具钻探、验证和注浆加固等三种功能。所以，对物探所探出的地质异常体采用钻探加以验证，并坚持"见水必注"的超前治理原则，对巷道前方的底板及侧向一定范围内予以注浆加固。

13.3.2　采前区域超前治理技术

采前区域超前底板改造视回采工作面掘出后，其底板注浆加固深度视采深、承压和底板破坏深度等因素综合确定。

回采工作面内部探查是在物探指导下对底板全面注浆改造，为相邻未采区域掘进创造"不掘突水头"条件，工作面底板注浆加固或改造范围要在本工作面设计上下两巷位置基础上外延 60m 以上，如图 13.6 所示。以保证相邻回采面掘进"不掘突水头"。

如果回采工作面周围有地质构造时，还要必须超前探查其是否含水，若含水须先注浆治理一定范围（大于 80m）后方可回采。

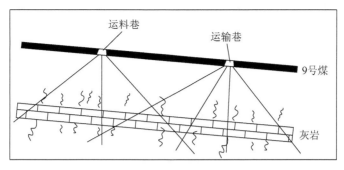

图 13.6　相邻未采工作面超前注浆加固示意图

13.4　区域超前注浆加固及改造技术

13.4.1　钻孔设计布置要求

9 号煤底板本溪含水层采取整体全面注浆改造，注浆布孔应遵循以下原则：

（1）工作面底板加固注浆钻孔按全面加固及改造工作面底板本灰隔水层的原则进行设计，均匀布孔。一般情况下，采用浆液扩散半径不大于 20m。并且要求对工作面外侧扩延加固到 60m 范围。

（2）注浆加固的目标层及深度。注浆孔终孔层位在本溪灰岩底板以下 2.0m。

（3）钻孔裸孔段应尽可能多穿注浆加固目标层段。

（4）钻孔方向尽可能相交于构造裂隙发育方位，以利于浆液沿裂隙面扩散。

（5）在水量、水质、水压、水温、注浆量有异常的底板注浆钻孔附近和地质构造附近等，有针对性地补检查孔。检查孔要求满足单孔涌水量不大于 $3m^3 \cdot h^{-1}$；如果检查孔水量大于 $3m^3 \cdot h^{-1}$，重新注浆并施工检查孔，直至满足要求。

（6）从底板裂隙发育程度及富水性考虑，对以下区域要适当加大底板注浆孔密度，采用浆液扩散半径不大于 15m。①物探异常区；②断层带；③超前底板孔有水文异常的区域，如水量大（大于 $3m^3 \cdot h^{-1}$）、水压大、水量衰减速度慢、水质接近奥灰水、注浆量大等区域；④褶曲轴部，煤层倾角发生较大变化的应力集中地段；⑤工作面初次来压、周期来压位置、停采线附近和巷道底板两侧 15m 范围内。

13.4.2　注浆改造工艺

1. 地面注浆站

1）制浆流程

根据东井下组煤试采区注浆量大、范围广、时间长等情况，为了达到较好的注浆效果，降低注浆费用，选用地面建设集中注浆站，注浆站与注浆孔之间铺设输浆管路。制浆流程如图 13.7 所示。

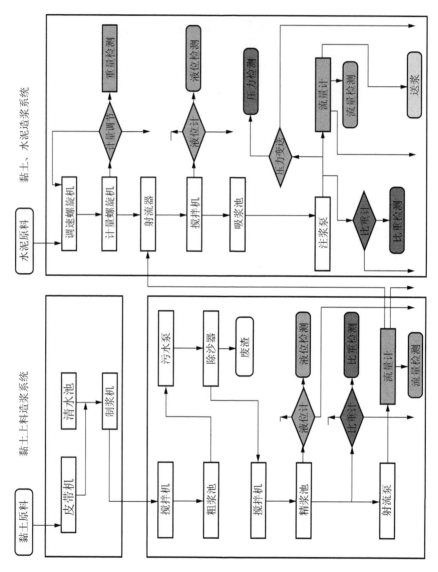

图 13.7　注浆站制浆流程图

2）注浆材料的选择

采用大面积注浆工艺对煤层底板隔水层及本溪灰岩含水层进行全面注浆改造。为了保证浆液稳定性、可控性和注浆改造工程质量，采用 R32.5 标号纯水泥浆灌注。在取得一定经验的基础上逐步研究就地取材黏土水泥浆。

2. 制浆设备及工艺

地面注浆站灌注系统采用 4 台 NBB-260/7（167/10）泥浆泵，单泵最大排量 260L·min⁻¹，最小排量 35L·min⁻¹，最大压力可达 12MPa，共 5 个档位可供调节。制浆流程见图 13.7。

3. 注浆工艺及技术要求

回采工作面巷道每掘进约 50m 开一个钻窝，钻孔对本工作面及相邻工作面施工底板注浆，实行区域全面注浆加固及改造。采用全孔段下行动态注浆方式，注浆之前先进行压水试验，根据压水试验结果计算注浆段单位吸水量，确定浆液配比与浓度后进行注浆。

（1）注浆方法确定。

第一阶段按浆液渗透半径均匀布孔全面注浆；第二阶段有针对性地加密注浆和注浆效果检验与补充注浆。

（2）注浆目标层及层厚。

由于煤层底板下 12m 范围内为采动破坏范围，因此注浆加固与改造目标层为煤层底板下 10m 至本溪灰岩底板下 2.0m。

（3）压水试验。

注浆之前首先按照上述分段进行正规压水试验。压水试验分 2MPa、4MPa、6MPa 三个压力量程，每个压力阶段稳定 30min 以上。按压水经验公式（$W=Q/L \cdot S$）计算单位吸水量。

（4）注浆材料与配比。

采用纯水泥浆液灌注，对局部水量大但注浆量小的钻孔适量添加膨润土以增加其吃浆量。浆液浓度遵循由稀到浓的原则，逐级改变，结束时又略变稀。初始浓度根据单位吸水量确定，见表 13-1。

表 13-1　单位吸水量与浆液初始浓度对比表

单位吸水量（率）/L·(min·m·m)⁻¹	0.5～1.0	1.0～5.0	5.0～10	>10
初始浓度（水灰比）	4∶1	2∶1	1∶1	0.5∶1

（5）注浆技术要求。

同 11.3.3 节要求。

（6）注浆结束标准。

对于施工的底板加固或改造含水层钻孔，首先进行钻孔压水试验，将钻孔分为可注钻孔和不可注钻孔，然后按以下步骤分情况注浆：①采用 3∶1 水灰比对可注钻孔采用连续注浆方式；②用泥浆泵采用 1∶1 水灰比对不可注孔进行封孔。检查孔水量必须小于标准水量 3m³·h⁻¹，否则作为注浆孔进行注浆，注浆结束后再次施工检查孔，直至检查孔水量达到要求。

单孔注浆结束标准：注浆泵吸入量小于 35L·min⁻¹，孔口注浆压力达到静水压2.0～2.5 倍时，稳定 20～30min，可结束钻孔注浆。

13.5　井下区域超前治理防治水工程示范

以 11914 工作面及附近区域超前治理为例进行阐述。

13.5.1　11914 回采工作面开采条件概述

11914 工作面位于东一采区上山右翼，上临 SF₅ 断层，右邻东二采区上山，工作面两巷均沿 9 号煤底板掘进，工作面推进长度 1025m，工作面斜长 86m；煤层呈单斜构造，倾角 4°～20°；煤层平均厚度为 5.2m，储量 65.0 万 t；煤层底板标高 -39～-95m。如图 13.8 所示。

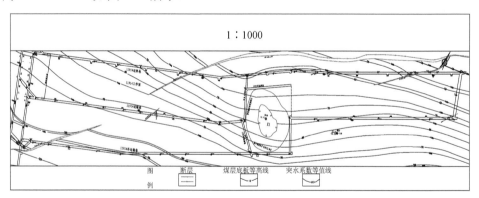

图 13.8　11914 工作面突水系数等值线图

该区域 8、9 号煤大部合并，煤层厚度 4.0～6.6m，平均厚度 5.2m；夹矸厚度0.2～1.3m，直接顶为大青灰岩，平均厚度 5.0m。

11914 工作面 9 号煤底板至奥灰含水层间距 44.0～45.4m，平均 44.7m。岩性组合以粉砂岩、细砂岩、中细砂岩、本灰岩和铝土质粉砂岩为主。其中，粉砂岩、细砂岩占总厚度的 49.5%左右；本溪灰岩厚度占总厚度的约 19.8%；可塑性比较强的铝土质软岩类厚度占总厚度的 30.7%左右。这种软硬相间隔水层结构对增强阻水性能有利。

本灰厚 5.9～12.3m，平均厚 8.4m，9 号煤底板至本灰间距 12.6～28.1m，平均22m；本灰在局部地段存在原始导高。

13.5.2 11914 工作面防治水技术路线

11914 两巷掘进前进行底板"条带"注浆加固及注浆改造下伏本灰含水层。工作面圈出后进行坑透、音频电透视和底板电测深等综合物探；对于工作面外围应用井下瞬变电磁进行"借道"超前探测。重点对物探异常区、工作面中部 X1 陷落柱、外侧 SF5 断层带、前期注浆改造效果经验证不理想块段等，进行注浆效果检验。工作面回采前分别在两巷停采线位置外先施工好防水闸墙基础，一旦工作面发生较大突水，能够迅速封堵，实现区域隔离。

由于巷道掘进时采取了超前"条带"钻探注浆措施，两巷掘进时未出现底板出水现象。探注钻孔最大涌水量 150 $m^3 \cdot h^{-1}$。巷道掘进阶段探明 8 条断层和 1 个陷落柱。为上下相邻未采区段不掘突水头，利用 11914 工作面巷道对上部 SF5 断层、X1 陷落柱和上下相邻区段底板隔水层超前注浆加固和本灰含水层改造。

13.5.3 9 号煤底板加固及本灰改造

1. 工程目的

（1）加固煤层底板隔水层，全面封堵垂向导水构造及裂隙，增强阻水性能。

（2）全面改造本灰含水层为相对隔水层，有效消除底板奥灰水原始导高。

（3）研究煤层底板注浆加固改造及效果。煤层底板注浆加固与本灰注浆改造如图 13.9 所示。

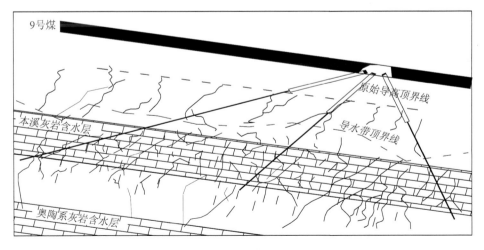

图 13.9 煤层底板注浆加固与改造示意图

2. 注浆钻孔工程布置

依据浆液扩散半径 20m，即注浆加固改造范围内钻孔终孔位置间距 40m；考虑煤层底板采动破坏深度，注浆加固的目标层为煤层底板以下 10m 位置至本灰底板下 2.0～3.0m 深度；钻孔布置如图 13.10 所示。

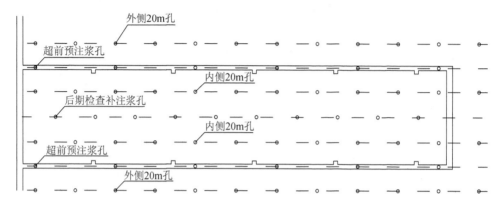

图 13.10　11914 工作面底板注浆孔平面布置图

注浆孔结构由 ϕ108mm 孔口管、ϕ89mm 止水套管和 ϕ75mm 裸孔等注浆段组成，裸孔注浆段长度和钻孔倾角及孔口管、套管长度在符合相关规程的基础上，因钻孔位置岩性、水压以及初见水量大小而不同，止水套管埋深在煤层底板下 6.0～10.0m，终孔位置穿过本灰 2.0～3.0m，注浆孔单孔结构如图 13.11 所示。

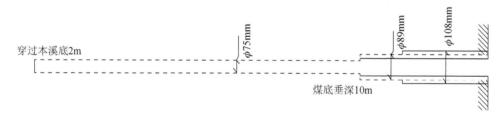

图 13.11　注浆孔单孔结构示意图

3. 注浆系统及注浆工艺

选用国内先进的井上下联合注浆系统，其主体注浆站及制浆流程如图 11.18 所示。采用下行式分段注浆方式，注浆之前先进行压水试验，压水试验时间稳定在 30～60min，根据压水试验确定注浆浆液的相对密度与泥浆泵的档位。注浆段选择、压水试验、注浆材料与配比、注浆技术要求、注浆结束标准按 11.4.3 节要求掌握。

13.5.4　11914 工作面底板注浆改造效果分析

11914 工作面内底板注浆改造工程共施工注浆钻孔 161 个，钻探总进尺 14103.5m，注浆 8572.51t 水泥。其中施工前期注浆钻孔 103 个，钻探进尺 9855.5m，注浆 7393.33t（水泥量）；施工后期检查补注浆孔 58 个，钻探进尺 4248m，注浆 1179.18t（水泥量）。11914 工作面内、外钻探注浆成果见表 13-2。

表 13-2　11914 工作面内外钻探注浆成果统计表

阶段	孔数	单孔涌水量 /m³·h⁻¹	初见水深度 /m	初见本灰水平均深度/m	单孔平均涌水量 /m³·h⁻¹	总注浆量/t	单孔平均注浆量/ (t/孔)
前期注浆孔	103+9	1～150	1.4～9.7	5	37.8	7393.33	71.8
后期检查补注浆孔	58+6	0.1～10	11.1～25.3	16.2	5.9	1179.18	20.3
总计	161+15					8572.51	

以下将对两个阶段钻孔的单孔涌水量、本灰水导升高度、注浆量变化情况进行分析，以评价 11914 工作面本溪灰岩注浆改造及 9 号煤底板加固效果。

1. 单孔涌水量分析

1）前期注浆孔单孔涌水量分析

前期 103 个注浆孔中单孔涌水量 $q_1 \geqslant 100$ m³·h⁻¹ 的有 9 个，占 8.8%，其中 7 个孔为掘进期间底板超前注浆钻孔；中等水量钻孔（50 m³·h⁻¹ $\leqslant q_2 <$ 100 m³·h⁻¹）14 个，占 13.6%；小水量钻孔（10 m³·h⁻¹ $< q_3 <$ 50 m³·h⁻¹）67 个，占 65%；单孔涌水量 $q_4 \leqslant 10$ m³·h⁻¹ 的微水量钻孔有 13 个，占 12.6%；如图 13.12 所示。

单孔涌水量的差异性反映了本灰含水层岩溶裂隙发育程度及富水性的不均一性。

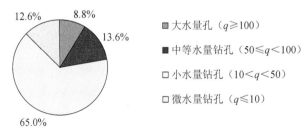

图 13.12　11914 工作面前期注浆孔单孔涌水量比例

2）后期检查补充注浆孔单孔涌水量分析

后期检查补注浆孔布置主要在 11914 工作面施工底板注浆孔后进行。在对前期注浆效果进行分析和评价的基础上，结合已施工检查孔分布情况，对重点区段布设检查补注孔。检查补注孔一方面对前期注浆效果不理想的区段可以起到补充注浆的作用，另一方面是对前期注浆效果的检验。

11914 工作面内共施工检查补注浆孔 58 个，从施工情况来看，检查补注浆孔绝大部分水量都小于 $10m^3 \cdot h^{-1}$，只有 4 个物探异常区探查孔水量大于 $10m^3 \cdot h^{-1}$。由图 13.13 可以直观看出，通过注浆后，钻孔单孔平均涌水量迅速减小；前期注浆孔单孔平均涌水量为 $37.8m^3 \cdot h^{-1}$，经过前期注浆后，后期检查补注浆孔单孔平均涌水量减少到 $5.9m^3 \cdot h^{-1}$，削减幅度达 84.4%（包括工作面周围区域治理孔）。

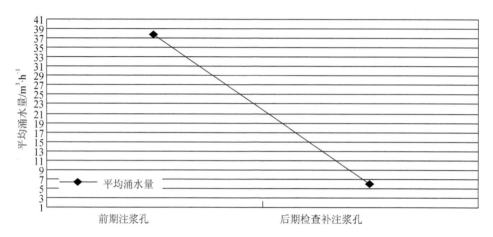

图 13.13　11914 工作面单孔平均涌水量变化曲线

注浆采用"下行分段动态法"注浆方式，并对各阶段单孔涌水量、本灰导升高度、注浆量变化情况进行分析；同时，结合下一阶段注浆的重点区域、层段，适时调节钻孔的位置与方位，使下一阶段注浆达到理想效果。11914 采面区域注浆成果详见表 13-3。

表 13-3　11914 工作面钻探注浆成果统计表（工作面周围 36 个）

阶段	孔数	单孔涌水量 /$m^3 \cdot h^{-1}$	初见本灰水深度/m	单孔平均涌水量/$m^3 \cdot h^{-1}$	总注浆量/t	单孔平均注浆量/(t/孔)
前期注浆孔	48+16	2～200	2～15	81.7	9421.29	196.28
中期加密注浆孔	71+9	19.6～225	3～30	66.6	2411.08	33.96
后期检查补注孔	76+11	0.5～18	6～30	5.74	1083.48	14.26
合计	195+36				12915.85	

底板注浆加固效果检验主要是施工检查孔，标准不大于 $3.0m^3 \cdot h^{-1}$，否则作为注浆孔进行补注浆，然后重新施工检查孔，直到达到检查标准；若钻孔施工过程中出水，如果水量小于检查孔标准水量，则继续施工至设计孔深，然后注浆；如果水量大于检查孔标准水量，要进行注浆，再扫孔继续施工至设计孔深，然后注浆加固直至合格。

2. 初见本灰水深度分析

钻孔初见本灰水深度是确定本灰导升高度的具体表现。

由表 13-4 可以看出：前期注浆孔初见水平均深度为 5.0m，后期检查补注浆孔初见水平均深度达到了 16.2m 以深。前期局部区段本灰水导升裂隙已经延深至 9 煤底板下 1.4m 处；后期检查补注浆孔初见水最浅孔为煤层底板下 11.1m。

表 13-4　11914 工作面钻孔初见水成果统计表

阶段	孔数	初见本灰水深度/m	初见本灰水平均深度/m
前期注浆孔	103+36	1.4～9.7	5
后期检查 补注浆孔	58	11.1～25.3	16.2

以上数据表明，11914 工作面注浆后，本溪灰岩主要导水裂隙已经得到封堵，浆液充分充填了本溪灰岩水导升裂隙，阻止了本灰水导升裂隙向上延伸的趋势。后期检查补注浆孔补充注浆后，本灰导升裂隙得到进一步削减及消除，使 11914 工作面 9 号煤底板至本灰间隔水层强度得到进一步加强。另据《承压开采工作面长度对底板破坏深度及底板突水风险影响研究》成果资料，工作面长度增加到 90m 时，工作面开采造成的底板岩层的最大破坏深度为 14.62m 左右。当 11914 工作面当初见本灰水深度在 16.2m 以深时，采动导水裂隙不会沟通本溪灰岩导升裂隙。

3. 注浆量分析

1）前期注浆量分析

11914 工作面内、外前期 103+36 个注浆孔总注浆量 7393.3t（水泥用量），单孔平均注浆量 71.8t。注浆量与单孔涌水量之间的关系如图 13.14 所示。

在工作面巷道掘进期间，底板超前"条带"注浆钻孔中有两个孔注浆均超过 1000t 水泥。分析认为，与靠近 SF$_5$ 断层带有直接关系，同样在工作面外部施工的 SF$_5$ 加固 4 孔也表现出了吃浆量非常大的现象，注浆量高达 1982.95t 水泥。这也说明了断层破碎带有进一步加固的必要。因此，后期补充注浆孔也是基于此进行设计施工的，并达到了非常好的补注效果。从图中还可以看出，单孔涌水量与注浆量没有正比关系，水大未必注浆量就大，如有的孔出水量大于 $100 \ m^3 \cdot h^{-1}$，但注浆量没超过 40t 水泥。说明注浆量与裂隙发育程度有直接关系，对于这种情况，一般采取加密施工补注浆钻孔的措施，并作为重点检查目标。

2）后期注浆量分析

11914 工作面后期 58 个检查补充注浆孔总注浆量 1179.18t（水泥用量），单孔平均注 20.3t 水泥。后期注浆量与单孔涌水量之间的关系如图 13.15 所示。

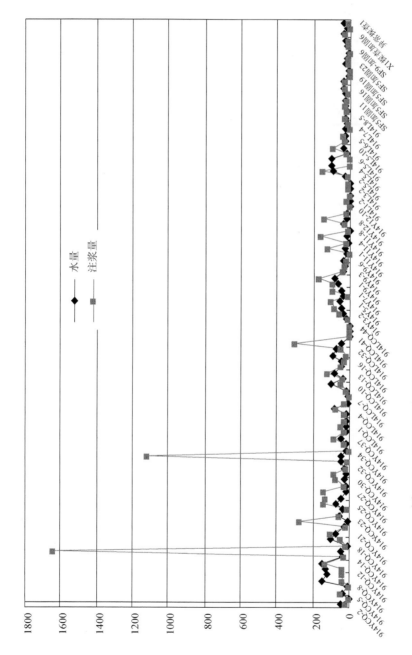

图 13.14　11914 工作面前期注浆孔单孔涌水量与注浆量综合分析曲线

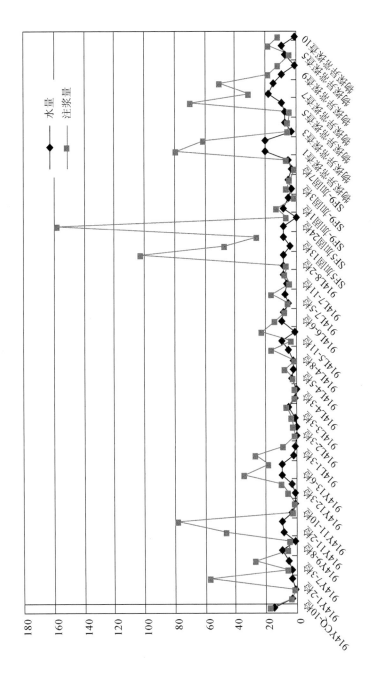

图 13.15 11914 工作面后期检查补注浆孔单孔涌水量与浆量分析

从图 13.15 可看出，大部分钻孔相比前期孔的注浆量减少了许多，少量钻孔仍表现出一定的吃浆量，部分钻孔注浆量与微水量呈正比关系，这也说明前期注浆后仍有未充填的岩溶裂隙存在和后期补充注浆的必要性。

3）注浆量与单孔涌水量综合分析

经过前期 103 个孔注浆后，单孔平均注水泥由 71.8t 减小到 20.3t，降幅为 72%；单孔平均涌水量由 37.8m³·h⁻¹ 减小到 5.9m³·h⁻¹，降幅达 84%。如图 13.16 所示。

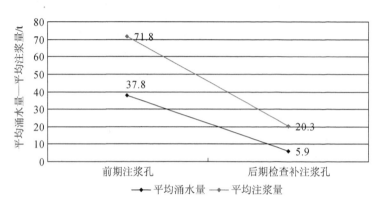

图 13.16　11914 工作面前后期孔单孔平均涌水量与单孔平均注浆量分析对比图

上述数据充分表明，随注浆工程逐步进行，11914 工作面底板吃浆量逐渐减小，最终趋于饱和。说明工作面底板隔水层和本灰含水层裂隙得到充分充填，达到截断水源、补强隔水层和改造本溪含水层的目的。

13.5.5　综合物探分析及验证

11914 工作面掘出后，为探查工作面煤层底板隐伏含水构造发育情况，对工作面注浆加固效果进行检验，采用无线电磁波透视、幅频电透视和底板电测深等综合物探技术对 11914 工作面煤层及底板进行探查；对工作面周围应用瞬变电磁进行探测；在工作面底板下 30m 和 50m 区段共发现 4 处较为集中的低阻异常区，异常区段分别位于工作面外段 1、2 号异常区，工作面中部 3 号异常区，工作面内靠近切眼附近 4 号异常区。因此，针对这 4 个异常区均进行了重点检查。

1 号异常区内原有检查孔 3 个，水量均小于 10 m³·h⁻¹，后针对物探异常区施工了 2 个检查补注浆孔，注浆 5t 水泥，终孔水量 3m³·h⁻¹，未发现其他异常。

2 号异常区范围内共施工注浆钻孔 11 个，有 4 个孔水量为 100m³·h⁻¹，注416.48t 水泥，考虑到这种水量大注浆量小的情况，针对该物探异常区布置了 4 个检查补注浆孔，出水量达到检查标准，同时在异常区外侧也施工 1 个检查验证孔，出水量也小于 10m³·h⁻¹。

3 号异常区位于工作面中部 X1 陷落柱及 11914 里段停采线附近，该异常区内已施工底板注浆加固钻孔及检查孔共 23 个，其中前期孔 16 个，单孔最大涌水量 60 m³·h⁻¹，注入水泥 862.63t；后期检查孔 8 个，钻探进尺 597.6m，注入水泥 163.23t，水量达到检查标准。

4 号异常区位于 11914 里段中部，该异常区内在工作面底板注浆加固改造期间施工有钻孔 10 个，其中前期孔 6 个，后期检查孔 4 个，单孔最大涌水量 45m³·h⁻¹，共注入水泥 209.19t。针对该异常区布置了 5 个检查孔，从施工情况看，3 个孔初见水深度较浅（12～13m），且在完全揭露本灰后水量都超过 10m³·h⁻¹，说明该范围本溪灰岩仍存在导水裂隙。注浆结束后又施工了一检查孔进行检查，终孔时水量为 7m³·h⁻¹，达到检查标准。

通过回采验证，在富水性相对较强区域，局部可能与奥灰水联通的 1、2、5 号异常区，本灰综合异常区 1 和综合异常区 2，涌水量均无明显变化，证明 11914 工作面防治水技术路线是正确的，区域治理措施是有效的。

13.5.6　SF5、SF9 断层及 X1 陷落柱注浆加固分析

1. SF5 及 SF9 断层探查注浆加固

1）SF5 断层加固

SF5 正断层由三维地震资料提供，根据井下钻探探查验证，该断层存在于 11914 运料巷与 11912 运输巷之间，走向 40°～60°，倾角 50°～70°，落差 0～18m。区内延展长度大于 700m，有中部落差大，两端落差小的特征。井下钻探未发现该断层有含（导）水异常现象。

11914 工作面沿断层掘进及揭露断层前采取了超前"条带"注浆加固措施。断层注浆加固原则：通过探查手段基本控制了断层的位置和落差变化情况，并对 SF5 断层带上、下盘本溪灰岩进行全面注浆改造。SF5 断层加固共施工钻孔 61 个，总进尺 4976.6m，注浆体 6429.3t。沿断层注浆加固长度达 700m，断层两盘注浆加固宽度各 40～50m（按 15～20m 扩散半径）。后期检查孔证实，通过注浆加固后断层上下盘本灰涌水量均小于 10 m³·h⁻¹。

通过对 SF5 断层的探查注浆工程分析，未发现断层具有含（导）水性，说明该断层与煤系底部奥灰强岩溶含水层水力联系不大；鉴于断层带局部破碎吃浆量大，已超前对断层破碎带进行了加固。

2）SF9 断层探查注浆加固

SF9 正断层由三维地震资料提供，在 11914 运料巷揭露，走向 43°，倾角 50°～72°，落差 4.5m。区内延展长度约 200m，东北部与 SF5 断层合并。

该断层本溪灰岩层位上下盘附近 20m 范围内共有注浆钻孔 28 个，注 2003.5t 水泥。钻孔揭露断层时未发现明显含（导）水迹象，只是发现断层带附近煤岩

层破碎、本灰吃浆量大，后期针对该断层施工 9 个检查加固孔，水量都未超过 10 $m^3 \cdot h^{-1}$，注浆加固效果明显。

2. X1 陷落柱探查注浆加固

地面三维地震勘探出 X1 陷落柱，瞬变电磁资料显示，该陷落柱未出现低阻异常，富水的可能性不大。井下钻探基本控制了陷落柱的平面位置和形态，长轴 70m，短轴 45m。地面施工探查孔 1 个，验证了该陷落柱，钻探进尺 255.7m，注水泥 3.6t。

井下施工探查封堵加固钻孔 21 个，其中在本溪灰岩层位施工注浆加固钻孔 5 个，有 3 个孔穿过了 X1 陷落柱。在本溪灰岩至奥灰中间层位施工了 2 个孔，终孔位置在本溪灰岩下部 10~11m，2 个孔均未发现陷落柱有含水异常情况，同时在陷落柱边界外 30m 附近又施工 8 个本溪灰岩注浆孔和 5 个位置控制孔。从钻孔水质化验看，所取 2 个水样不属于奥灰水质类型，说明陷落柱与奥灰水联系不密切。本次陷落柱加固注水泥共 1060.2t，检查孔和物探显示，该陷落柱已经得到了注浆的有效加固。

由于开采下组 9 号煤，为防止陷落柱发生滞后突水，经计算对该陷落柱留设 30m 保护煤柱。

3. 注浆效果综合分析

11914 工作面内施工注浆钻孔 161 个，工作面周围施工注浆钻孔 76 个，其中水量达到检查孔标准的（小于 $10m^3 \cdot h^{-1}$）钻孔有 66 个，约占工作面钻孔总数的 41%。注浆效果如图 13.17 所示。

综合分析前、后期注浆工程实施过程中单孔涌水量、本灰导升高度、注浆量变化情况及对断层、陷落柱注浆加固工程分析评价。11914 工作面及周围 80m 以上的煤层底板得到全面改造，使本灰含水层富水性明显降低，承压水导升高度得到了有效控制，对煤层底板隔水层及本灰含水层进行了有效加固、充填和改造；对断层和陷落柱进行了注浆封堵加固。钻探及巷道揭露资料显示，断层带、岩溶裂隙中的水泥浆脉形成了具有一定强度和低透水性的结石体，大大增强了 9 号煤底板隔水层的阻水性能，完成了本溪灰岩含水层改造为相对隔水层的目标，达到了削减下伏承压奥灰水原始导升高度的目的。

11914 工作面初次放顶的最大涌水量 $8m^3/h$，正常回采时，涌水量在 $4.0m^3 \cdot h^{-1}$；充分证明达到了对本溪灰岩全面注浆改造的目的。

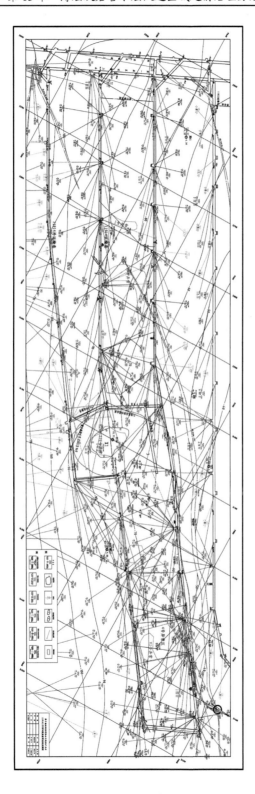

图 13.17 11914 工作面底板加固及本灰改造效果图

13.6　带压开采煤层底板突水预警技术示例

在 11914 开采期间，应用煤层底板突水监测预警技术，取得了较好效果。

13.6.1　突水监测方案

奥灰突水有三种类型：①原生导水构造带突水（断层、陷落柱）；②采动影响导致原生不导水的构造带活化而成为导水构造带，且与奥灰含水层沟通造成突水；③采动引起底板破坏形成新的裂隙，与下伏奥灰水导通引发突水。

煤层底板突水预测须考虑诱发突水的各种因素和综合作用的影响。从工程角度分析，一种适用奥灰突水的监测技术应该具备两个条件，即区域性和实时性。前者指的是可以通过相对较少的长期观测点，实时监测奥灰水孕育突出过程的动态变化；所谓实时性是指能够尽可能地提前预报突水位置和突水时间。只有满足以上两条，才能达到防灾避灾的目的。对奥灰突水进行预测，就是选择与奥灰水具有密切水力联系的含水层（监测层）进行水位动态监测。这种方法是通过在底板中埋设水压传感器，监测层的水位动态间接监测采煤过程中奥灰水的动态变化进行突水预报。

利用上述方法进行突水预报的基本原理是基于奥灰水的突水过程。在采煤过程中可能发生的底板突水是由采动和奥灰承压水耦合作用引起的，这种通道的产生有一定的滞后性。首先要经历奥灰水通过裂隙缓慢补给底板中的本溪灰岩含水层，之后沿连通底板裂隙通道涌出，造成底板突水。实际上，该过程的发生是隐蔽的，人们所能直观感到的是所有这些过程完成以后，向采掘区域渗水发展到涌水及突水。但由于渗水到涌水突水的时间往往很短，几小时，甚至几十分钟或更短时间就完成了从涌水渐变到突变，从涌水通道渗透到突水失稳的全部过程。

从上述突水过程分析来看，如果在奥灰含水层之上的含水层中布设一些观测孔，并实时监测钻孔水位变化，就可以提前几天，甚至更长时间预报突水及可能突水的位置，从而通过较少监测钻孔进行实时突水预报。由此可见，实现实时奥灰突水预报的关键是确定合理的监测层，这关系到突水预测预报的灵敏度与精确度问题。因此，确定为监测层的含水层须以下特点：

（1）监测层必须是在一个矿井、采区或工作面分布，且与奥灰含水层具有明显的水力联系。

（2）监测层要具有良好的渗透性能，且是薄层的，从而可保证水位变化的速度与敏感度高。

（3）监测层的导水性和富水性在整个区域应是相对均匀的。

（4）监测层距煤层底板应尽可能地远一些，以保证可预报性。

在 9 号煤层底板存在分布稳定平均厚度为 7.0m 的本溪灰岩含水层，该层距离煤层底板平均 18m 左右，距离奥灰含水层平均约 13m。本溪灰岩含水层单孔涌水量一般在 40m³·h⁻¹ 以上，最大可达 200m³·h⁻¹（孔径 75mm）。依据本溪灰岩的厚度和单孔涌水量可以判定，必然存在其他补给源。结合水质化验资料，葛泉矿东井本溪灰岩水质已呈奥灰水质特征，表明本溪灰岩水与奥灰水之间具有明显的水力联系，奥灰水发生垂向越流补给和侧向补给是本溪灰岩富水的主要原因。虽然在工作面回采前进行了底板注浆加固及改造，基本切断了奥灰水和本溪灰岩含水层的水力联系，但本溪灰岩水的导升高度并未完全消除，与上部岩层仍有一定的水力联系。因此，将煤层与奥灰之间的本溪灰岩含水层作为监测层（显示本溪灰岩水的特征），通过监测本溪灰岩水的动态变化，间接反映在采动条件下底板裂隙的连通情况，可以达到对奥灰突水实时监测的目的。

13.6.2　底板突水监测

1）监测孔布置

这里结合下组煤 11914 工作面监测进行阐述。为减少钻孔施工工程量，将 4 水压传感器分别安放到前期进行底板应变监测的 4 个监测孔底部。考虑到已对 11914 工作面底板实施了注浆加固及改造等，采前基本切断了奥灰水与本溪灰岩含水层的水力联系，因此，将水压传感器安放到本溪灰岩顶部和其上部的中细粒砂岩中，以监测采煤影响下底板新产生的裂隙可能与奥灰水导通的情况。4 个水压传感器距离 9 号煤底板垂距分别为 15.0m、18.5m、15.5m 和 15.0m，标高分别为-72.4m、-81.1m、-100.15m 和-148.6m。各种传感器埋设完毕后，即对水压进行实时监测。

2）底板突水监测

采用的 YJS（A）型水压自记仪自动采集和记录数据，采集间隔可以随时调整，每个水压传感器备有两个数据采集器。采集的数据，输入计算机，运用突水监测软件可得到监测区域水位动态数据。

数据采集器每天至少更换一次，更换前在现场查看记录的数据，发现异常立即汇报相关部门；如没发现异常，则将采集到的数据及时输入计算机中进行动态分析，依据监测水压的变化确定是否发生突水预警。一般来讲，底板如果发生突水，都具有一定的滞后性，因对底板已经进行了注浆加固，大部分原生裂隙已被封堵，即使会发生沿次生裂隙突水，初期也是一个渐进的过程。因此，所采用的监测方法具有实效性。

正因为通过底板注浆加固及改造,已将本溪灰岩及上部大部分原生裂隙封堵,阻隔了奥灰水与上部本灰水力联系。因此,在一定深度安放的水压传感器显示的应是封堵后本溪灰岩含水层的水压。如果在采煤过程中奥灰水通过底板裂隙(原生和采煤产生的裂隙)达到传感器埋藏的深度,传感器显示的水压必然应接近或达到奥灰水压,据此可进行突水预报预警。

在监测期间奥灰水头标高为+40m 左右,依据 4 个水压传感器所在的标高,如果在监测期间 4 个水压传感器显示的水压分别接近或达到 1.124MPa、1.211MPa、1.401MPa、1.886MPa,则说明在采煤影响下奥灰水和本溪灰岩含水层发生了新的水力联系。因此,将上述水压值作为突水判别临界值,同时作为突水预报的预警值。

3)水压传感器监测结果分析

自水压传感器安装完成后,即进行分阶段监测,直到工作面开采结束,数据采集间隔为 5min,监测曲线如图 13.18~图 13.21 所示。

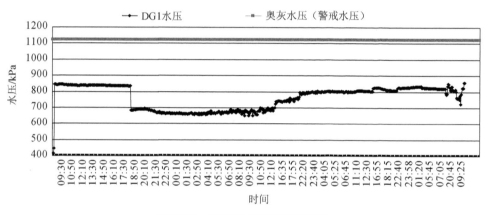

图 13.18 DG1 孔水压监测曲线图

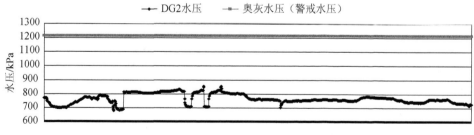

图 13.19 DG2 孔水压监测曲线图

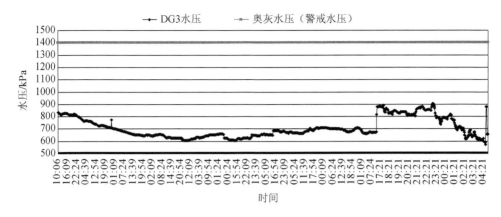

图 13.20　DG3 孔水压监测曲线图

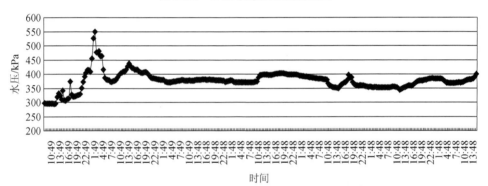

图 13.21　DG5 孔水压监测曲线图

　　监测期间 4 个不同深度水压传感器水压值变化范围为 0.29~0.87MPa，远小于发出突水预报的预警值。上述水压的动态特征表明煤层底板含水裂隙在监测区段相对独立和封闭，在采动影响下没有与奥灰含水层发生水力联系。在采煤过程中，曾发生两次底板出水，根据水压监测结果，分析认为水源应是底板砂岩水或本溪灰岩中原含水，不是奥灰出水，只对水压监测结果进行了通报，未发预报，说明该监测方法是可行且有效的，保障了 11914 工作面安全回采。

第 14 章　保水开采技术与矿井水循环利用模式

河北省是水资源极度匮乏的省份，人均水资源保有量只有 302m³，是全国人均保有量的 13.8%，缺水已严重影响工农业生产和人民生活。深部矿井及下组煤开采必然带来对地下奥灰水环境及水资源影响及破坏问题。如破坏了地下含水层的原始径流形态，大量排出地下水；采空区上方导水裂隙带与地下水体贯通，形成大型的地下水降落漏斗，造成区域含水层水位下降，直接影响区域水文地质条件。据统计，全国煤矿每采 1.0t 煤，平均要扰动影响 2.54m³ 地下水资源。因此，要研究如何减少煤矿开采对地下水环境的影响，特别是对主要含水层或强含水层予以保护性开采具有十分重要的现实意义。邯邢煤田是华北型煤田比较典型的矿区，煤矿开采有百年以上的历史，下组煤规模开采方面已有 30 多年开采实践经验。2000 年以来，通过积极采取保护奥灰水环境及水资源开采综合措施，建立了矿井安全与保水采煤保障体系，形成了一套水害预防、探测及治理的综合配套技术集成，实现了保水开采的目的，取得了很好的经济、环境和社会效益。

矿井防治水与保水开采在目标上是一致的，其防、治、保、用矿井水在本质上是统一共同体。防止煤层底板奥灰承压突水与底板突水快速治理是同一目标，既保障了矿井安全，又最大限度地降低对地下奥灰水环境的损害，保护地下水资源。这在前述第 10~13 章中，已论述了矿井防治水新技术、新方法。对特殊地区，如采用充填采煤技术，控制工作面顶板岩层中的含水层破坏和底板承压突水，避免扰动地下奥灰水环境和保护水资源，本章不再赘述。对经过区域超前治理奥灰水害的采区，提高了矿井抗水灾能力，保障矿井不出大水。对矿井正常涌出的地下水，要积极开展循环利用，通过净化系统处理达标后，用于井上和下生产、生活及绿化等，多余部分用回灌系统注回地下含水层，以实现对水资源保护和循环利用。

保水开采方法有两种，一种是减小导水裂隙带高度的开采方法，如充填开采、条带开采和覆岩离层带注浆等；一种是以底板加固及含水层改造为主导技术的保水开采技术。对于底部赋存岩溶水或承压水体上煤层开采，30 多年来以含水层改造及底板加固保水开采为主，特别是本书所述区域超前治理奥灰水害技术取得了长足进展，区域超前治理奥灰水害新技术成果推进了保水开采技术的发展。

14.1　岩溶陷落柱空间位置探查及快速治理技术

岩溶陷落柱是我国华北型煤田广泛发育及具有区域特色的地质现象。突水是矿井安全的重大灾害之一，随开采深度和强度增加，开采条件日趋复杂，水压、地应力和瓦斯涌出不断增大，水害更加突出。从水文地质单元考虑，岩溶陷落柱突水一方面会引起突水事故，造成重大人员伤亡和巨大财产损失；另一方面大量突水会导致奥灰水水位下降，引起水生态系统损害。

应用定向钻进及分支造孔、综合注浆等技术，建造巷道"阻水墙"、陷落柱"堵水塞"等，以快速治理导水陷落柱。下面以东庞矿 2903 突水陷落柱快速治理为例进行阐述。治理过程分为前期探测—中期验证与探查—后期治理三个阶段。

14.1.1　陷落柱探测及探查

导（含）水陷落柱快速治理是减小对地下奥灰水环境损害的重要技术之一。为探明突水点及导（含）水陷落柱空间形态，确定东庞矿 2901 采空区至 2903 工作面突水陷落柱之间煤柱是否满足保安煤柱要求，分别采用瞬变电磁法(TEM 法)和三维地震勘探技术。

（1）TEM 法探测成果。陷落柱长轴 110m，短轴 60m，陷落柱距 2901 采空区最小煤柱约 65m。

（2）直流电法探测成果。陷落柱长轴 120m，短轴 50～80m，发育高度达上石盒子下部（-320m）；陷落柱边界距 2901 工作面采空区最小煤柱宽度 60～75m。

（3）三维地震勘探成果。在 2、9 号煤、O_2 顶面等 3 个水平面，陷落柱长轴分别为 97m、96m、105m，短轴分别为 48m、71m、77m；距采空区最小煤柱距离 97.5m。探查成果如图 14.1 所示。

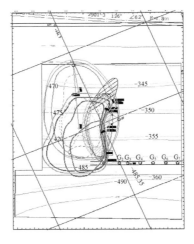

图 14.1　陷落柱探查成果图

14.1.2　一期工程综合注浆法建造"阻水墙"技术

　　为尽快使矿井复产，整体工程分为两期，一期工程是过水巷道封堵，然后治理导水陷落柱。过水巷道封堵实质就是通过注浆形成一定长度的"阻水墙"，切断过水通道。前期打 2 个透巷钻孔后，进行动水灌注骨料，保证充满充分接顶，形成骨料堵截体，将过水巷道封堵段完全充填，实现管道流变为渗透流，为旋喷注浆、充填注浆、升压注浆、引流注浆等施工工序创造条件，其中旋喷注浆是首创。阻水墙建造分为四个阶段：生根、接顶、固边、强体。如图 14.2 所示。

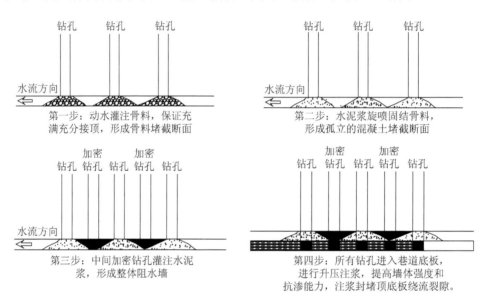

图 14.2　建造巷道"阻水墙"四步示意图

　　其技术流程如下：

　　（1）第一阶段首先选择 3 个钻孔进行旋喷注浆施工，通过注入高压水泥浆液，强制切割周围骨料，使水泥浆液与骨料充分混合，形成相对孤立的截断过水断面砂浆或混凝土结石体。

　　（2）第二阶段在旋喷注浆孔之间进行充填注浆，将旋喷结石体之间的空隙充填，形成一个整体的、连续的阻水墙，使管道流变成渗流。

　　（3）第三阶段为升压注浆阶段，主要对阻水墙与顶底板及两帮接缝，以及岩层裂隙进行注浆加固；一方面增强阻水墙与围岩黏结力，提高抗挤出与抗冲刷能力；另一方面，注浆封堵顶底板及两帮裂隙，防止突水绕流；另外，通过高压注浆提高阻水墙体的强度与抗渗透能力。

　　（4）第四阶段为引流注浆阶段，在阻水墙基本形成的情况下，井下突水基本为静水状态。为了检验堵水效果，封堵残留小过水通道，在矿井试排水期间，利用陷落柱附近注浆孔注浆，对出水口附近进行注浆封堵。

14.1.3　陷落柱综合治理技术

1.　陷落柱钻探探测

钻探探测工程分两期：一期治理工程中，钻探主要目的是验证物探探测结果、查明导水陷落柱位置与空间形态和 2901 工作面下巷与陷落柱之间的保安煤柱宽度；二期治理工程中，围绕陷落柱治理工程进一步验证三维地震精细解释成果，查清陷落柱的发育高度、2 号煤层陷落边界及"堵水塞"段陷落柱形态特征；探查孔要兼顾陷落柱治理工程，尽量做到一孔多用。

1）一期工程探测成果

一期工程先后在距 2901 工作面下巷 50m 处、120m 处布置两个探查钻孔 T_1 孔和 T_2 孔。T_1 孔包括一个直孔两个斜孔，T_2 孔包括一个直孔三个斜孔。取得成果一是陷落柱的上边界与 2901 采空区之间最小宽度在 85m 以上；二是在 2 号煤层陷落柱的横断面形态为东西长约 80m，南北宽约 20m 的椭圆形，陷落柱的规模较物探探测结果大大缩小，其边缘破碎带的宽度为 10～12m。

2）二期工程探测成果

经两期探测，基本探明了陷落柱发育特征，详见表 14-1。

表 14-1　陷落柱发育特征数据表

陷落层位	长轴方向	短轴方向	长轴长度/m	短轴长度/m	周长/m	截面积/m²	陷落高度/m
-290m 上部陷落柱空洞	NW	NE	44	25	111	775	
上石盒子组底界	NW	NE	52	33	139	1258	
2 号煤层	NW	NE	72	41	204	1929	-240.61
9 号煤层	NW	NE	80	44	234	2624	
奥灰顶界	NW	NE	89	53	258	3508	
堵水塞段	NW	NE	80/92	41/49		2289/3546	

根据 $Z_{2'}$-3 孔对陷落柱西北部边界的控制资料，分析陷落柱 2 号煤北部边界距 2901 采空区最小煤柱宽度为 102m；最终的陷落柱平面、剖面特征如图 14.3 所示。

2.　治理工程设计简述

2903 突水陷落柱封堵工程的核心就是在陷落柱的设计位置建造"堵水塞"，以封堵陷落柱突水通道。其施工方案是采用以地面施工为主、井下施工为辅的井上下相结合的综合治理方案。一方面，在地面打钻施工注浆孔、监测孔，通过灌注骨料、浆液封堵"堵水塞"段的陷落柱体及其四周导水裂隙带，截断奥灰水的补给通道；另一方面，在井下施工定向放水钻孔，通过放水试验定量评价堵水效果。设计"堵水塞"段长 73m，顶部位于 2 煤顶板以下 88m，底部位于大青灰岩以下 12m。

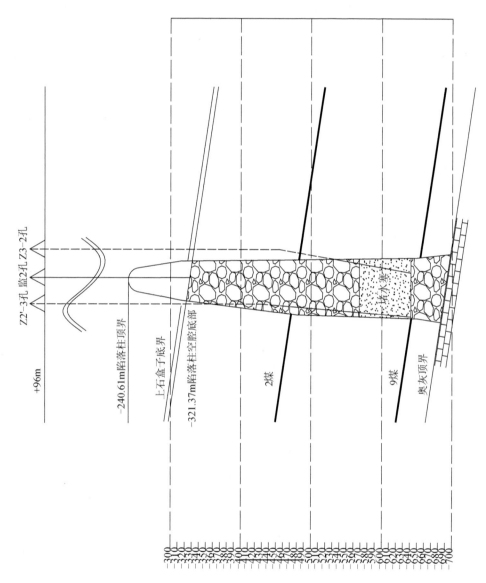

图 14.3　2903 陷落柱倾斜剖面图

根据二期工程实施方案，为了实现设计目的，制定了研究技术路线如图 14.4 所示。

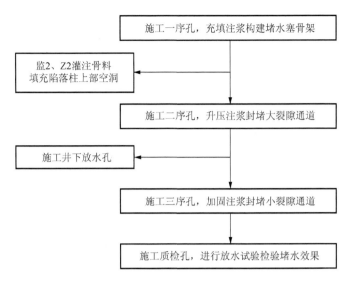

图 14.4　突水陷落柱封堵技术路线图

3. 大型陷落柱"堵水塞"建造工艺

陷落柱封堵工程由定向分支造孔和"堵水塞"建造两个分项工程组成，定向分支造孔是手段，"堵水塞"建造是最终目的。下面从注浆方法与注浆材料、注浆阶段划分、注浆工艺流程、分序分段注浆工艺控制和单孔注浆结束标准等五方面来介绍"堵水塞"建造技术，陷落柱堵水塞示意图如图 14.5 所示。

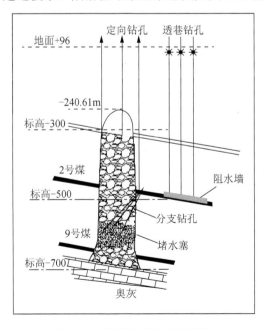

图 14.5　陷落柱堵水塞示意图

1) 注浆方法

采用孔口封闭止浆、静压分序分段下行式注浆法。一般情况下，一序注浆孔从上到下分为三个注浆段：第一段（664～689m）、第二段（689～714m）均为25m，第三段（714～737m）为23m，"堵水塞"全长不小于73m。要求从上到下依次分段钻进、注浆，上一段未达到注浆结束标准，不得进行下一段施工。

2) 注浆材料

水泥采用42.5R普通硅酸盐水泥；速凝剂使用水玻璃；水泥单液浆中可根据需要加入0.03%～0.05%三乙醇胺早强剂和0.3%～0.5%工业盐。

3) 注浆工艺流程

注浆工艺流程如图14.6所示。

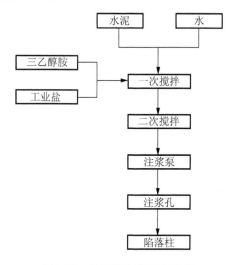

图14.6　单液浆注浆工艺流程

4) 分序分段注浆工艺控制

（1）分序是指注浆在工艺上采用分序进行，17个分支孔共分为三序施工。

（2）分段在这里指一序注浆孔从上到下又分三段注浆施工；二序注浆孔和三序注浆孔，原则上不分段注浆，采用一次成孔，整段注浆。

（3）注浆过程中，不同阶段采取注浆工艺方法有如下几个：

① 充填注浆阶段，浆液配比以水灰比0.8∶1、1∶1的水泥浆为主，间歇跳注方式，目的是快速充填主要导水通道，短时间内形成"堵水塞"骨架；

② 升压注浆阶段，以水灰比1∶1的早强浆液为主，间歇注浆方式，目的是封堵小裂隙通道，使浆液进一步扩散，增加钻孔注浆加固范围，使原先孤立的水泥结实体连成整体；

③ 引流注浆阶段，以水灰比1∶1的纯水泥浆液为主，间歇注浆方式，其目的是封堵小裂隙通道，在控制放水条件下，使浆液顺流扩散，封堵残余裂隙通道；

④ 加固注浆阶段，以间歇注浆方式，目的是封堵微细裂隙通道，增加"堵水塞"整体强度。

2903 陷落柱注浆封堵治理工程历时 8 个月，共完成水泥浆注浆工程量 49339.3m³，耗用 42.5R 普通硅酸盐水泥 41576.5t，三乙醇胺 8t，工业盐 80t，水玻璃 1.5t。

4. 工程质量评价与注浆效果检验

1）钻孔成孔质量评价

单孔注浆效果检验严格按照压水－注浆－压水程序进行，根据钻孔不同序次、注前简易压水试验结果确定本次注浆时间、水灰比等注浆参数。注浆结束后，压水试验结果表明注浆孔均达到了结束标准。

2）施工过程中取芯情况

为检查前期钻孔注浆效果，摸清陷落柱内部结构，后续钻孔要求取芯，取芯段长度 1.0m，对岩芯观察和对比，固结较好。

3）注浆效果电法探测结果

从图 14.7 可看出，陷落柱注浆治理前呈全充水状态，注浆进入中、后期，陷落柱柱体及周围大部分空间被浆液充填，陷落柱周围低阻异常区范围进一步缩小、分散，注浆效果进一步显现。到注浆后期可看出，在突水陷落柱位置 2 个层位均无明显低阻异常存在，表明该陷落柱在 2 号煤层位及下方 60m 附近，柱体内空腔已被水泥浆液充满。

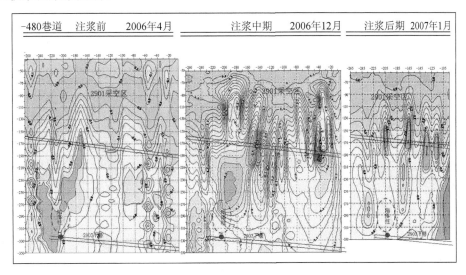

图 14.7　突水陷落柱注浆前后对比图

图中曲线为富水性分析指标等值线，不同色界代表视电阻率相对高低，

数值越小，视电阻率越低，相对富水性越强

4）井下放水试验

（1）放水试验目的。在主要钻探注浆工程完成后，为了检验注浆工程质量，查验"堵水塞"堵水效果，查明陷落柱补给水量和"堵水塞"上部空间水力状态。此次放水试验布置一个放 1 孔。放 1 孔位于-480m 大巷，在 308m 进入陷落柱，涌水量稳定在 $11.8m^3·h^{-1}$。

（2）堵水效果分析。

为期 4 天的井下放水试验，主观孔最大降深 36.26m。放水试验过程中各个方向补给水量总计平均只有 2.24 $m^3·h^{-1}$。表明"堵水塞"已经成功隔绝了下部奥灰水，达到预期堵水效果。

综上分析，探测范围内陷落柱在 2 号煤以下 70m，柱体空间已为浆液所充填，注浆效果总体较好。陷落柱周围部分裂隙带尚有一定积水显示，但积水范围较原来已大幅缩减，达到了治理目的。

14.2　矿井水控制-处理-利用-回灌与生态环保五位一体技术

峰峰矿区梧桐庄矿是水文地质极为复杂矿井，在建井和生产期间发生过多次底板突水。矿井水 Ca^{2+}、Mg^{2+} 含量较高，矿化度达 5000mg·L^{-1}，总硬度达 2000 mg·L^{-1}，悬浮物含量为 1800mg·L^{-1}，属典型高矿化度、高硬度和高悬浮物矿井水。大量的高矿化度矿井水作为废水未经处理直接外排，将导致矿区周边生态环境遭受污染。针对梧桐庄矿水文地质条件及矿井水直排污染问题，提出并实施矿井水控制-处理-利用-回灌与生态环保五位一体优化成套技术，保护了当地生态环境，实现了煤矿安全与绿色开采。

梧桐庄矿是水文地质条件极复杂的大采深矿井，采深 650～1035m。

1. 矿井水控制

根据井田地质构造、水文地质条件，采取相应的矿井水防控措施，最大限度地减小矿井涌水量。对探测出的 2 号煤底板至野青岩含水层间含水裂隙带进行注浆加固改造，对陷落柱及导（含）水异常区进行注浆治理并疏水降压。将该区段野青灰岩含水层由中等富水层改造为弱含水层，使矿井涌水量由 1850m$^3·h^{-1}$ 减小至 300m$^3·h^{-1}$，封水效果为 85%，矿井涌水得到控制。

2. 矿井水处理与利用

梧桐庄矿井涌水主要源自奥陶系灰岩含水层水，补给径流排泄条件较差，相对滞流，其水质见表 14-2。

表 14-2　矿井水原水水质

水质指标	指标值	水质指标	指标值	水质指标	指标值
Ga^{2+}	593.18mg·L^{-1}	Cl^-	1665.44mg·L^{-1}	矿化度	4936mg·L^{-1}
Mg^{2+}	111.87mg·L^{-1}	SO_4^{2-}	1658.34mg·L^{-1}	SS	1800mg·L^{-1}
$K^+ + Na^+$	1102.64mg·L^{-1}	NO_2^-	70.25mg·L^{-1}	COD	6.52mg·L^{-1}
硬度($CaCO_3$)	1941.94mg·L^{-1}	HCO_3^-	241.49mg·L^{-1}	pH	7.5

由于水资源较紧张，矿井水经过处理后，50 m^3·h^{-1}用作井下消防、防尘等用水；125 m^3·h^{-1}作为井上生产、生活用水；鉴于剩余 175 m^3·h^{-1}矿井水矿化度高，外排会造成生态环境破坏问题，经研究实施矿井水地下深层回灌，回灌水水质不高于回灌目标含水层的水质背景值。

3. 矿井水回灌

梧桐庄矿井田位于相对独立的水文地质单元，主要通过深部奥灰含水层与其他井田或地下水系统联系，在井田西南角边界接受深层奥灰水补给。在广泛调研与技术论证的基础上，将矿井水处理后回灌至 1200 m 以下的奥灰含水层，回灌目标层为奥陶系中统马家沟灰岩含水层，采用管井注入法回灌，其主要优点是不受地形条件限制。奥陶系以上地层全部下套管止水封闭，奥灰以下则为裸孔回灌。该方法主要适合因地面弱透水层较厚或因地面场地限制不能修建地面入渗工程的地区，特别适合用来补给承压含水层或埋藏较深的潜水含水层。

1）回灌井布置

矿井水回灌井地面高程为+222 m，工程设计 3 个回灌井，单井孔深 1200m，单井回灌量为 258.4m^3·h^{-1}，总回灌量为 175m^3·h^{-1}，利用地面标高与奥灰含水层水位（+122m）标高差，将经过净化达到原地下水水质标准的矿井水回灌至奥灰含水层中。

2）回灌试验

为清除堵塞含水层和回灌井的杂质，稳定回灌压力和回灌量，在进行回灌时必须进行回扬，采用了连续回灌、间断回灌与不定时回扬、连续回灌与定时回扬三种回灌方式。通过三种回灌与回扬方式试验得出以下结论：

（1）经现场矿井水回灌试验，矿井水回灌奥陶系中统马家沟灰岩含水层比较成功，采用连续回灌与定时回扬可以解决含水层和回灌井的堵塞问题，可保证回灌量和保持回灌压力持续稳定。

（2）在矿井水回灌期间进行回扬，与连续回灌中进行回扬相比，能较好地恢复回灌量和回灌水位，保证回灌井比较正常地进行回灌。

（3）回灌量水位降幅削减值作为回灌效果的评价标准，试验表明，回灌 12h 回扬一次的方式效果最佳。

3）回灌效果

利用数值模拟可预测人工回灌对井田奥灰水渗流场的影响，定量研究回灌过程中井田奥灰水与周边奥灰水的水力交替条件。通过建立水文地质概念模型，井田内奥灰岩溶裂隙水可概化为非均质介质中三维承压非稳定流问题，数学模型为

$$\frac{\partial}{\partial x}\left(K_{xx}\frac{\partial h}{\partial x}\right)+\frac{\partial}{\partial y}\left(K_{yy}\frac{\partial h}{\partial y}\right)+\frac{\partial}{\partial z}\left(K_{zz}\frac{\partial h}{\partial z}\right)-w=S_w\frac{\partial h}{\partial t}$$

$$h(x,y,z,0)=h_0(x,y,z) \qquad (x,y,z)\in\Omega$$

$$h(x,y,z,t)\big|\Gamma_1=h_0(x,y,z,t) \qquad (x,y,z)\in\Gamma_1 \qquad\qquad (14\text{-}1)$$

$$K_n\frac{\partial h(x,y,z,t)}{\partial n}\big|\Gamma_1=q(x,y,z,t) \qquad (x,y,z)\in\Gamma_2$$

式中：K_{xx}，K_{yy}，K_{zz} 分别为主轴方向渗透系数；$h_0(x,y,z)$ 为奥灰水初试水头值；$h_1(x,y,z,t)$ 为奥灰含水层第一类边界上实测水头值；t 为时间；K_n 为流量边界的法向渗透系数；$q(x,y,z,t)$ 为奥灰含水层第二类边界上的单位面积流量；Γ_1 为第一类边界条件；Γ_2 为第二类边界条件；n 为外法线方向；w 为源汇项，包括矿井涌水量、越流排泄和人工回灌。

数值模拟结论：地下水人工回灌对井田奥灰水流场有一定的影响，回灌中心附近，流场变化较大，较远的地段，流场变化较小。整个井田流场形态依然为西高东低缓慢下降，回灌对井田奥灰水流场影响很有限。

4）生态环境保护

经过井下和地面双级联合处理后的矿井水，除部分作为井下生产供水和地面洒水外，剩余全部回灌地下。回补了矿区地下含水层，没有造成地表水及生态环境的污染，实现矿井水零排放。

将矿井水控制、处理、利用、回灌与生态环保五个方面统筹规划，建立了矿井水"五位一体"优化管理模式，对保护奥灰水环境及水资源和生态环境保护优化协调管理具有重要意义。

14.3 矿井"疏水-供水-回灌-生态环保-安全开采"五位一体利用模式

邢台矿区矿井"排水（疏水）-供水-回灌-生态环保-安全开采"五位一体利用模式，对煤层上部含水层在煤层开采前进行有限疏降。因为煤层开采必然造成上覆含水层水的大量泄出，对生产和安全造成影响，所以预先截取补给矿井的地下水，如提前疏放 2 煤顶板砂岩水，采下组煤时提前疏放大青灰岩含水层水等。这

样既可满足矿井周围的各类供水需求，又可达到疏降矿井煤层上部含水层水的目的，变被动井下防治水为主动地面截流，如图 14.8 所示。

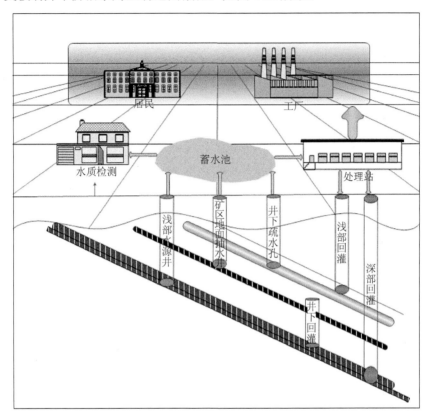

图 14.8　矿井水"排(疏)-供-回灌-生态环保-安全开采"五位一体化模式图

14.3.1　矿井排（疏）水

按布设取水工程性质，有井下疏排孔、矿区地面抽水孔和地下水补给区的地面浅排孔。

14.3.2　矿井供水

在保护生态环境和矿井安全前提下，供给矿井和其周围地区一定水资源，"五位一体"优化模式涉及地下水水力技术管理、经济评价、产业结构调整和生态环境保护等。

1）按片利用原则

按矿区 6 对矿井相应分成 6 个片区，根据片区用水情况，统一规划矿井水利用，优先满足区域内的工业用水、生活用水需求，由近及远、先易后难，逐步提高矿井水的利用能力，形成完善的矿井水利用体系。

2）分质供水原则

矿区矸石电厂循环冷却水消耗量大，对水质要求不高，在保证矿井生产用水的前提下，应优先考虑配套电厂对净化矿井水的需求，余下的净化矿井水按生活杂用水、景观用水、农业灌溉顺序加以利用；对于深度处理后的矿井水，用于矿井或电厂化水车间原水或洗浴用水。依据不同对象及标准，实现"好水优用，劣水劣用"。

14.3.3　回灌

根据奥灰含水层裂隙溶洞发育，富水程度较高，利用地面标高与奥灰含水层水位标高差，将经净化达到原地下水水质标准的矿井水回灌至奥灰含水层中，如图 14.9 所示。

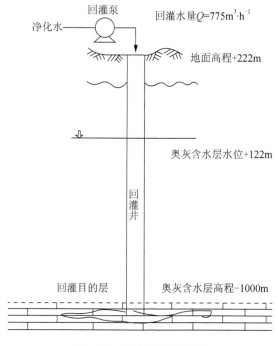

图 14.9　回灌工程示意图

经过井下和地面双级联合处理后的矿井水，作为井下生产用水和地面洒水，剩余全部回灌地下，减少了 SS、COD 的排放量，对改善周边水体环境起到积极作用。

经过井上、下区域治理后，矿井水的合理排（降）放、处理、利用是矿井安全措施之一，拓宽了传统排供结合、变害为利的利用思路。

14.3.4 "五位一体"优化管理模式

将矿井水排（疏）-供-回灌-生态环保-安全开采五位统筹规划，统一管理，建立了矿井水"五位一体"优化管理模式，避免或减少了煤矿企业每年需缴纳排污费和水资源损失费，同时，对改善周边水环境起到积极作用。其优化管理模式如下：

$$
\begin{aligned}
\min = & \sum_{i=1}^{N}\sum_{j=1}^{3} C(i,j)Q_{\mathrm{p}}(i,j)(pp_i - pd_i - pt_i) \\
& + \cdots + \sum_{i=1}^{N_2}\sum_{j=1}^{3} C(i,j)Q_{\mathrm{l}}(i,j)(lp_i - ld_i - lt_i) \\
& + \cdots + \sum_{i=1}^{N_3}\sum_{j=1}^{3} C(i,j)Q_{\mathrm{i}}(i,j)(ip_i - id_i - it_i) \\
& + \cdots + S(k,i) \leqslant \sum_{i=1}^{N}\beta(k,i)Q_{\mathrm{p}} + \sum_{i=1}^{N}\beta(k,i)Q_{\mathrm{l}} + \sum_{i=1}^{N}\beta(k,i)Q_{\mathrm{i}} \leqslant S(k,i) \\
& Q(i,j) \geqslant 0
\end{aligned}
\tag{14-2}
$$

式中：$Q_{\mathrm{p}}(i,j)$、$Q_{\mathrm{l}}(i,j)$、$Q_{\mathrm{i}}(i,j)$ 分别为生产用水量、生活用水量、回灌水量的决策变量，$\mathrm{m^3 \cdot d^{-1}}$；$pp_i, lp_i, ip_i$ 分别为生产、生活、回灌单位立方米的水价或水资源补偿价，元/m³；pd_i, ld_i, id 分别为生产、生活、回灌水单位立方米排污费，元/m³；pt_i, lt_i, it_i 分别为生产、生活、回灌水单位立方米处理费，元/m³；$C(i,j)$ 分别为价格系数，均取 1；N_i 为生产、生活、回灌水决策变量个数；$S(k,i), S'(k,i)$ 为 i 时段附加水量；$\beta(k,i)$ 为单位脉冲响应函数。

14.3.5 邢台矿区矿井水资源化的可行性

1. 水质分析

1）矿井水化学分析

收集邢台矿区 6 个矿奥灰、大青及野青水样资料，以此为基础进行平面水质特征分析。数据见表 14-3。

表 14-3 矿井含水层水化学特征表

含水层	地点	Na⁺+K⁺	Ca²⁺	Mg²⁺	Cl⁻	SO₄²⁻	HCO₃⁻
野青水	东庞	155.15	11.88	6.40	37.46	52.99	231.72
	显德汪	164.80	40.21	1.64	61.47	92.33	264.45
	葛泉	64.98	61.49	18.71	28.66	82.86	293.34
	邢台	39.48	79.03	24.05	45.29	71.88	296.59
	邢东	175.70	280.71	102.11	84.39	108.76	311.45

续表

含水层	地点	Na$^+$+K$^+$	Ca^{2+}	Mg^{2+}	Cl$^-$	SO$_4^{2-}$	HCO$_3^-$
大青水	东庞	262.78	20.40	1.34	62.76	29.22	432.55
	显德汪	130.16	102.65	25.69	37.08	223.73	432.00
	章村	63.18	108.84	53.63	41.64	445.98	407.02
	葛泉	22.30	58.53	12.08	16.70	49.99	198.25
	邢台	39.95	43.00	13.25	23.50	28.80	224.93
	邢东	124.38	265.73	12.32	64.53	31.69	638.86
奥灰水	东庞	35.86	49.30	13.62	23.40	42.81	209.87
	西庞	25.80	59.80	16.07	23.69	55.81	210.11
	显德汪	16.06	66.03	14.58	16.40	38.92	229.32
	章村	9.15	71.72	17.29	14.65	47.11	236.32
	邢台	14.68	54.43	13.67	16.66	26.26	204.09
	邢东	20.46	130.86	40.25	93.96	97.14	363.61

不同含水层水离子含量特征如下：

（1）Na+K 离子：野青水、大青水和奥灰水 Na+K 离子从东庞、显德汪一带向东至章村、葛泉一线含量呈减小趋势，再向东至邢台、邢东含量增大。

（2）Ca^{2+}：野青水、奥灰水 Ca^{2+}从东庞至显德汪、葛泉再到邢东，随着地下水的径流 Ca^{2+}慢慢溶解，Ca^{2+}含量由西向东逐渐升高；大青水有所不同，在葛泉、邢台含量减小，但到邢东时含量明显增大，仍为各矿 Ca^{2+}含量最大的矿区。

（3）Mg^{2+}：野青水和奥灰水由西向东 Mg^{2+}含量逐渐增大，且到最东部邢东矿时存在明显增大趋势；大青水 Mg^{2+}含量较其他两水较小，变化无规律。

（4）Cl$^-$：野青水、大青水和奥灰水在邢台矿以西，Cl$^-$含量有一定波动，但无明显变化；到邢东时，含量明显增高，奥灰水表现的尤其明显，这与含水层埋深越来越大、径流越来越有关系。

（5）SO$_4^{2-}$：野青水 SO$_4^{2-}$含量无明显变化；大青水在显德汪、章村一带 SO$_4^{2-}$含量明显增大，其他地区含量较小；奥灰水 SO$_4^{2-}$含量邢东为最大。SO$_4^{2-}$含量在平面上没有表现出共同特征，可能与含水层及围岩介质是否伴生硫铁矿有关。

（6）HCO$_3^-$：野青水、大青水和奥灰水重碳酸根离子含量变化趋势与 Ca^{2+}有相似之处，随 Ca^{2+}的增加而增加；野青水和奥灰水 HCO$_3^-$含量逐渐增大；大青水 HCO$_3^-$含量在葛泉、邢台一带达最小值，向东径流到邢东时又明显增大。

2）矿井水水质特征

邢台矿区除章村矿四井外，其他六矿井水原水水质指标除悬浮物含量波动较大外，其他离子成分基本不超标，无化学污染，属于水质较好的含悬浮物矿井水类型。矿井水经过净化处理后，水质可达到排放要求或一般生产用水要求。矿井水再经深度处理，可满足电厂化水车间原水和洗浴生活用水要求。

四井除奥灰含水层外其他主要含水层硬度较低，矿化度均小于 1000mg·L^{-1}，水质类型为重碳酸钙型水，水质较好，可以直接利用；奥灰含水层矿化度、硬度均超出了饮用水质标准，水质类型也为硫酸氯钠型水，水质较差，如需利用，则要进行处理。

2. 水量分析

1）邢台矿区矿井水排放情况

章村三、四井年均含水系数较高，而东庞矿和显德汪矿较低。减少矿井排水量，节约排水费用，合理利用矿井水，以达到保护水资源的目的。矿区各矿井排水量分布及数据见表 14-4。

表 14-4　矿区矿用排水量数据表

矿井	日排水量/m³
东庞矿	7504.2
邢北矿	112.6
邢东矿	646.3
邢台矿	8147.4
葛泉矿	1067.9
章村矿	2087.4
显德汪矿	2457.6

2）邢台矿区水处理厂规模及利用情况

目前，矿区年处理矿井水 1565.4 万 m³，中水利用量 1367.3 万 m³，利用率达到 87.3%；其余用于附近农田灌溉，见表 14-5。

表 14-5　邢台矿井水处理厂设计处理规模及回用情况表

邢台煤矿区矿井	处理规模/m³·d⁻¹	处理水量/万 m³	回用水量/万 m³	用　途
邢台矿	10000	252	274.2	洗煤补水、电厂循环冷却、锅炉用水、绿化、井下、厂区降尘
东庞矿	10000	252	276	洗煤补水、电厂循环冷却水、锅炉用水、绿化、井下及厂区降尘
邢东矿	1200	32.4	215	绿化、注浆
葛泉矿	5000	144	54.8	洗煤补水、水源热泵、锅炉用水、绿化、降尘
葛泉矿东井	5000	136	110	
章村矿三井	8400	245	202.5	洗煤补水、电厂循环冷却水、洗浴、冲厕、水源热泵、绿化、降尘
章村矿四井	10000	270	93	
显德汪矿	8400	234	141.9	洗煤补水、电厂循环冷却水、冲厕、煤场降尘
合计	58000	1565.4	1367.3	198.06 万 m³ 农灌

百泉泉域岩溶水总开采量为 6.17m³·s⁻¹，主要是铁矿开采排水，煤矿开采下组煤排水，邢台煤矿区为 0.03 m³·s⁻¹；邯郸煤矿区为 0.069m³·s⁻¹。

14.4　矿井水资源化实例

章村矿已建成生态工业园，以煤矿开采为核心，以洗煤厂、矸石电厂、水泥厂为主体产业，形成"矿井水-矸石-能源"资源循环高效利用圈，如图14.10所示。

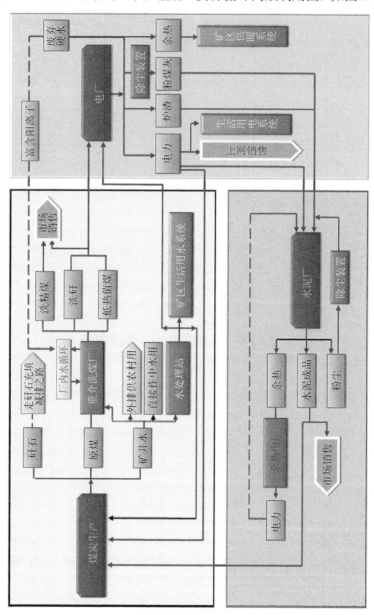

图14.10　"矿井水-矸石-能源"高效资源循环利用图

章村矿矿井水水资源化及综合利用系统为生态工业园的重要组成部分，主要包括矿井水循环利用、各生产单元内部水利用、生产单元间水复用、矿井水回灌四个部分。

14.4.1　章村矿矿井排水系统

矿井水来自三井、四井两个生产系统分别排水，处理后的矿井水排出地面供园区内的企业使用。

三、四井涌水量分布比例：2 号煤顶板砂岩水约占 65%，岩浆岩、野青灰岩、伏青灰岩、中青灰岩、大青灰岩含水层水约占 25%，本溪灰岩疏水降压，奥灰水跑漏约占 10%（包括小煤窑泄水）。

根据水质数据和矿井涌水量（$650m^3 \cdot h^{-1}$）分析，多年来一直较稳定，可做供水水源。对于超标矿井水，为使水质达到复用标准，在井下建立简单处理设施，工艺流程如图 14.11 所示。

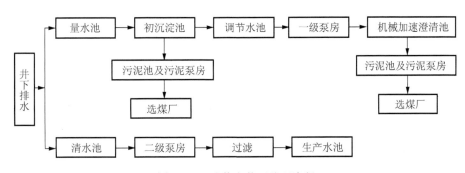

图 14.11　矿井水井下处理流程

14.4.2　生产单元内部水循环利用

（1）原煤生产用水。在原煤生产过程中，一般用矿井复用水补充生产用水，尽量减少使用新水。

（2）选煤厂用水。

选煤厂生产用水工序主要为跳汰选煤用水和生活杂用水，生产总用水量为 $315.4m^3 \cdot h^{-1}$，循环水量 $307.6\ m^3 \cdot h^{-1}$，循环率达到 97.5%。剩余经处理后，水质可满足洗煤用水要求，全部循环利用不外排。

从图 14.11 可以看出，生产用水需要补充的新水全部由矿井复用水提供，生产过程中产生的废水经处理全部循环利用，废液不外排，实现了生产用水闭环利用。

综上所述，选煤厂在用水系统中，充分利用了矿井复用水，排水则达到了不排污或达标后最少量排放，符合生态工业园建设标准。

14.4.3 生产单元之间水循环利用

作为生态工业园建设宗旨，就是实现上游企业的废物在下游企业中的资源化，为此，实现水在各单元之间最大化的循环利用，最终达到整个生态工业园区外排放污废水零排放或最小排放，就是园区建设成功与否的关键环节之一。

煤矿生产作为园区的核心产业与最上游单位，其每年排放的大量矿井水，应被下游生产单位使用，而且与下游选煤厂、电厂、水泥厂之间形成水循环利用途径。

1）下游企业对矿井水的利用

矿井排水经沉淀、过滤、消毒处理后全部回用于矿井洗煤厂洗煤补充水和电厂循环补充水；井下排放的废水经净水器处理后作为电厂循环冷却水，每年消耗约 12 万 t；三井奥灰水水质较好，经物理、化学方法处理后作为电厂锅炉补水，每年消耗大约 42 万 t。

2）下游企业之间的循环利用

电厂废水每年排放量大约为 20 万 t，水硬度大，适合重介洗煤工艺用水，所以将电厂废水与洗煤厂重介洗选生产结合，实现对电厂废水的利用。

14.4.4 矿井水地面回灌或井下压注回灌减排方案

经过井下和地面双级联合处理后的矿井水，除部分作为井下生产供水和地面洒水外，剩余全部回灌地下，实现了矿井水的零排放。

地下水回灌方法主要取决于回灌目的及回灌目标层的水文地质条件，回灌井淤塞或淤积、回灌量和回灌压力场变化预测是地下水人工回灌首先需要解决的主要问题。下面以-200m 水平压注回灌方案进行分析介绍。

1）高压回灌注水泵设备选型

-200m 水平目前在西大巷 O_2 观 06-1 钻孔孔口标高-196.2m,终孔孔深 349.6m，进入奥灰 52.1m。进入奥灰 17.5m 出水 44 $m^3 \cdot h^{-1}$，本孔主要出水段位于奥灰顶面以下 45m 至孔底，涌水量达到 180 $m^3 \cdot h^{-1}$。

目前奥灰水位+18m，奥灰水压 5.68MPa，因此压灌压力至少应是其 1.5 倍，即 8.52 MPa。根据此压力要求选择型号为 MD200-150×6（流量 200 $m^3 \cdot h^{-1}$，扬程 900m，功率 900kW）注水泵一台，压水量 200 $m^3 \cdot h^{-1}$。

2）利用-200m 排水高度所形成的压力自然回流

立风井口标高+192.34m，奥灰水位+18m，自然形成 1.74MPa 压差，在西大巷通过注水泵对 O_2 观 06-1 钻孔进行压注试验效果明显的情况下，可通过从立风井另一趟管路接管至 O_2 观 06-1 钻孔进行自然回流。压注前处理费用 794 万元，压注后处理费用 75.5 万元；所以，通过管路自然回流经费低。

14.4.5　章村矿井水资源化效果

1. 实现了"五位一体"水循环利用闭合圈

章村矿形成了矿区内的小闭合圈。矿井水上井后，供洗煤厂、电厂使用；另外，在坑口电厂建有处理能力为 $400m^3 \cdot h^{-1}$ 的水处理站，经过处理后，可作为锅炉冷却、除尘用水。其中，电厂排出的富含氧离子硬水又补充到洗煤厂进行循环再利用。洗煤厂原煤耗水量 $0.11m^3 \cdot t^{-1}$，低于国家标准 $0.15m^3 \cdot t^{-1}$，年用水量 8.74 万 m^3，其中电厂硬质水 3 万 m^3，2007 年在产量增加的情况下，全年用水总量同比节约 4.3 万 m^3，而且在生产过程中严格执行环保标准，达到 I 级洗水闭路循环，实现了生产废水零排放。矿井水资源化及综合利用流程如图 14.12 所示。

将矿井水"排水（疏水）-供水-回灌-生态环保-安全开采"五个方面统筹规划，统一管理，建立矿井水"五位一体"优化管理模型，对满足水资源需求、安全和生态环保协调管理具有重要意义。

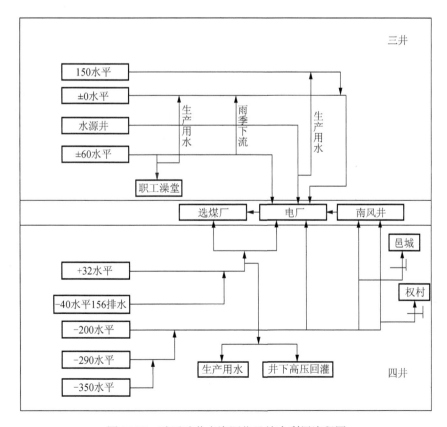

图 14.12　矿区矿井水资源化及综合利用流程图

2. 经济效益和环境效益及社会效益

（1）经济效益。章村矿井水处理利用，成为矿区生产和生活用水的主要来源之一，避免或减少了煤矿企业每年必须缴纳的排污费和水资源损失费。

（2）环境效益。矿井水处理能够保证稳定达标，减少了 SS 和 COD 的排放量，对改善周边水环境保护起到积极作用。

（3）社会效益。矿井水经过净化和深度处理后，作为生产和生活用水，减少了地下用水，有利于保护矿区地下水和地表水的自然平衡，并解决过度开采地下水带来的环境问题，有利于解决矿区用水量日益增加和水资源越来越短缺的矛盾，保证煤矿企业的正常生产和经营，具有较好的社会效益。

综上，通过对邢台矿区各矿井排水水质、水量分析，该区矿井水水质中超标物质以煤粉为主，较易解决；矿井水水量经过多年的波动，目前均稳定在一定数值上，为今后水资源化提供了水量保障。整体上看，矿区矿井水资源化技术上可行、水量上稳定，具有很好的资源化可行性。矿井水"排水（疏水）-供水 -回灌 -生态环保-安全开采"五位一体化模式应用效果好，这一点通过章村矿矿井水资源化实例得到证实。这一模式对协调保护矿区水资源与生态具有很好的借鉴，推广前景广阔。

参 考 文 献

蔡美峰，何满潮，刘东燕，等．2006．岩石力学与工程[M]，北京，科学出版社．

董书宁．2010．煤层底板原位综合测试及突水危险性评估[J]．工程地质学报，18(1)：116-119．

董书宁，刘其声．2009．华北型煤田中奥陶系灰岩顶部相对隔水段研究．煤炭学报，34(3)：289-292．

董立元，潘石，邱钰，等．2002．大掺量粉煤灰注浆充填材料试验研究[J]．东南大学学报，32(4)：1-5．

范春学，李学霖．2001．对峰峰鼓山奥陶系中统富水性调查分析[J]．北京地质，13(1)：12-15．

冯梅梅，白海波．2010．承压水上开采煤层底板隔水层裂隙演化规律的试验研究[J]．岩石力学与工程学报，29(10)：336-341．

冯梅梅，茅献彪．2010．底板隔水层岩性组合特征对隔水性能的影响[J]．采矿与安全工程学报，27(3)：404-409．

冯志强，康红普，杨景贺．2005．裂隙岩体注浆技术探讨[J]．煤炭科学技术，33(4)：63-66．

国家煤矿安全生产监督管理总局，国家煤矿安全监察局．2006．煤矿防治水工作指南[A]．

韩德品，李丹，程久龙，等．2010．超前探测灾害性含导水地质构造的直流电法[J]．煤炭学报，35(4)：635-639．

华晋焦煤有限责任公司，煤炭科学技术研究院有限公司．2014．近距离煤层群瓦斯卸压抽采关键技术研究[R]．

何满朝，钱七虎，等．2010．深部岩体力学基础[M]．北京：科学出版社．

虎维岳．2005．矿山水害防治理论与方法[M]．北京：煤炭工业出版社．

虎维岳，田干，李抗抗．2008．煤层底板隔水层阻抗高压水侵入机理及其控制因素[J]．煤田地质与勘探，36(6)：38-41．

虎维岳，朱开鹏，黄选明．2010．非均布高压水对采煤工作面底板隔水岩层破坏特征及其突水条件研究[J]．煤炭学报，35(7)：1109-1114．

靳德武，陈建鹏，王延福，等．2000．煤层底板突水预报人工神经网络系统的研究[J]．西安科技学报，20(3)：214-217．

姜志海，焦险峰．2011．矿井瞬变电磁超前探测物理实验[J]．煤炭学报，39(11)：1852-1857．

李白英．1999．预防矿井底板突水的"下三带"理论及其发展与应用[J]．山东矿业学院学报(自然科学版)．18(4)：11-18．

李家祥．2000．原岩应力与煤层底板隔水层阻水能力的关系[J]．煤田地质与勘探，28(4)：47-49．

李建民，张壮路，张瑞玺，等．2005．赵各庄矿深部带压开采评价[J]．煤炭学报，30(5)：550-553．

李泉新．2014．煤层底板超前注浆加固定向钻孔钻进技术[J]．煤炭科学技术，42(1)：138-142．

李世平，吴振业，贺永年，等．1996．岩石力学简明教程[M]，北京，煤炭工业出版社．

李文昌，尹尚先．2008．梧桐庄矿承压热水体上绿色开采理论与技术[M]．北京，煤炭工业出版社．

李兴高，高延法．2003．开采对底板岩体渗透性的影响[J]．岩石力学与工程学报，22(7)：1078-1082．

梁冰，章梦涛，王永嘉．1996．煤层瓦斯流与煤体变形的耦合数学模型及数值解法[J]．岩石力学与工程学报，15(2)：135-142．

林曾平．1982．河北省峰峰矿区中奥陶统岩溶发育规律［M］．北京：地质出版社．

刘存玉．2010．综合防治水技术在梧桐庄矿的研究与应用[J]．中国煤炭，35(12)：38-40．

刘洪永．2010．远程采动岩体变形与卸压瓦斯流动气固耦合动力学模型及应用研究[D]．徐州：中国矿业大学．

刘建功，赵庆彪，尹尚先．2010．煤田隐伏岩溶陷落柱探查与综合治理技术[M]．北京：煤炭工业出版社．

刘建功，赵庆彪．2011．煤矿充填法采煤[M]．北京：煤炭工业出版社．

刘启才，李成栋．1997．河北煤炭开发技术[M]．北京：煤炭工业出版社．

刘盛东，刘静，岳建华．2014．中国矿井物探技术发展现状和关键问题[J]．煤炭学报，39(1)：19-25．

刘佑荣，唐辉明．1999．岩体力学[M]，北京：中国地质大学出版社．

卢超波．2006．深部裂隙岩体注浆迁移扩散及加固机理研究[R]．合肥：中国科技大学．

罗平平，何山，张玮，等．2005．岩体注浆理论研究现状及展望[J]．山东科技大学学报，24(1)：46-48．

马立强，张东升，董正筑．2011．隔水层裂隙演变机理与过程研究[J]．采矿与安全工程学报，28(3)：340-344．

马培智．2005．华北型煤田下组煤带压开采突水判别模型与防治水对策[J]．煤炭学报，30(5)：608-612．

马秀荣，郝哲．2001．岩体注浆理论述评[J]．有色金属，(17)2：3-6．

孟如珍，胡少华，陈益峰，等．2014．高渗压条件下基于非达西流的裂隙岩体渗透性研究[J]．岩石力学与工程学报，9(33)：1756-1764．

缪协兴，白海波．2011．华北奥陶系顶部碳酸岩层隔水特性及分布规律[J]．煤炭学报，36(2)：185-193．

钱鸣高，缪协兴，许家林．1996．岩层控制中的关键层理论研究[J]．煤炭学报，21(3)：76-81．

乔卫国．1998．压水扩缝注浆加固岩的参数计算和试验研究[J]．化工矿山技术，3：23-26．

孙斌堂，凌贤长，凌晨，等．2007．渗透注浆浆液扩散与注浆压力分布数值模拟[J]．水力学报，38(11)：1402-1407．

孙广忠，孙毅，等．2011．岩石力学原理[M]，北京：科学出版社．

孙建．2011．倾斜煤层底板破坏特征及突水机理研究[D]．北京：中国矿业大学．

施龙青，韩进．2004．底板突水机理及预测预报[M]．徐州：中国矿业大学出版社．

石智军，董书宁，姚宁平，等．2013．煤矿井下近水平随钻测量定向钻进技术与装备[J]．煤炭科学技术，41(3)：1-6．

涂敏．2010．煤层气卸压开采的采动岩体力学分析与应用研究[D]．徐州：中国矿业大学．

汪国华．2010．近距离上保护层开采卸压范围及临界层间距研究[D]．焦作：河南理工大学．

王连国，宋扬，缪协兴．2003．基于尖点突变模型的煤层底板突水预测研究[J]．岩石力学与工程学报，22(4)：573-77．

王士宇，刘鸿泉，王培彝，等．1994．承压水上采煤学科理论与实践[J]．煤炭学报，2，19(2)：40-47．

吴基文，樊成．2003．煤层底板岩体阻水能力原位测试研究[J]．岩土工程学报，25(1)：67-70．

武强．2014．我国矿井水防控与资源化利用的研究进展、问题和展望[J]．煤炭学报，39(5)：795-805．

武强，崔芳鹏，赵苏启，等．2013．矿井水害类型划分及主要特征分析[J]．煤炭学报，39(4)：561-565．

武强，解淑寒，裴振江．2007．煤层底板突水评价的新型实用方法Ⅲ——基于GIS的ANN型脆弱性指数法应用[J]．煤炭学报，32(12)：1301-1306．

武强，赵苏启，李竞生，等．2011．《煤矿防治水规定》编制背景与要点[J]．煤炭科学技术，36(1)：70-74．

武强，张志龙，马积福．2007．煤层底板突水评价的新型实用方法Ⅰ——主控指标体系的建设[J]．煤炭学报，32(1)：42-47．

《岩土注浆理论与工程实例》协作组．2001．岩土注浆理论与工程实例[M]．北京：科学出版社．

杨米加．2001．裂隙岩体注浆模拟实验研究[J]．实验力学，8(2)：2-6．

姚宁平，张杰，李泉新，等．2013．煤矿井下定向钻进轨迹设计与控制技术[J]．煤炭科学技术，41(3)：7-11．

尹尚先，虎维岳，刘其声．2008．承压含水层上采煤突水危险性评估研究[J]．中国矿业大学学报，37(3)：311-315．

袁亮，等．2010．煤矿总工程师技术手册(上)[M]．北京：煤炭工业出版社．

肖洪天，周维垣，杨若琼．1999．岩体裂纹流变扩展细观机理分析[J]．岩石力学与工程学报，18(6)：623-626．

谢和平，高峰，鞠杨，等．2015．深部开采的定量界定与分析[J]．煤炭学报，40(1)：1-10．

许延春，杨扬．2014．回采工作面底板注浆加固防治水技术新进展[J]．煤炭科学技术，42(1)：98-101．

许学汉，王杰，等．1991．煤矿突水预报研究[M]．北京：地质出版社．

兖州煤业股份有限公司，中国矿业大学(北京)，中国矿业大学．2013．兖州矿区奥灰高承压水上下组煤安全开采关键技术研究与应用[R]．

张建国，宋德熹．2013．平顶山矿区灰岩水区域治理技术[J]．煤炭科学技术，41(9)：71-74．

张金才，张玉卓，刘天泉．1997．岩体渗流与煤层底板突水[M]．北京：地质出版社．

张勇，许力峰．2012．采动煤岩体瓦斯通道形成机制及演化规律[J]．煤炭学报，37(9)：37-40．

赵兵文. 2008. 葛泉矿煤层底板承压隔水层整体注浆加固技术[J]. 煤炭科学技术, 36(10): 86-88.

赵兵文, 关永强. 大采深矿井高承压澳灰岩溶水综合治理技术[J]. 煤炭科学技术, 41(9): 75-78.

赵明阶, 徐蓉. 2000. 裂隙岩体在受荷条件下的变形特性分析[J]. 岩石力学与工程学报, 22(4): 454-460.

赵庆彪. 2013. 高承压水上煤层安全开采指导原则及技术对策[J]. 煤炭科学技术, 41(9): 83-86.

赵庆彪. 2014a. 奥灰岩溶水害区域超前治理技术研究及应用[J]. 煤炭学报, 39(6): 1112-1117.

赵庆彪. 2014b. 煤矿岩溶水水环境保护安全开采技术[J]. 煤炭科学技术, 42(1): 14-17.

赵庆彪, 毕超, 虎维岳, 等. 2016. 裂隙含水层水平孔注浆"三时段"浆液扩散机理研究及应用. [J]. 煤炭学报, 41(5): 1212-1218.

赵庆彪, 赵昕楠, 武强, 等. 2015. 华北型煤田深部开采底板"分时段分带突破"突水机理研究[J]. 北京, 煤炭学报, 40(7): 1601-1607.

赵铁锤. 2006. 华北地区奥灰水综合防治技术[M]. 北京: 煤炭工业出版社.

赵毅鑫, 姜耀东, 吕玉凯, 等. 2013. 承压工作面底板破断规律双向加载相似模拟试验[J]. 煤炭学报, 38(3): 384-390.

《中国北方岩溶地下水资源及大水矿区岩溶水的预测、利用与管理研究》项目组. 1992. 华北煤矿区充水含水层及隔水层研究[J]. 煤田地质与勘探, 1: 42-46.

中国地质学会地质专业委员会. 1982. 中国北方岩溶和岩溶水 [M]. 北京: 地质出版社.

中国煤炭工业协会. 2013. 2012 中国煤炭工业发展研究报告[M]. 北京: 中国经济出版社.

Barton N. 1973. Review of a new shear-strength criterion for rock joints[J]. Engineering Geology, 7: 287-332.

Bian Z F, Inyang H I, Daniels J L, et al. 2010. Environmental issues from coal mining and their solutions[J]. Mining Science and Technology, 20(2): 215-223.

Bukowski P. 2011. Water hazard assessment in active shafts in upper Silesian coal basin mines[J]. Mine Water and the Environment, 30(4): 302-311.

Christian W. 2011. Tracer test in a settling pond: The passive mine water treatment plant of the 1 B mine pool, Nova Scotia, Canada[J]. Mine Water and the Environment, 30(2): 105-112.

Dharmappa H B, Wingrove K, Sivakumar M, et al. 2000. Wastewater and stormwater minimisation in a coal mine[J]. Journal of Clearner Production, 8(1): 23-34.

Gustafson G. Stelle H. 1996. Predietion of groutability from grout properties and hydrlogical data. Tunelling & Underground Space Technology, 11(3): 25-32.

Izbash S O. 1951.Filtracii V kropnozernstom materiale[J].Leningrad,USSR.

Krzysztof P, Kazimierz R, Piotr C.2016. Causes and Effects of Uncontrolled Water Inrush into a Decommissioned Mine Shaft[J]. Mine Water and the Environment, 35(2): 128-135.

Kesserü Z. 1982. Water Barrier Pillars-Proceedings[J]. 1st International Mine Water Congress, Budapest, Hungary, B: 91-117.

Lamb H. 1992. 理论流体动力学(下)[M]. 北京: 科学出版社.

Lind C J, Creasey C L, Angeroth C. 1998. In-situ alteration of minerals by acidic ground water resulting from mining activities: preliminary evaluation of method[J]. Journal of Geochemical Exploration, 64(1): 293-305.

Nelson W J. 1987. Coal deposits of the United States[J]. International Journal of Coal Geology, 8(4): 355-365.

Nilsson J. 1985. Field compaction of bentonite based backfilling[J]. Engineering Geology, 21: 367-376.

Perry J. 1994. A technique for defining non-linear shear strength envelopes, and their incorporation in a slope stability method of analysis[J]. Quarterly Journal of Engineering Geology, 27: 231-241.

Przemysław B. 2011. Water hazard assessment in active shafts in upper silesian coal basin mines[J]. Mine Water and the Environment, 30(4): 302-311.

Sivakumar M, Morton S G S, Singh R N. 1994. Mine water management and control in an environmentally sensitive region[J]. Mine Water Environment, 13 (1): 27-40.

Tadeusz M.2014. Impact of saline mine water: Development of a meromictic reservoir in poland[J]. Mine Water and the Environment, 33(4): 327 - 334.

Thomas L. 1992. Handbook of Practical Coal Geology[M]. Chichester, New York, Brisban, Toronto, Singapore: John Wiley &Sons.

Thomas L. 2002. Coal Geology[M]. Chichester, New York, Brisban, Toronto, Singapore: John Wiley & Sons.

Wang Y ,Yang W F, Li M, et al. 2012. Risk assessment of floor water inrush in coal mines based on secondary fuzzy comprehensive evaluation[J]. International Journal of Rock Mechanics and Mining Sciences, 52: 50-55.

Zhang Q, Zhang J X, Huang Y L, et al. 2012. Backfilling technology and strata behaviors in fully mechanized coal mining working face[J]. International Journal of Mining Science and Technology, 22: 151-157.

Zhou Y J, Guo H Z, Cao Z Z, et al. 2013. Mechanism and control of water seepage of vertical feeding borehole for solid materials in backfilling coal mining[J]. International Journal of Mining Science and Technology, 23: 675-679.

后　记

　　在冀中能源集团、峰峰集团公司、冀中股份公司领导和有关工程技术人员的支持下，经过四年多笔耕不辍，拙作终于付梓跟读者见面了。在本书撰写期间，借鉴了大量有关单位的科技成果和众多学者的研究成果，得到了中煤科工集团西安研究院研究员石智军、南生辉、刘再斌等，中国矿业大学武强教授，华北科技学院尹尚先教授等悉心指教和提供素材；峰峰集团成光星、王君现、孟宪营、赵章、刘春玉、李大屯、徐通峰等，冀中股份公司杜丙申、王玺瑞、徐玉增等，邯郸矿业集团孙春东等提供相关技术资料；集团公司张党育、高会春、刘连伏、张振芳、曾瑞萍等参与了资料整理等工作，在此一并表示感谢。

作　者

2016 年 5 月